光暗之争

– 与美国宇航局（NASA）的百年赌约

吴裕祥 博士

精彩的是作者后面的伯克利大学南门内引导我们突破蓝天之路

光暗之争

— 与美国宇航局（NASA）的百年赌约

吴裕祥 博士

Two-W Object
2017

Copyright Two-W Object
All rights reserved. No part of this publication can be reproduced, distributed or transmitted in any form of by any means, including photocopying, recording, digital scanning, or other electronic or mechanical methods, without the prior written permission of the publisher, except in the case of brief quotations embodied in critical reviews and certain other noncommercial uses permitted by copyright law. For permission requests, please address the publisher.

光暗之争 - 与美国宇航局 (NASA) 的百年期约
Debate of Light and Dark – A 100 Year Bet with NASA
吴裕祥 博士
Published 2016
Printed in the United States of America
BISAC: Science / Cosmology - 大爆炸, 相对论, Einstein, Big Bang, Relativity
ISBN-13: 978-1537631318
ISBN-10: 1537631314
Library of Congress Control Number: 2016919070
CreateSpace Independent Publishing Platform, North Charleston, SC

For information address:

Two-W Object
yuxiangwu@outlook.com

Debate of Light and Dark - A 100 Year Bet with NASA
This book is published together with following versions in United States and Mainland China:
English book: <Debate of Light and Dark - A 100 Year Bet with NASA >
   ISBN: 978-1537629759, January 2017
Chinese book: <光暗之争 - 与美国宇航局 (NASA) 的百年期约>
   ISBN of China: 978-1684197385, September 2016
   ISBN of USA: 978-1537631318, December 2016
Due to revision and publication time, when there is content conflict in these versions, the contents of the English version shall prevail.

谨将此书献给：

- 妻子王莉为本书的出版所做的一切。感谢儿子吴悠(Eugene Wu)、吴绿(Johnny Wu)为本书的研究、撰写、论文、英、中文封面设计，及英文版的翻译所做的大量优秀工作。
- 永远的老师们：周光娇、祝自强（宜春实验小学），何瑶、黎巾帆、李范中（宜春一中），刘元本（宜春新坊公社合浦中学），何乃光、靳自刚、张月茜（山东矿院），张先尘、辛镜敏、吴健（中国矿院北京研究生部），Michael Hood, Neville G.W. Cook, S. Adiga, S.E. Dreyfus（加州大学伯克利分校）
- 同学、好友亲朋、兄弟姐妹
- 宜春，根的故乡
- 伯克利，第二故乡
- 苏青，李硕儒，聂冷，陈一伟

特别感谢：

感谢将《谁有权谈论宇宙》中"距离的奥秘"一节编入国家 7.15 大学语文精品教材的未曾谋面的编辑们。没有您们的鼓励，就不会有继续完成这本书的信心和勇气。（http://www.docin.com/p-271702435.html ）

感谢北京相对论联谊会《格物》杂志的编辑们。您们长期不懈的坚持和努力，使得一些有价值的科研成果有了一个可以发表的安全场所。

目 录

光暗之争 iii
谨将此书献给： vii
目 录 viii
序 由发现引力波所想到的 1
前言 7
第一篇 一道愚弄了人类百年的4年级算术题 13
  第一章 狭义相对论质疑 17
    1. 应用洛伦兹变换或说爱因斯坦变换对多个参考系同时进行相对性计算的矛盾结果 22
    2. "动尺变短"灾难 27
    3. "动钟变慢"悖论 30
    4. 爱因斯坦论文中的数学计算正确但物理意义错误的结果 43
    5. 爱因斯坦论文中给出的相对性定义不合理在哪里？ 58
    6. 用爱因斯坦论文中自己定义的相对性原理、完全按照他的证明方法来证明相对性概念是错误的 61
    7. 根据论文中错误的相对性原理的定义将静杆系的观测结果推广到动杆系，从而得到错误的结论 62
    8. 简单算术里的不简单道理-数学极限思想中的哲学对相对性原理说不 63
  第二章 广义相对论质疑 71
    "引力场使光线偏转"命题本身需要商榷 76
    光在太阳附近经过时被弯曲的全部影响因素 80
    设计寻找影响光线弯折的所有因素的实验 84
  第三章 关于时间与空间的讨论 87
    空间是客观存在的实体 87
    时间并非客观存在，只是地球人定义的一个概念，一把量尺 88
    研究问题的方法要科学—"时空转换"批评 92
  第四章 对象事件世界线的四维空间时间图像表示及其应用 97
    对象事件世界线的空间时间四维图像表示 100
    对象事件的四维空时世界线表示图应用实例 105
第二篇 宇宙大爆炸理论批评 113
  第五章 光明与黑暗之争—夜晚的天空为什么不是明亮的？ 115

>   第六章 隐藏天体和暗物质的真面目 139
>   第七章 声色变幻的频率－哈勃定律的真正奥妙 171
>   第八章 芝麻上的舞蹈 197
>   第九章 大爆炸理论批评 －与美国宇航局的世纪赌约 219

第三篇 呼唤创造 239
>   第十章 创造的培育 241
>   第十一章 数学老了 259

附录：爱因斯坦狭义相对论原论文-论动体的电动力学 267
一点简单的预备知识 281
《光暗之争》中、英文版出版后记 286
结语 287

本书导读

  我不得不努力把科学论文写成易于理解的通俗随笔。但是在很多地方这种尝试并不算成功，此时，请您一目十行或直接跳过，拣那些有意思的读。写作是一件易于留下遗憾的事情，特别是在尝试一些新东西以后。

序
由发现引力波所想到的
——读吴裕祥《光暗之争》著作有感

苏 青[1]

1915年，爱因斯坦提出了广义相对论，并于次年2月在与德国物理学家卡尔·史瓦兹契德（Karl Schwarzschild）的通信中，预言了引力波的存在。2016年2月11日，美国激光干涉引力波天文台（Laser Interferometer Gravitational-Wave Observatory，缩写为LIGO）负责人戴维·雷茨（David Reitze）宣布，借助位于美国华盛顿州汉福德市（Hanford City）和路易斯安那州利文斯顿市（Livingston City）的两个探测器，人类首次同时直接探测到了引力波，相关论文发表在当日在线出版的美国《物理评论快报》和英国的《自然》杂志上。国内外媒体和科学界普遍认为，这次引力波的发现，不仅是对100年前爱因斯坦广义相对论预言的验证，而且为宇宙大爆炸膨胀理论提供了实验证据，对物理学和天文学具有里程碑式

---

[1] 苏青博士，研究员，作家,科普出版社暨中国科学技术出版社社长、党委书记。曾任《学位与研究生教育》编辑部编辑，北京理工大学校长办公室副主任、主任，出版社社长，中国科协学会服务中心副主任等职。为新闻出版总署新闻出版行业领军人才。
https://baike.baidu.com/link?url=bWG5RbyQ_q3t6u5zUG3q2bGjkcNHOToKr_oVVCJQogvboBUceACCTgf09ltS4FT8ttrh1NnmBKhrNyaaXzLfOTjD1Wn9GOpXW9AfFsNbFh3

的意义，人类从此将以全新的方式重新认识宇宙。

　　此时此刻，我正在研读华人科学家吴裕祥先生的科普学术著作《光暗之争》，不禁联想到了两个困扰自己已久的问题：一是科学领域的重大研究成果，可不可以质疑？二是谁有资格对重大的科学研究成果进行质疑？

　　质疑是科学研究工作者最重要的特质，也是开展科学研究的重要前提和科学精神的重要体现。因此，第一个问题本不是问题，也不应该成为问题。但是，当科学研究成果的拥有者像爱因斯坦那样著名时，当科学研究成果的拥有机构像美国激光干涉引力波天文台那样权威时，当那些重大研究成果已经被人们尤其是被科学共同体接受时，就有可能成为问题了；此时，人们往往会丧失质疑的勇气，打消质疑的念头，甚至毫不怀疑地接受以致盲目崇拜这些著名的科学家或重大的科学研究成果。

　　还是以这次发现引力波的重大科学成果为例。成果一经公布，科技界尤其是媒体更多的是欢欣鼓舞、一片沸腾，鲜有质疑之声发出。这不禁使我想起了发生在两年前发现"原初引力波"的另一起科学事件。那是2014年3月，美国哈佛—史密森天体物理中心的科学家团队宣布，在宇宙微波背景辐射中发现了B模式极化信号，且很可能是原初引力波留下的印迹。一时间，媒体和科学界也是赞誉之声迭起，称这一"原初引力波"发现是"诺贝尔奖级别的重大成果"。不料，未及一年，该研究团队遂又宣布，"原初引力波"的发现是一个科学错误——观测到的信号源自银河系中尘埃的干扰，而非原初引力波。可见，并非所有的重大科学发现或重大研究成果就一定都是正确的，应该鼓励科学家大胆质疑，媒体报道更应审慎地持理智、克制态度。

　　我很高兴，《光暗之争》就是这样一部勇敢地对诸如著名的奥伯斯佯谬、"引力场使光线偏转"命题、宇宙大爆炸理论等重大科学研究成果进行质疑的科普学术著作。全书分宇宙大爆炸理论批评、爱因斯坦相对论批评和呼唤创造三大部分，具体内容包括：无任何假设前提解决奥伯斯佯谬；在提出相（绝）对可观测半径概念的基础上，定义隐藏天体的概念；通过定义天体图像传播的速度，推导出引起天体红移的真正主要原因；从观察模型的设计需要科学的角度出发，论述美国宇航局利用COBE等测量微波背景并画出宇宙微波背景全天图的不合理和不科学；指出狭义相对论中自身蕴含的"动尺变短"灾难和"动钟变慢"悖论；设计了验证"动尺变短"灾难和"动钟变慢"悖论的对应实验，等等。对这些相关研究领域的专家学者来说，该书或许可使他们在沾沾自喜已有的重大科学发现时，或举杯庆贺重要的研究成果诞生时，多一份清醒，少一份狂妄。

　　吴裕祥先生是恢复高考后的第一届大学毕业生，山东矿业学院地下采煤专业本科毕业，中国矿业大学北京研究生部矿体优化设计专业硕士研究生毕业；毕业留校任教数年后，遂留学美国加州大学伯克利分校攻读运筹学博士学位。吴博士博学勤思，兴趣广泛，才艺出众，业余时间醉心于宇宙学研究。在他看来，宇宙如此之神妙，"人类了解宇宙是一个缓慢的、持续的、不断重新认识的过程"。尽管霍金先生曾经断言："我们可能已经接近于探索自然的终极定律的终点"，但吴先生却认为，"人类不但对宇宙知之甚少，而且已有的认识里也充满了值得商榷的地方。"鉴于以目前的科技水平，人类即使花一万年的时间也跨不过一光年的距离天堑，所以，吴裕祥认为，对宇宙最深处的探索，人类只能通过被动地接受天外之"光"（或"电磁波"）的光临来开展宇宙学研究，因而目前宇宙学的研究只能用"消极等待，大胆揣测"8个字来简单概括。那么，如何改变这种研究现状呢？吴博士认为："首先还是要回到科学的基本精神方面来，要以事实为根据来说话，要有批判性、开创性的思维，要敢于根据基本的科学原理质疑权威的论断，多方求证推出新的观点。这样才能去伪存真，走向研究宇宙的坦途。"

尽管在软件系统开发领域已经功成名就，但吴裕祥毕竟不是天体物理学家，质疑诸如著名的奥伯斯佯谬、"引力场使光线偏转"命题、宇宙大爆炸理论等重大科学研究成果，难免还是会让人心生疑虑，怀疑他是否具备质疑的资格和质疑的能力。这也是为什么我对给《光暗之争》写序一直持慎重的态度的最重要原因。老实说，刚拿到这部书稿时，看到扉页的提示警句和目录里对若干重要研究成果的质疑字行，我的第一反应是"这是一部民间科学家的著作"。就像这次公布发现引力波后，虽然许多媒体纷纷翻出天津卫视录播过的一期娱乐节目，称有一个自称"诺贝尔哥"的下岗工人郭英森5年前就在节目里提到了"引力波"概念，却遭到包括方舟子在内众多嘉宾的集体"打压"，使中国痛失一位诺奖获得者科学家，主持人和嘉宾们如今需要向郭说声道歉；但是，我知道，尽管主持人和嘉宾们的调侃和讥讽可能有对郭缺乏尊重的嫌疑，但郭英森无疑就是一位典型的"民间科学家"。只有初中文化程度的郭既不是"引力波"提出第一人，所提出的"引力波"概念也只是用于阐释他"发现"的所谓一种可以让汽车不要轮子、使人长生不老的"理论"，与物理学和天文学中的"引力波"并没有任何的关系。

我曾长期担任学术期刊和科技类出版社的负责人，每年都要花很多的时间、用足够的耐心，接待好几位类似于郭英森这样的号称做出了或否定相对论、或证明哥德巴赫猜想、或发明永动机等重大科学突破的"民间科学家"。这些人共同的特点是，学历普遍偏低，没有经历过严格的科研训练，性格比较偏执。在和你讨论问题时，只有他滔滔不绝叙述的份，绝没有你质疑、反问的权利；通常是要你马上当面就对他的所谓"重大成果"

做出评判，绝不答应把"重大成果"文稿留下，让你送同行专家评审。理由很简单，这么重大的科学成果，审稿人要是截留了，自己费尽千辛万苦方获得的如此"重大成果"，岂不就都付诸东流了嘛？

好在认真读完《光暗之争》书稿后，我否定了自己对吴裕祥博士的无端揣测。吴先生不仅接受过国内外一流大学严格的科学研究训练，在学术刊物上发表过规范的天文学和物理学研究论文，而且熟悉并尽力遵循科学共同体的基本范式，《光暗之争》也是以真诚的态度期望与科学共同体同道交流、探讨、切磋、争鸣。我虽然不是天文学或物理学方面的专家学者，但也曾接受过正规的理工科从大学到研究生的学习、研究训练，加之吴裕祥博士高超的文字驾驭水平、超凡的想象能力和天才的科学传播功夫，尽管探讨的都是深奥的重大科学理论问题，但是，我还是看得懂《光暗之争》的大体内容，并能接受书中的推理、论证、实验等科学研究方法，甚至包括一些研究结论。因此，我认为，《光暗之争》具有出版价值，相应的质疑内容也值得相关领域的专家学者讨论、再质疑。

进入 20 世纪后，科学研究越来越呈现跨越学科交叉融合的趋势，天文学研究已并非该领域专家学者独享的专利。早期的天文学，研究者更多地是借助数学工具，通过计算天体的运动轨迹等，来描述我们头顶上方的神妙天空，以满足人们判断方向、观象授时、制定历法等日常生活方面的现实需要。自从伽利略发明了望远镜，人类观测天空的目光得以大大延伸；射电望远镜、哈勃望远镜等现代观测手段的运用，更是把人类探寻的目光投射到了宇宙的深处。正是多学科科学家的不断介入，使天体力学、天体测量学、天体物理学、宇宙学等天文学分支得以迅猛发展，人类对宇宙及宇宙中各类天体和天文现象的认识达到了前所未有的深度和广度。从这个意义上说，尽管是跨学科，吴裕祥博士同样有资格、有权利对诸如著名的奥伯斯佯谬、"引力场使光线偏转"命题、宇宙大爆炸理论等重大科学研究成果进行质疑。

科学家跨学科取得重大科研成果的例子比比皆是。19 世纪德国著名的化学家弗莱德瑞茨·凯库勒(Friedrich A Kekule)早年学的是建筑学，后改行专攻化学，主要从事有机化合物的结构理论研究，第一次提出了苯的环状结构理论，极大地促进了芳香族化学的发展和有机化学工业的进步。他还构建了有关原子立体排列的思想，首次把原子价的概念从平面推向三维空间，学术成就得到普遍公认，成为 19 世纪以来有机化学界的真正权威。这个例子可能年代远了一些，那就再举一个最近的例子吧！2003 年的诺贝尔生理学或医学奖颁发给了美国的保罗·劳特布尔（Paul Lauterbur）和英国的彼得·曼斯菲尔德（Peter Mansfield），以表彰他们在核磁共振成像技术领域的突破性成就。保罗·劳特布尔是化学家，彼得·曼斯菲尔德是物理学家，他们两人却联袂获得了医学领域的最高科学荣誉和最高学术奖励——诺贝尔奖。可见，跨学科不仅没有成为开展科学研究的障碍，反而成为多学科交叉融合集成创新的优势。

其实，即使是同行科学家，在探寻科学真理的道路上，也一样难免犯错误、栽跟头。2006年，国际著名的数学家丘成桐院士宣称，中山大学朱熹平教授和旅美数学家曹怀东教授彻底证明了困扰数学界上百年的数学难题——庞加莱猜想。事实的真相却是，庞加莱猜想早在2003年前后，已经被俄罗斯数学家格里戈里·佩雷尔曼证明，佩雷尔曼由此还获得了当年度国际数学界的最高奖项——菲尔兹奖；最后，连朱熹平和曹怀东自己也都承认，他们并没有做出任何证明庞加莱猜想新的贡献。这从另一个角度说明，不同领域的科学家对重大科学研究成果进行质疑，即使出现了差错，科学共同体更应该包容、宽容。

但是，也不是说我对给《光暗之争》写序就一点顾虑也没有。在我看来，《光暗之争》并非严格意义上的学术著作。首先，吴裕祥先生是用文学中随笔的手法来探讨严肃的重大科学问题，按他自己的话说，遵循的是"从哲学思想到数学论文再到文学描述的一条清晰的思维脉络"；因此，书中文字虽然优美、通俗易懂，但其中的某些推理、论证难免带有文学想象、个人意气的成分，很难保证不会有失之严谨、缜密之处。其次，任何科研进展都是建立在前人研究的基础之上，《光暗之争》更多地是以作者自己在这一领域发表的6篇学术论文作为参考依据，在列举前人相应研究成果参考文献方面却做得很不够，这使得书稿的科学性和学术性难免要打一定的折扣。再则，我本人也不是对书中的所有研究探索和最终结论都持肯定的态度。比如，在论证"引力场使光线偏转"命题值得商榷时，作者指出"太阳的光充满整个它的光可到达的空间，光向哪里去偏折？"并以此作为质疑"引力场使光线偏转"命题的重要依据。其实，我认为，这句话本身就值得商榷。运动的风充满了整个运动的风可到达的空间，但并不能说明风向就不会发生偏转。正因为有这样那样的缺憾和不足，我权且把《光暗之争》称之为科普学术著作，更多地强调该书在传播科学知识、探讨科学问题、争鸣学术观点、活跃学术气氛等方面的作用，以示与真正意义上的学术著作相区别。

这就带出了另外一个问题，类似于《光暗之争》这样的科普学术著作值得出版吗？我以为，对于自然科学类图书而言，出版并不表明书中的学术观点都是正确的，也不意味着推荐者、审稿者、写序者、广大读者都认同作者的观点；出版的目的，是希望由此引起更多的研究者关注并思考作者探讨的重大科学问题，共同参与讨论、交流，以此促进学术争鸣、科学进步。毕竟，在当今中国，我们实在是太缺乏科学质疑的精神，太缺乏鼓励、支持、包容科学质疑、学术争鸣、观点辩论的环境，太缺乏像吴裕祥博士这样敢于向科学权威挑战的勇士学者了。

我不仅对吴裕祥博士《光暗之争》的出版深深地持有这样一种期待，同时也对吴裕祥博士本人表示深深的敬意。

是以为序。

2016 年 3 月 15 日凌晨于北京市海淀区万柳公寓

前言

> 吾生有崖，而知无崖，以有崖求无崖，殆哉矣。
> ——《庄子·内篇·养生主第三》

总以为犀利的思想，
能刺破一切迷雾虚妄。
洞穿宇宙最深层黑暗的，
必定是智慧闪耀的光芒。

可距离是那么遥远，
天路又无穷漫长。
既掌握不了光一般的速度，
更不能像神一样万寿无疆。

望远镜的视觉最终将被噪波淹没，
探索的目光毕竟会消失在无尽的远方。
宇宙用距离的面纱，
留给我们永恒的迷茫。

于是我们按捺自己向往天空的心灵，
踏实地圆那些不太遥远不算虚妄的梦想。

我用3年时间从美国加州大学伯克利分校得到了工学博士学位，现在我把自己十余年的思想精华浓缩在这本薄薄的小书里，郑重地献给您，希望您能喜欢。

你只要有初中文化，有耐心，就能看懂这本书的99%。

此外，我特意在写作过程中结合书中的内容强调了怎样将自己的思维从初等数学向高等数学进化、怎样培养自己敏锐地发现问题解决问题的能力、怎样把实际中的例子转化为科学研究的课题、怎样培养自己的创造能力、怎样用简单的初等数学挑战专家们使用的梦幻般复杂的数学模型…等等掌握了就对你终生有益的内容。

让我们一起来重新思考当代统治物理界困惑普通人的爱因斯坦的相

对论理论本身蕴含的矛盾、与大爆炸有关的种种问题（包括下一个几十年人类要寻找的暗物质）、以及创造的窘迫和科学理论创新的停滞不前。

我们将会理解：人类了解宇宙是一个缓慢的、持续的、不断重新认识的过程。让我们一起来思考，如何活跃人类的理论创造力。

最近发生的一个很有趣的例子，可以给我们一些启发。

朋友发给我100首关于春天的古诗。其中有王维的《鸟鸣涧》：人闲桂花落，夜静春山空。月出惊山鸟，时鸣春涧中。

我问朋友：八月桂花香，桂花秋季开花，与春天不符吧？

朋友回答：'春山'是山名，与'桂花'对仗。

我又问：那最后一句呢？

朋友静默了。

这个问题也许可以告一段落了。

可是心里仍不踏实。千年流传的名句，难道从没有人发现问题？

于是去查百度。

首先看到一篇解释这首诗的文章。这里面注意到了这个问题，并解释说'桂花'是指'四季桂'。原来王维并没有错。

本来事情就到此为止了。可是百度的下面一条又把人给弄糊涂了。在四季桂——百度百科词条中的解释是：四季桂，叶子对生，多呈椭圆或长椭圆形，叶面光滑，革质，叶边缘有锯齿；秋季开花，花簇生于叶腋……

百度百科说了四季桂'秋季开花'。这就表明王维还是错了。

到底怎么回事呢？

接着仔细看了一些相关的解释，才由'四季桂的养殖方法——百度知道'了解到：四季桂是桂花中的一个优良品种，它与其他桂花不同的是，一年四季均有花开。

于是王维又对了！

几番折腾，几点感想：

- 朋友是大学资深教授，是个超级聪明的天才。可是一不小心面对千年名句，尽管春秋混淆，却不会去考虑里面可能的不当之处。这是人们面对名人或名作品的普遍心态。可以说是思维惯性吧。我自己要不是写这本书养成了反向思维的习惯，也不会去想这种问题，以前也读过这首优美的诗，也没想到这个问题。因为已经把自己交给了权威和历史。既相信权威，也对千百年厚重的历史拜服。
- 科学典籍的表述也会出错。

- 遇事应多以常理为基础去想想。越是感到奇怪反常的事情，越要用基本的道理去思考。

对于宇宙问题的认识也是如此。

例如，由于权威的霍金先生曾经断言："我们可能已经接近于探索自然的终极定律的终点"。所以普通的人们也就跟着相信，人类好像真的是完全洞察了宇宙，对天上的事情是无所不知。其实这是种完全错误的印象。人类不但对宇宙知之甚少，而且已有的认识里也充满了值得商榷的地方。

古代人靠眼睛观测宇宙。如果没有太阳或月亮作对比，银河里的满天星星构成的是一幅呆板的二维平面图。现代人虽然可以借助以望远镜为主的各种观测仪器，把宇宙的某些部分看得更为深透而真切，但宇宙学家探索宇宙的方法，究其实质却仍然与普通人是一样的。

全人类探索宇宙的奥秘，仍可以用八个字来简单地概括：

消极等待，大胆揣测。

很悲摧的 8 个字。

消极等待是因为，直到今天，人类一万年也飞不过一光年的距离！所以，人类只能等着接收驾临地球（或附近卫星扫描的空间）的光及少量天外来客。宇宙学家可研究的对象少得可怜，最主要的是少量的陨石类物体，和大量的从不同天体发射而来的各种各样的光。可以根据"光"的不同频率称呼它们为微波、紫外线、红外线、电磁波……

来到地球的陨石类物体虽然也带来一点信息，但是数量太少、代表的距离大都太小、且常不能确定其来源，不能通过它们描绘宇宙的面目。

"光"是人类研究宇宙的主要对象。

人类没有可能像发射雷达波那样主动探寻宇宙。

人类只能被动地消极等待天外之"光"或者说是"电磁波"的到来。不是人们不想主动，而是毫无主动的可能。人们没有丝毫能力主动地探测遥远的发光天体。加之人类掌握的速度太小了，以至于人类需要跨越的距离就显得那样不可想象地巨大，连宇宙学家们称之为"地球的后花园"的几光年外的地方也到达不了，连出走一光年大小的太阳系也得在路上飞行几万年！人类只能惆怅地遥视可望而不可及的茫茫空间星路。

不管任何报道中说什么太空探测器、卫星探测器、微波探测器等等之类的名词有多少，我们需要明确一点："探测"的全部功能仅仅是"接收"光波后的再分析。例如 COBE 宇宙微波背景探测卫星实际上就是在地球附近上空"接收"微波。

宇宙专家的观测也离不开地球，因为他们一万年都跨越不过一光年的距离天堑。即使是像哈勃那样的'太空'望远镜，也只是绕着地球转，在以光年为单位计算的宇宙观测及数学模型中，在地球上空轨道绕行的太空望远镜仍然可以归结为是位于地球这个点上。在这个点上"接收"光波。

当然宇宙专家也能主动地做一些事情，比如制造更先进的望远镜；把望远镜的焦距对准某一颗发光天体，以便望远镜能以接收该发光天体的光为主；或者为了减少噪波干扰，把望远镜发射到大气层外面去观测等等之类的事情。就是降低一点后面要讨论到的人类可控制的噪波；而对于不可控的包括自然噪波在内的因素，则完全无能为力。

在接收到天体的光信息以后，宇宙学家就要使用各种仪器，应用各种方法对接收到的信息进行处理，再在这些处理过的信息的基础上，做出相应的宇宙模型，描绘宇宙的面目。而当代宇宙学家在这一步表现出来的毫无顾忌、突破经典及传统的大胆揣测的想象力，则确实是令人吃惊不已，用"大胆揣测"来形容并不过分！

由于掌握资源的巨大差别，以及专业与业余之间的巨大鸿沟，人类的绝大多数并没有关于宇宙的第一手资料。城市夜晚的天空，星星往往被人间灯火掩盖，乡下呆板的天空也激发不了看惯了同样画面的乡民的冲动。精细的专业分工使得大众只能倾听宇宙专家的意见，信服他们描绘的宇宙构图，放弃自己关于探索宇宙的一切冲动。

但是，如果，假设，掌握完全话语权的宇宙专家们的"大胆揣测"出了偏差，那会导致什么呢？

比如我们现在正讨论的太阳系外星际移民的话题：按照宇宙专家们"大胆揣测"的理论成果，我们看不到丝毫成功的可能。也就是说，以专家们的认知方式，在太阳系外星际移民的问题上，得到的结果基本是负面的。

那么，我们可不可以在专家们观测数据的基础上，用新的理论和思路从不同角度来分析，从而为这个看似无解的问题，注入一些正能量呢？我们是否也可以乘势对一些其它的令人困惑的宇宙问题的解决提供一点新思路呢？

宇宙科学研究中信奉"所见即所得"、谁的望远镜看到更远更清楚谁就掌握了发言权，谁的数据就是权威的数据。但这并不正确！

在本书中我们将证明：眼见的宇宙遥远图像并非真实的宇宙面目、眼见常常并不为实！关于遥远宇宙的图像，是一幅幅以相隔万年为单位的完全不同年月的时间点阵，是一幅幅镜花水月、虚幻的美丽场景。人们永远窥不透距离悬挂起来的宇宙面纱！

所以，望远镜的好坏，并不足以成为掌握认识宇宙真理发言权的依据！反而往往是干扰人们认识遥远宇宙真面目的阻力。

我们发现，宇宙学领域里好像确实有某些传统的，甚至权威的理论，似乎发生了偏差；以至于当今的许多宇宙学家都不过是在迷离的虚幻中刻画宇宙的面貌。他们的研究往往侧重某一方面，可是把这些多个方面放在一起，就出现了令人啼笑皆非的相互冲突的结果。后面我们要讨论的典型的例子是把测微波背景的理论与宇宙膨胀理论、或暗物质理论放在一起得出来的自相矛盾的怪胎。

宇宙学研究要改变这种现状，首先还是要回到科学的基本精神方面来，要以事实为根据来说话，要有批判性、开创性的思维，要敢于根据基本的科学原理质疑权威的论断，更要不怕争论、敢于争论、在论争中明辨是非多求证推出新的观点，这样才能去伪存真，走向研究宇宙的坦途。

宇宙学左右我们的世界观。我们需要正确的世界观。

这是一种使命感，驱使我就这么对着电脑，不管是风和日丽的周末，还是彩灯高挂的节日，都在苦思冥想、寻寻觅觅、敲敲打打。这本书的字里行间，有旅途采摘的山水倒影，也有梦中醒来的几丝惊悟……

为了支持书中的立论，我们还设计了四个实验（将在正文中先后列出），任何一个实验的结果都有可能引起重要理论的更新。这些实验并不复杂，只是需要一些相关资源。而这些资源与它们可能取得的成果相比，完全微不足道。可惜我们没有条件来做它们。

尽管如此，我们还是依据大量的科学数据，写出了六篇规范的关于相对论、天体物理和宇宙学论文。但是，由于规范的科学论文不适合一般读者阅读，为了普及我们有别于传统的宇宙观，我们不得不把这些论文的基本内容，用通俗的语言转化为这本科学随笔，而把那些已经发表的论文作为附录列在本书的后面，以备有兴趣的专家和读者查照。

如果能有耐心读通这部随笔，再对照附录中那几篇论文，甚至回头读读 2005 年写的《谁有权谈论宇宙》，那么就会看到我们从哲学思想到数学论文再到文学描述的一条清晰的思维脉络。这对想要继续深入进行相关方面的研究，或者是写些东西的同道会有所帮助。

现代宇宙观，可以追溯到爱因斯坦先生。他的匪夷所思的相对论，引领人类在茫茫宇宙中摸索上百年。

我的本意并不想碰触这个大话题。但在最近却被研究相对论好多年。特别是最近一段时间，思想一直在其中组合、分裂、相对。直到 2016 感恩节通宵熬夜到凌晨 5 点，才最后把相关的问题缕分清楚。

也许你会因为对相对论的不一样的批评感到新奇，那么请享受你的阅读快感！也许你会因此而愤怒我们对待科学之神的态度，那么，请奋起批评此书！我们欢迎一切善意的、无论多么苛刻的批评甚至吹毛求疵。科学和真理不辩不明。在这里也要提醒读者：这本书里面的全部内容，都是对现有理论的批评。所以读这本书时需要认真思考，辩明是非。

这本书，也许会悄然沉没在信息的海洋，也许会引起几许波澜；也许能给我带来一点荣誉，但更可能带来伤害。管它呢！至少它已经给我带来了很多好朋友。在人生的路上，能留下几行浅浅的足迹于人间，可以算得没有虚度一回，就足以开怀大笑了。

这本书前后煎熬了我诸多心血，修改了近百次。无数的沉思，不倦的阅读，一点一滴的拓展。我的业余时间，大多是在行走——或者在玛雅悠远的金字塔旁沉思，在圣彼得堡宏大的夏宫冬宫前惊叹；或者行走在论文、资料和这本书中的字里行间；虽然曲折蜿蜒，倒也风光无限。正是：

密雨夜风敲盘键，十年铸造光暗篇。

两鬓成霜犹未改，一册化虹心正甜。

吴裕祥 2016 年 11 月 25 日于旧金山湾区绿园
yuxiangwu@outlook.com

第一篇

一道愚弄了人类百年的 4 年级算术题

人类一思考，上帝就发笑。

--犹太古代格言

  我在宇宙间徜徉。携缭绕星辉，过狂乱星暴，阅尽宇宙美景，更遭遇古往今来的哲人、诗人、科学人的强大思绪。其中的探索，迷茫，睿智的火焰，天才的光芒，让我惊叹。

  也有片片迷障，屏蔽人的神智思想。于是陷入艰辛的探索，偶尔带来突破的快感。就想在这宏大的苍宇中，拭去几片迷云，写一段新的感想。

  这段文字是如此的遥远，也许在宇宙间飘荡年年月月，才偶然遇上你。也许你看到这是一段如此古老的、烂熟的、唱腻了的曲子一般的话题，就随手把它扔进风里擦身而过；也许你愿意坐下来，抱一丝消遣的心情，看看这一抹叩窗的请新晚霞。

  在 Google 上随便搜索一下，0.72 秒内得到 20,500,000 条相关内容。

  从中学到大学的教科书，都有相关的内容。

  多少民间科学家们前仆后继，就相关的话题研究出无数的成果，把这个本应该庄重严肃的话题，庸俗成一段攀爬上人类顶峰的梯子。

  这本书不一样。所以好希望您能耐着性子往下看两页，再决定是否要继续读完去。而不是一看到熟悉到烂了的名字和话题，就弃之如敝履。这一回，本书会给您呈上一片异样的风景，带来一丝喜悦的惊奇。

话题就是左右人类宇宙观和科学界思想上百年的的相对论了。

让我们一起来看看，爱因斯坦先生是如何用一道小学四年级的算术题，引领我们走过上百年的辉煌。我们从爱因斯坦先生的建立相对性概念的基础论文里面，看到了一些让人大吃一惊的东西，因而怀疑这上百年来，人类是否总在惹得上帝哈哈大笑？

从哪里着手？

我曾经努力学习掌握电动力学方程，在爱因斯坦的令人眼花缭乱的数学中挖掘。就好像给一棵参天大树治病，知道它有病却不知病在何处，于是看它的果实，查它的枝干，就像许多质疑相对论的人们一样。却没有想到大树的根部去考察一番。最后从头细读爱因斯坦的相对论概念奠基论文《论动体的电动力学》，从而弄清楚了相对论概念的来龙去脉后，首先的感想就是：怎么它能够左右人类科学思想上百年时间？不得不令人深思。

可是世人或者信服，或者崇拜。那些反对的声音和尝试，总是不够有说服力；而那些为相对论辩解的故事，又是那样地奇巧百出，让人匪夷所思。

相对论的概念的建立是简单的。你只要有耐心，即使是初中文化，也能把问题搞得清清楚楚。可是近百年来反对的人们却不能驳倒它，这里面的主要原因，我会在后面专门探讨。这里只是简单地说一下：人们对相对论的意见，基本都是从挑它的具体模型或应用的毛病入手，但这恰恰是最不可能成功的着眼点。

我在网上搜索了相关资料后，发现有无数的研究，却没有谁去关心相对论概念确立的源头。找到源头一看，原来破绽是那么的多，推理是那么的不科学。其实大部分人，如果有耐心坐下来，仔细分析爱因斯坦的建立相对性概念的基础原始论文"论动体的电动力学"的前两节，都能够发现其中的问题。这前两小节没有复杂的数学，没有艰深的推理，但却是相对论概念建立的基础，所有相对论理论中复杂数学的起源。如果基础错了，建在其上的大厦轰然倒塌；源头歪了，错综复杂的支脉就全然不正。

《论动体的电动力学》附录在参考文献部分，仅录前三小节。我从繁杂的叙述中用下划线勾出了我们需要注意的部分。本文中讨论的是这些重要部分，您可以回到整体的原文中看我们的重点有无断章取义或曲解之嫌。

如果你有时间，也许会想先看看前面§1和.§2两小节。如果你有耐心，仔细地分析各种纷繁的符号、说明、定义及证明过程，就能看出其中的问题。这里用到的数学是简单的，就是小学四年级的静水和流水行船一样的问题。关键是要从定义的合法性、数学公式表达的物理意义等方面去考虑。这也是诸多讨论相对论文献中，少有人涉及的论点。

爱因斯坦的论文的第三小节是前面建立的相对性概念的具体应用，数学工具也慢慢复杂起来。在这一节中，爱因斯坦推导出了洛伦茨变换公式。只是由于洛伦茨早于爱因斯坦得到该公式，所以命名为洛伦茨变换。这是相对论的重要应用公式。从这个公式中，我们找到三个相对论应用方面的问题。我们还从从爱因斯坦在论文的第一和第二小节建立和证明相对论概念的过程中，发现五个问题。由于概念的错误，导致应用错误。概述如下：

相对论理论本身的洛伦兹变换（爱因斯坦变换）应用中产生三大问题：

1. 用洛伦兹变换（爱因斯坦变换）对三个或更多个不同参考系同时进行相对性计算时，会得到互相矛盾的结果
2. "动尺变短"产生使高速运行的宇宙飞船解体灾难
3. "动钟变慢"产生飞船内不同方向运动的钟时间指示不一致悖论

建立相对性概念过程中的五个错误：

4. 论文中的数学计算正确但物理意义错误导致的证明错误
5. 论文中定义的相对性原理在没有证明定义的合理性之前，就被应用来证明同时性的绝对性是错误的、即相对性概念是正确的。
6. 理论缺乏内部一致性 – 论文中定义的相对性原理可以用来证明相对性概念是正确的，也可以同样地用来证明相对性概念是不正确的。
7. 论文根据其中错误的相对性原理的定义将静杆系的观测结果推广到动杆系，从而得到错误的结论。
8. 从数学极限（lim）的哲学观点来看，爱因斯坦定义的相对性原理，将事件发展过程中的片段结果与最终结果等同起来，将极限过程和极限结果相混淆，违背了基本的哲学规律。

第8点是一个很重要的、但比较难懂的问题。

当然还有更多可以探讨的问题，我们只在此做了点抛砖引玉的工作。

在对以上逐点详细讨论之前，先来看两个有趣的脑筋急转弯题目。不需要马上回答它们。读完本章，你就知道怎么解答了。

两个有趣的脑筋急转弯问题

- 与飞兔、乌龟、狗和表相关的问题

请读者朋友们认真读读并思考下面由飞兔、乌龟和狗组成的小寓言故事。这个故事由三个小部分组成，每个部分有一个问题。让我们试试看能回答其中的几个问题？要把问题看清楚啊。

1. 一只可以跑得像光一样快的狗，戴着一只准确且不会坏的表，在美国加州大学伯克利分校的东西方向的跑道上来回飞跑。

问题一：狗的表在什么时候开始会计时错乱？（有点难啊！）

2. 一只可以跑得像光一样快的飞兔，戴着一只准确且不会坏的表，在中国江西宜春十运会的东西方向的跑道的一端起跑，追赶跑道另一端同时起跑的跑得也很快（当然没有飞兔那么快）的戴着一只同样表的乌龟。

问题二：飞兔的表在什么时候开始会计时错乱？（还是很难啊！）

3. 现在**想象**飞兔、乌龟和狗在同一时刻起跑，并且把它们的运动状况放在一起分析对比。

问题三：表们在什么时候开始会计时错乱？（哈，原来如此！）

我知道怎么回答这些问题了。

如果你还不知道，那就赶快读下去。读完就知道了。（暗示：好好学习并运用相对论！）

- **再来一个小小的有趣的宇宙飞船的船舱长度问题**

有没有可能让宇宙飞船的船舱像手风琴的音箱那样伸缩？

第一章
狭义相对论质疑

分析爱因斯坦建立相对性概念的研究论文"论动体的电动力学"

爱因斯坦的相对性原理与我们日常生活中的相对性有什么不同？

我们用下面两幅图的对比来说明正常的相对性和爱因斯坦的相对性的不同。

图1.1是我们通常使用的相对性概念示意图。图中坐着的、骑车的、开车的、坐飞机的、坐飞船的人，他们使用一个共同的时间，即爱因斯坦定义的绝对时间。即使这些人都随身携带着计时的表，这些表的指针都指向同一个时刻，不会因为静止或运动而改变。但是，对各个不同的人来说，他们观察其他运动着的人，感觉到的速度是不一样的。骑车的人会觉得开车的人运动得很快，而坐在飞机上的人会觉得开车的人运动得很慢。这就是正常的相对性感觉。

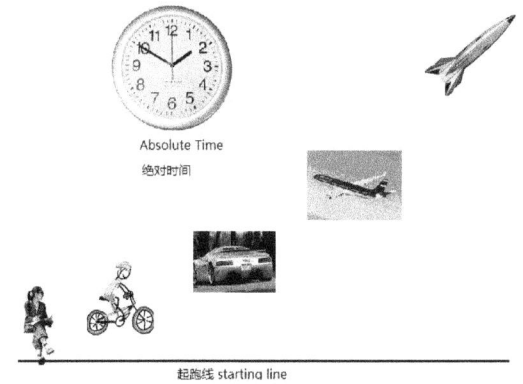

图1.1 在任一运输机上的钟表都遵守同一绝对时间。否则时间的规定将毫无意义

图 1.2 是爱因斯坦的相对性概念示意图。图中坐着的、骑车的、开车的、坐飞机的、坐飞船的人，他们本来像图 1.1 中的人们那样，也使用一个共同的绝对时间。

但是，爱因斯坦在他的论文"论动体的电动力学"中证明：如果他们做相互之间的相对比较，那么他们**各自所带的表指示的时间就会不一样**了。他是怎样证明的呢？我们在后面会**对照他的论文**作详细的说明。而他这种以错误思想为基础得到的相对论理论，导致了一系列理论和应用的错误。

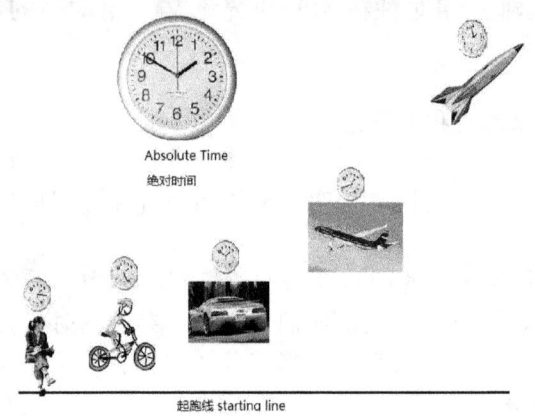

图 1.2 但爱因斯坦的相对论认为，当图中表所在运动系统相互进行运动的相对比较后，表就会指示不同的时间。

现在我们只是大致地直观了解一下爱因斯坦的相对论思想，建立一个初步的印象。

我们将图 1.2 中的任意一对或几个不同运动的人拿出来做彼此之间运动的相对比较。

比如说，为了简单，如下图 1.3，**想象**将坐着的人和宇宙飞船上的人单独分开来研究他们彼此之间的相对运动。

首先，我们注意到，坐着的人和宇宙飞船上的人都完全像在图 1.1 中一样，他们的运动状态和运动模式没有丝毫的改变。

想象给宇宙飞船加一根与上面完全一样的、与飞船一起同步运动的刚性杆，杆的两端各有一块反射镜，有一束激光从起跑线上与飞船同时出发向杆端运动，运动到动的刚杆端后就立即被杆端的镜子反射回来。

注意动杆、激光、飞船之间是完全独立互不干扰的。

现在在图 1.3 的起跑线上有连着静杆的人、激光 1、连着动杆的宇宙飞船、激光 2 等四个物体，他们同时沿着同样的方向出发。

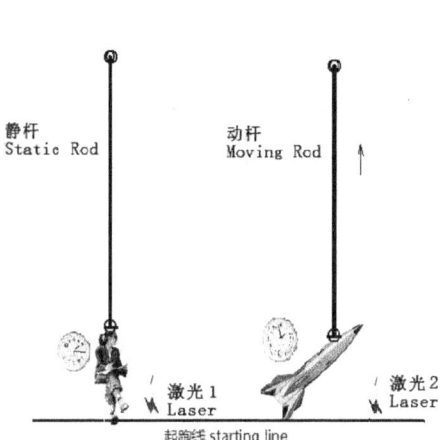

图 1.3 在想象中增加了刚杆、激光后的静态和动态系统示意图

考察在这些物体运动到某一个点，比如说静杆的终点时，系统的状态就像下图 1.4 所示。

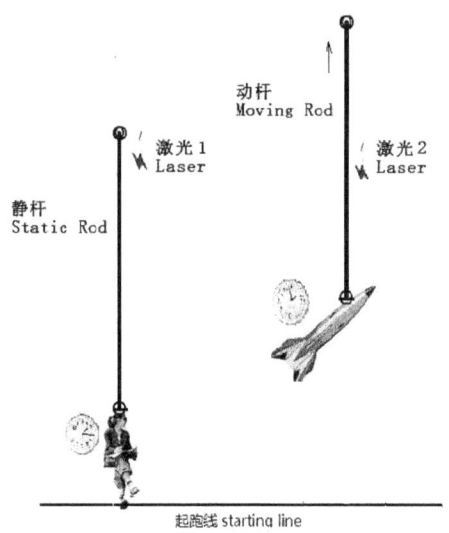

图 1.4 激光运动到静杆端时系统状况示意图

此时，激光 1 到达静杆的端点，并正被杆端的镜子反射回来；激光 2 还未到达动杆的端点，还需要继续向动杆端运动。

激光 1、激光 2、动杆继续运动，到激光 2 追上动杆端被镜子反射、并运动到宇宙飞船这一端。到此作为一个考察阶段。

问题：在这个考察阶段完成时，坐着的人手上戴的表，与宇宙飞船上的人戴的表，指示的时间会不同吗？

正常的人的回答肯定是：这两块表指示的时间相同。因为回顾一下图 1.1 和图 1.2，如果这两块表指示的时间不同了，这个世界就没有确定的时间了。所有运动的表，都会指向不同的时间 - 这和我们认识的世界以及我们的所有经验完全不一样！

我们还要注意到：不论是在实验室，或者是在实际生活中，图 1.1 和 1.2 中坐着的、骑车的、开车的、坐飞机的、坐飞船的人的运载工具，还有图 1.3 与 1.4 中的激光，彼此之间的运动实际上是完全独立的，没有、也完全不可能把任何两个捆绑在一起。所谓的不同运动系统的相对性，完全是在主观意识的想象中进行的！所以，将图 1.1 和 1.2 中任意两个运动物体在想象中进行相对比较，都会得到基本一样的结果！

而这种只在想象中存在的系统相对，怎么可能仅通过想象就让其中的表指示不同的时间呢？

神奇的是：在"论动体的电动力学"中，爱因斯坦用简单的数学（这数学简单到与小学四年级的船在静水和动水中的运动一样），经过各种眼花缭乱的定义、术语、假设、符号等等，看起来非常完美地证明了坐着的人手上戴的表，与宇宙飞船上的人戴的表，指示的时间竟然是不同的。而正是这个神奇的不同，成了指引人类科学百年的相对论理论的最根本的基础！

在这一章中，我们要仔细地对照爱因斯坦的论文，揭示他是怎样似是而非地完成这个神奇的证明的。

爱因斯坦用这个神奇的证明建立了相对性概念、进而以此概念为基础建立了相对论理论。

在错误的概念的基础上推导出来的理论当然不可能是正确的。

本章首先将指出相对论理论的应用中的三大问题，然后结合爱因斯坦的"论动体的电动力学"论文，探讨爱因斯坦的相对性概念是怎样错的，问题出在哪里？

由错误的相对性原理导致的相对论应用错误 - 洛伦兹 (Lorentz) 变换中的三个致命错误

下面我们先来看看因为爱因斯坦的相对性原理导致的相对性理论应用中的三个致命错误,然后对爱因斯坦建立相对性概念的原始论文作详细的分析,搞清楚这个错误是如何产生的。

为避免重复,我们先介绍一下自相对论发明以来就一直应用的洛伦兹变换。在本书附录中爱因斯坦的狭义相对论原论文《论动体的电动力学》第 3 节中可以看到,爱因斯坦在提出相对论概念时,在不知道洛伦兹的研究成果的情况下,推导出了与洛伦兹基本相同的这个变换,并且一直在相对论中使用着。没有把这个变换叫做爱因斯坦变换,是因为洛伦兹比爱因斯坦更早提出了这个变换。这样,在爱因斯坦的狭义相对论中用到的坐标变换,就叫做洛伦兹变换。.因此洛伦兹变换实际就是爱因斯坦相对论理论的一个重要的奠基的组成部分。

洛伦兹 (Lorentz) 变换-爱因斯坦变换简介

1904 年,洛伦兹提出了洛伦兹变换用于解释迈克耳孙-莫雷 1887 年实验测量不到地球相对于以太参考系的运动速度。根据他的设想,观察者相对于以太以一定速度运动时,以太(即空间介质)长度在运动方向上发生收缩,抵消了不同方向上的光速差异,这样就解释了迈克耳孙-莫雷实验的零结果。

爱因斯坦后来在他的相对论的奠基论文 "论动体的电动力学" 中单独推导出与洛伦兹变换基本相同的、用于狭义相对论中两个作相对匀速运动的惯性参考系(S 和 S')之间的坐标变换。若 S 系的坐标轴为 X、Y 和 Z,S'系的坐标轴为 X'、Y'和 Z'。为了简单,让 X、Y 和 Z 轴分别平行于 X'、Y'和 Z'轴,S'系相对于 S 系以不变速度 v 沿 X 轴的正方向运动,当 t = t' = 0 时,S 系和 S'系的原点互相重合。同一个物理事件在 S 系和 S'系中的时空坐标由下列关系式相联系。这个关系式由四个简单的代数方程组成。数学是简单的,重要的是其物理意义。

$$\begin{cases} x' = \gamma(x - vt) \\ y' = y \\ z' = z \\ t' = \gamma(t - \frac{vx}{c^2}) \end{cases}$$

式中 $\gamma = \dfrac{1}{\sqrt{1-\beta^2}}$，$\beta = \dfrac{v}{c}$，v 为 S'系相对于 S 系沿 X 轴的正方向的运动速度，c 为真空中的光速。

爱因斯坦在他的相对论奠基论文"论动体的电动力学"§3 中（见附录），独立推导出相同的变换公式应用于其相对论理论中，是相对论理论的核心、奠基及广泛运用的变换公式。

问题是这个简单的理论在用于描述多系统相对运动时，理论本身就包含了不可调和的应用冲突，导致了"动尺变短"灾难和"动钟变慢"悖论，以及对多参考系进行计算的矛盾。这是我们在本章中要重点讨论的。

1. 应用洛伦兹变换或说爱因斯坦变换对多个参考系同时进行相对性计算的矛盾结果

如上一节，在两个相对的物理系统 S 和 S'之间的坐标变换可以使用下式：

$$\begin{cases} x' = \gamma(x - vt) \\ y' = y \\ z' = z \\ t' = \gamma(t - \dfrac{vx}{c^2}) \end{cases}$$

可以更简单抽象地写作：

t' = f (t, v, x)
x' = f (x)
y' = y
z' = z

现在如上一节那样定义，增加一个类似的系统 S''，那么，X''和 X'的变换如下：

t' = f (t'', v'', x'')
x' = f(x'')
y' = y''
z' = z''

● 问题：上述两组方程中的两个 t' 会是相同的数值吗？两个 x' 呢？如果不相同，应该取哪个数值好呢？如果有 100，1000 个…类似的速度不同的平行系统加进来呢相对 X 系统运动呢？不能规定只能两个平行系统相对吧？

为了把问题说清楚，我们来看一个简单的实验。

假设在一个地面测试站，分别对 5 艘宇宙飞船进行相对性测试，要计算因为相对论所引起的时间膨胀。我们利用网上最容易查到的相对论计算器来进行计算。这个计算器由 Casio Computer Co., Ltd.免费提供，可以在网上直接查到（http://keisan.casio.com/exec/system/1224059993）。这类计算器有很多，由各大学或研究机构提供。

如下图，计算器分两部分，横线上部是参数输入部分，下部是结果输出部分，最下面是应用到的根据洛伦兹变换而来的相对论计算公式。

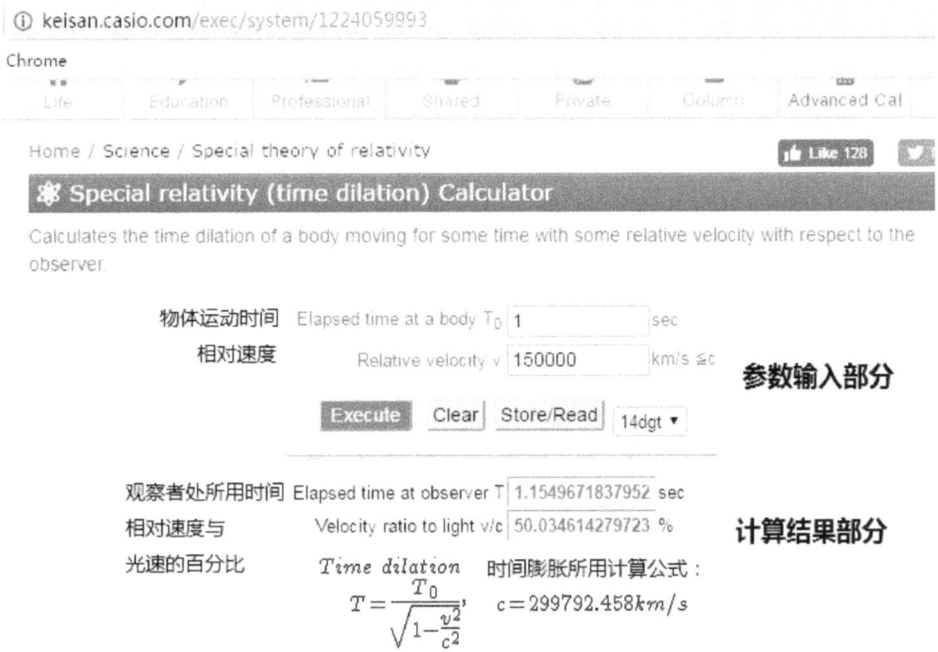

$$T=\frac{T_0}{\sqrt{1-\frac{v^2}{c^2}}},\quad c=299792.458km/s$$

图 1.4-1 相对论时间膨胀（Time Dilation）计算器

在这个计算器中，为了简单，我们固定物体运动时间为 1 秒，输入不同的相对速度，于是观察者得到了以 1 秒运动考察期、按照爱因斯坦相对论理论的时间膨胀公式来计算得到的不同结果。当然，我们的宇宙飞船不可能有这种运动速度，这里只是用来说明问题。

这个计算器的结果可以精确到小数点后 50 位。我们在下面四舍五入取 3 位。为了容易对比，表中的数字顺序做了重新安排。公式是通用与任何运动物体的，我们在这里用于我们想象中的 5 艘宇宙飞船。将我们的计算结果简单总结如下表：

物体（宇宙飞船）运动考察时间（秒） Elapsed time at a body T_0	1	1	1	1	1
观察者所经过的时间（秒） Elapsed time at observer T	1.061	1.155	1.342	1.812	3.945
输入速度与光速的大约比例 Velocity ratio to light v/c	1/3	1/2	2/3	63%	96%
输入物体相对速度（万公里/秒） Relative velocity v	10	15	20	25	29

这是成千上万学生教授计算过的东西，没什么稀奇的，也没什么问题。

现在，稍微进一步，请您仔细想想我提出的问题：

如果观察者同时观察这五艘不同速度的宇宙飞船，这个观察者的时钟的指针该指向哪里？

这是一个没有办法回答的问题。

其实，这也正是爱因斯坦的相对论的根本问题所在了！爱因斯坦相信并且在他建立相对性概念时证明了：如果观察者相对第一艘宇宙飞船，那么他的钟的指针会慢 0.061 秒，而观察者相对第二艘宇宙飞船，他的钟的指针会慢 0.155 秒...

但是他没想到也没证明：如果观察者同时和五艘飞船相对，这个观察者的钟的指针该指向五个相对时间里的哪一个时间。

实际上他也回答不了。因为这是从错误的概念引申出来的错误结果。

爱因斯坦真的这么说了吗？爱因斯坦的相对论真的这么荒谬吗？有人要说了：搞错了吧？那只是算算而已。即使按照牛顿定律来计算，也会得到不同的时间。但他们只是一种相对的感觉，没有真正改变时钟的时间。

这就是我说的我们普通人的相对性概念与爱因斯坦的相对性的根本不同了！按照牛顿定律，我们只是算算，得出来在不同运动速度下的不同感觉，就像前面说过的，坐飞机的人看坐车的人运动很慢，走路的人说坐车的人运动很快，但这些人戴的手表的指针指示的时间并不会改变。

可是爱因斯坦的相对论不同了，他确定并证明不同运动着的时钟的指针是会指向不同时间的！他在他的论文里证明了相对一下时间就会改变！

不要说这很荒谬，其实当代宇宙学家们都是这样相信的！

他们不但相信，并且用实验来证明了，在相对运动的情况下，时钟的指针是会改变的！宇宙学家们已经做了多个证实时间膨胀的实验，比如人们经常引用的飞行原子钟的实验（Hafeleand Keating，1972）实验。可惜他们没有证明的是，如果在这个飞行原子钟实验中，用两艘不同速度的宇宙飞船做实验时，地面的钟该随哪艘宇宙飞船的速度而变化！

顺便说一句：这种相对，只是、也只能是在思想上的相对！难道你还能把它们绑在一起来相对？思想有这么强大吗？

本章后面的任务，就是要从对爱因斯坦的原始论文的分析中，找出爱因斯坦的这种错误思想的根源所在！

以下是用同样道理从同样的来源得到的公式来计算速度。但是，这个计算似乎并不容易让人们了解作者想要表达的想法，以至于有重量级的天文专家竟然没有读懂这关于相对速度的例子与上面关于时间的例子其实是同样的东西。感谢这位专家的提醒，我添加了上面计算相对论引起的时间膨胀的那部分。下面关于速度的例子，道理是完全一样的，但确实没有前面的那么直观。你可以跳过去读后面的内容，也可以读读看是否那么难懂。

我们来具体计算一些实例的数据，以增加印象。

先看下面系统框中的 A、B、D 三个物体：

```
          VA
      -------> A
                    VB
                -------> B
          VD
      ----------------> D
```

如果 A 物体以速度 VA 相对 B 物体同向运动，而 B 物体以速度 VB 相对 D 物体同向运动。那么 A 物体相对 D 物体的速度 VD-A 按照下面的计算框中的公式计算：

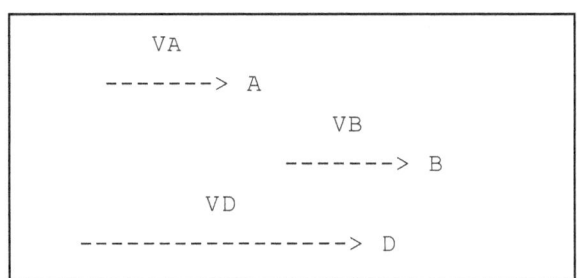

$$VD\text{-}A = \frac{VA + VB}{1 + VA*VB / c^2}$$

以上都是老生常谈，与大家百年来做烂了的方法没什么两样。

精彩从现在开始。

下面做的和别人不一样的地方，只是在上面的系统框中增加两个与物体 D 同时相对运动的物体 A1 和 A2 加入到系统中，让他们像物体 A 同样，都相对物体 B 分别以速度 VA1 及 VA2 做同向运动。应用同样的公式计算，可以得到 VD-A1、VD-A2 两个数值。

就是说，当物体 A、A1、A2 三个物体同时通过 B 物体相对物体 D 做相对运动时，VD 的速度有三个值 VD-A、VD-A1、VD-A2。VD 应该取哪个数值呢？

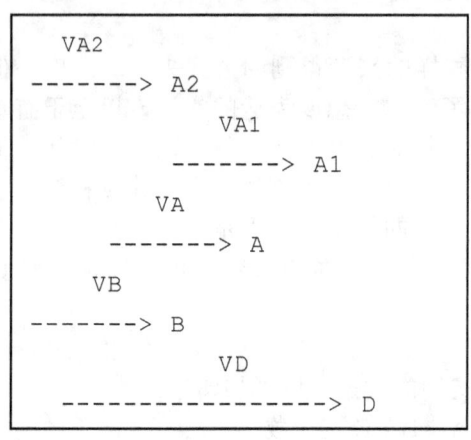

现在我们用具体的数据来计算出结果。网络上有许许多多类似的材料，读者可以自行去查证。而且，还有许许多多狭义相对论计算器，只需填上简单的数据，就能得到想要的结果。我们下面的数据和结果，就是根据下面其中的一个计算器计算出来的：

http://keisan.casio.com/exec/system/1224059837

先确定物体 B 的速度为：VB = 280000 km/s

给定 VA、VA1、VA2，就可以算出相应的合成速度 VD。

当 VA ＝ 100000 km/s, VD = 289,735 km/s

当 VA1 = 200000 km/s, VD = 295,733 km/s

当 VA2 = 250000 km/s, VD = 297,944 km/s

问题：当三个物体 VA、VA1、VA2 同时相对物体 D 以不同的速度运动，我们计算出 VD 有三个不同的数值。那么，VD 应该取哪个数值？爱因斯坦放置在 VD 上的速度计的指针该指向哪里？

如果类似地有 10 个、百个…以不同速度运动的物体加入到系统中并同时做相对 D 的运动，那么 D 的速度又是什么呢？

上面网上给出的计算器，不光有计算相对速度的，也有计算相对时间的和相对长度的。用类似的相同方法来计算，可以算出在 D 同时相对多个物体做相对运动时，D 将同时拥有多个时间值，或同时拥有多个不同的收缩长度。那么，爱因斯坦让观察者观察的物体 D 上的时钟的指针，该指向哪个时刻呢？

这是无解的矛盾。实际上，所有的物体上的时钟的指针，都指向唯一的时刻！

这许许多多重重叠叠的矛盾结果，只不过是爱因斯坦相对性概念的错误带来的虚幻"感觉"。这些应用矛盾，源自图 1.2 中爱因斯坦的与众不同的相对性概念。凡相对运动就会改变彼此间的时间，那么多个相对运动的物体同时进行爱因斯坦的相对性计算，当然会出现矛盾的结果。

这个错误的矛盾结果是可以通过类似后面介绍的实验来验证的，留给读者去考虑或做实验。

最令人难以置信的蒙太奇是：所有这些"相对"的事件只是发生在一个人的思想上。但科学家把它作为一个科学原则！像上面刚讨论过的动杆 A、A1、A2、B、D，如果他们永远独立自己运动的话，他们各自的速度不会因为其他物体的运动而改变；如果把一些钟放在杆上，这些钟指示的时间也不会错乱。现在，**在思想上**（多么强大的思想啊！）把它们分组相对，它们的速度就因为思想上的相对而改变了！它们的长度就会改变了！在它们上面的时钟就指示不同的时间了！多么强大的思想啊！是佛祖的思想吗？

一如既往，肯定有人或专家教授想出奇妙的方法来解释上面的矛盾。但是，从爱因斯坦原始论文中找到的证据，使任何狡辩都无济于事！请您耐心看下去。

2. "动尺变短"灾难

"动尺变短"将给宇航带来灾难性后果，它基本否定了人类使用高速运动飞船的可能性，完全破灭了人类对宇宙探索的梦想！

首先动尺变短是系统性的变化。

按照洛伦兹变换中的动尺变短理论，在高速运行的系统中，只有与 X 轴同向的长度会发生变化，而与 X 轴方向垂直方向的长度保持不变。（X′ 改变了，Y′ 和 Z′ 不变）

这样就出现了一个相对论动尺变短的灾难：如果宇宙飞船沿 X 轴高速飞行，那么根据"动尺变短"，宇宙飞船上的一切部件、包括宇宙飞船本身，沿 X 轴方向的长度会变短，飞船不能飞行甚至要解体。

这个 X 轴方向的变化有多大呢？

如果飞船速度是光速的 **90%**，那么按照洛伦兹变换计算出来的动尺收缩后的长度是原来长度的 **44%**。也就是说，一根一米长的短棍，在 0.9 倍光速的飞船内，会变成半米长度都不到，只有 **0.44** 米。而且只是沿 X 轴的单个方向的改变。这时候，飞船将崩溃是必然的。

再来看下面计算的一些结果以加深印象。

飞船速度	观察长度	观察高度	观察宽度
0	200 m	40 m	60 m
10 % 光速	199 m	40 m	60 m
86.5 % 光速	100 m	40 m	60 m
99 % 光速	28 m	40 m	60 m
99.99 % 光速	3 m	40 m	60 m

如果飞船速度是光速的 **14%**，那么 X 方向的长度将缩短大约 **1%**。由于这是系统性收缩，与制造船的材料无关，我们没有任何办法可以防止。那么，当飞船以光速的 **0.14** 飞行，它的发动机在 X 轴方向会缩短 **1%**。这时，这台发动机还能正常工作吗？于是，飞船本身也就不能飞行了。

因此，应用了上百年的爱因斯坦系统变换公式，其结果是堵塞了人类进行高速宇宙航行的希望，破灭了人类对宇宙探索的梦想！

所以，弄清楚"动尺变短"的本质究竟是什么，是非常重要的。

检验"动尺变短"理论正确与否的实验设计

先问当代物理大师们一个问题：现在，您希望爱因斯坦理论是正确的还是错误的呢？正确的话人类就不能再进行高速的宇宙探险，飞出太阳系永无可能；错误的话则偶像轰然倒塌。真是令人两难啊。

我们现在来设计检验"动尺变短"灾难正确与否的实验，以此来初步确定是否动尺的"长度"发生了系统性变化而不是短棍由于本身的材料不同、因而在高速运动下受到了不同程度的影响。

这个实验里，要把各种不同的短棒，比如纸板棒、塑料棒、钢铁棒…都放在同一飞船里并按照在不同的方向相互垂直摆放。

如图 1.5 所示，用两组不同的短棒，白的一组是塑料短棒，黑的一组是钢铁短棒，放在同一飞船里，来考察它们在不同方向的尺寸变化。

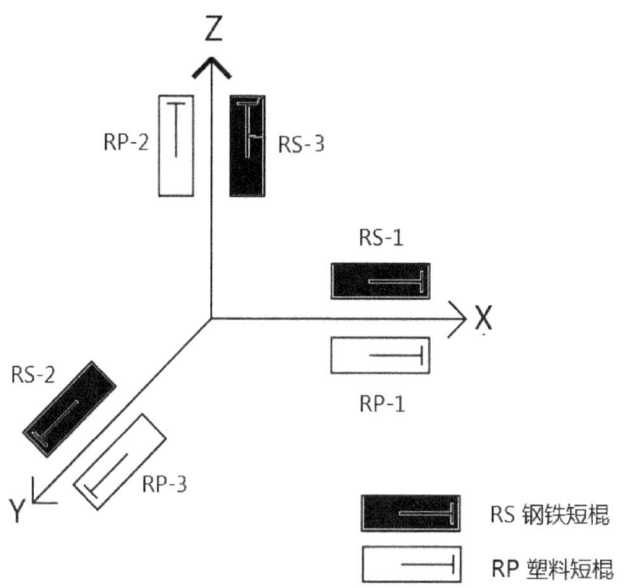

图 1.5 用两组不同材料的短棒测试"动尺变短"灾难

三根塑料短棒，一根的长度方向放置与飞船前进的方向一致、即 X 轴向，另两根的长度方向放置与飞船前进的方向垂直的 Y、Z 方向。亦即沿着 X、Y、Z 轴向各放一根塑料短棒。

三根钢铁短棒，也将分别放置在与塑料短棒同样的不同平面上。

令

Lrs-1 为钢铁短棒 RS-1 测试后的短棒长度，
Lrs-2 为钢铁短棒 RS-2 测试后的短棒长度，
Lrs-3 为钢铁短棒 RS-3 测试后的短棒长度；
Lrp-1 为塑料短棒 RP-1 测试后的短棒长度；
Lrp-2 为塑料短棒 RP-2 测试后的短棒长度；
Lrp-3 为塑料短棒 RP-3 测试后的短棒长度.

按照洛伦兹变换，由于 x' != x, 但 y' = y, z' = z, 那么应该有：

Lrs-1 = Lrp-1
Lrs-1 != Lrs-2; Lrs-1 != Lrp-2; Lrs-1 != Lrs-3; Lrs-1 != Lrp-3;
Lrs-2 = Lrs-3 = Lrp-2 = Lrp-3.

也就是说，根据所有这两组参与实验的短棒的长度改变的结果，来确定宇宙飞船内系统内各短棒'长度'是否按照相对性理论统一改变了。如果长度的改变不符合相对论理论预计，就只应该这样说：高速运动对系统内的材料的长度变化有影响，人们还应该进一步分别研究这种影响对不同材料的规律，而不是笼统地断言"动尺变短"。

我们确定这样的实验结果将证明系统尺寸没有改变，而是系统内的不同材料的物体受到高速运动而产生了不同程度的影响，因而不同材料的物体长度有了不同程度的轻微改变。爱因斯坦的"动尺变短"理论不正确。本句开头原本是'预计'，现在改成'确定'，是因为我们在爱因斯坦的原始的确定相对论概念的论文中，发现了爱因斯坦导致'动尺变短'的理论证明是错误的推导，他用正确的数学推导引进了错误的物理概念。

爱因斯坦相对论理论中的动尺系统性变短的一个可能的灾难性的后果是：无论宇宙飞船怎么制造，在高速时都不能正常工作甚至会解体，因为是系统性的沿着 X 轴方向变短，则所有的宇宙飞船部件都会变形，包括飞船本身，其后果就是飞船解体。爱因斯坦的高速运动的惯性系火车按照他自己的理论，其气缸等动力部件也会变形不能运行。所以，我们必须做相关的实验来确定，这可是生命攸关的大事啊！如果我们努力提高宇宙飞船的速度，最终却走向飞船解体的下场，岂不很搞笑？

因此，爱因斯坦理论不正确比较符合人类的利益。

也许这样说更科学：在高速运动的系统里，不同材料受高速运动的影响可能有不同程度的长度变化，塑料是这样变化，钢铁是那样变化，…这是需要继续研究的课题。

3. "动钟变慢"悖论

洛伦兹变换中 t'！= t 告诉我们，在相对运动中，时间会系统地改变！

一个系统的"时间"改变不是一座钟的时间指示改变了就能证明了的。我们得证明这个系统内的任何东西，其时间进程都同样地随着改变了，所有东西的寿命都以同样的比例变了。

例如，如果在一个以光速飞行的魔幻系统里，因为速度的原因，时间比系统外慢一半。那么，钟要走慢一半，飞行员的衰老过程要慢一半，椅子磨损的速度要慢一半…只要有一件东西的时间流速和应该的一半不一样，就不能说系统的时间改变了。洛伦兹变换告诉我们的就应该是系统时间的改变（t'改变了）而不是一座钟的时间指示改变了。

可是这实际是近乎不可能完成的证明。谁能证明系统内"所有"东西都随钟的变慢而同样按比例改变了自己的时间进程？在飞船里的有心脏病的孪生兄弟是否有可能受高速运动的影响，英年早逝、而地球上有同样疾病的兄弟还依然健在呢？难道只允许没病的人在这个系统里享受衰老变缓的待遇？那就不是"系统时间"改变了，而是没有病的人一小部分人在高速运动中衰老这一生理现象发生了和他们在地球上生活时不一样的变化。

关于这个问题的讨论没有见到很多，看来人们也不太重视。

这个问题也没有"动尺变短"那么可怕，但也需要做实验来最后证实。

检验"动钟变慢"理论正确与否的实验设计

我们设计下面这样的实验，来初步确定是系统"时间"发生了变化而不是时钟本身的机械运动受到不同程度的影响。在这个实验里，要把各种不同的做往复运动的钟，比如机械钟、电子钟、光子钟…都放在同一飞船里，用来检验"动钟变慢"论断、及其与洛伦兹变换之间的矛盾。

如图1.6所示，使用两组由做往复运动来计算时间的不同材料制造的钟，一组是机械钟，另一组是光子钟，放在同一飞船里，来考察它们的时间量度的变化。这样，我们不但考察了"动钟变慢"理论的正确与否，同时也可以了解高速运动系统对不同材料制造的机械或光学钟表系统的运动有无不同的影响。当然地面也会有用来做对比的同样的钟，这就不再说明了。

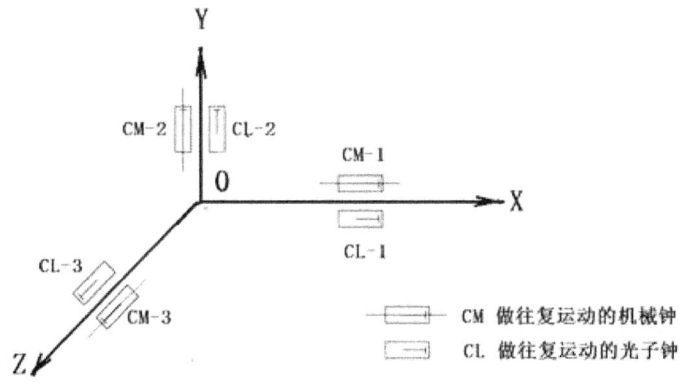

图1.6 用两组钟测试在洛伦兹变换中产生的悖论"动钟变慢"

三台机械钟，一台机械在一个平面内做往复运动钟的平面与飞船前进的方向一致，另两台的钟的机械往复运动平面与飞船前进的方向垂直。亦即沿着 X、Y、Z 平面各放一台在一个平面内做往复运动的机械钟。

三台由光子的在一个平面内做来回运动做成的光子钟,也将钟的光子运动与飞船的前进方向放置成一致的和垂直的。

令

Tcm-1 为 CM-1 的测试后的指示时间,
Tcm-2 为 CM-2 的测试后的指示时间,
Tcm-3 为 CM-3 的测试后的指示时间,
Tcp-1 为 CP-1 的测试后的指示时间,
Tcp-2 为 CP-2 的测试后的指示时间,
Tcp-3 为 CP-3 的测试后的指示时间,

按照爱因斯坦的"动钟变慢"理论,应该有:

Tcm-1 = Tcm-2 = Tcm-3 = Tcl-1 = Tcl-2 = Tcl-3

但是按照洛伦兹变换,由于 x′ != x, 但 y′ = y, z′ = z, 而时间的计算是由钟内部件做直线往复运动得到的,这样在 X－轴方向的钟受飞船运动动影响钟点时间会发生变化,但 Y、Z 方向却仍然和原来一样,在这个方向的钟指示的时间就不应该发生变化。那么应该有:

Tcm-1 != Tcm-2; Tcp-1 != Tcp-2;
Tcm-1 != Tcm-3; Tcp-1 != Tcp-3;
Tcm-1 = Tcp-1;
Tcm-2 = Tcm-3 = Tcp-2 = Tcp-3.

也就是说,如果所有这两组参与实验的钟的时间指示都与上面那些等式和不等式一致的话,那才能有一点点把握初步说明是宇宙飞船内'系统时间'改变了,否则就只应该说:高速运动对系统内的机械运动或光子运动有影响。还可以进一步分别研究这些影响的规律。

同样的道理可以应用在另一组由光子来回运动制作的钟。按照系统时间变慢的原理,所有的光子钟应该指示同样的、与机械钟也同样的时间。而按照洛伦兹变换则钟的时间指示在 X 方向的钟与在 Y、Z 方向的钟不同,Y、Z 方向的钟指示则相同。

我相信这样的实验结果将证明系统时间并没有改变,而是系统内的不同物体的运动状态受到了影响,因而不同钟的运动有可能发生了不同变化。

按照洛伦兹变换，只有在系统运动方向的钟的时间会变慢，因为只有这个方向的 x′ 改变了。但按照相对论的理论，却应该所有的系统内的钟都会同样变慢，并且变慢的刻度相同，因为 t′ 改变了。这样就出现了一个相对论动钟变慢的**悖论**：如果所有参与实验的钟指示的时间都发生同样一致的变化，初步证明系统的"动钟变慢"是对的，可相对论使用的洛伦兹变换就错了；如果洛伦兹变换是对的，那么所有的钟都不会发生相同变化，系统的"动钟变慢"结论就错了。还有可能试验的结果是两者都错了，这里有新的运动规律出现了。

这就又回到了怎样看待系统的问题。是把复杂系统分解开来研究呢，还是合并一起稀里糊涂地研究？

也许这样说更科学：在高速运动的系统里，钟的机械或光子运动速度受影响会起不同变化，且其变慢的规律是…、人的衰老过程会延缓，其规律是…这些是需要继续研究的课题。

以上都是 2015 年以前的思想。但写下来就不想改了，让它作为自己十年在漫漫迷雾中探索的历史脚印吧。

现在（2016 年 11 月 25 日）我才认识到：原来这些实验，原理是对的，一切都是对的，只有结果是很尴尬的！这样的实验、所有的关于相对论的实验，不管是在飞机上做还是在宇宙飞船上做，都是不可能得出所期望的结果的！为什么？在后面会专门讨论。

爱因斯坦的"动钟变慢"悖论及"动尺变短"灾难从何而来？

我们在前面详细讨论了爱因斯坦相对论理论洛伦兹变换中蕴含的"动钟变慢"悖论、以及"动尺变短"灾难。

那么，为什么会出现"动钟变慢"兹洛伦兹变换中的悖论？为什么会出现"动尺变短"之运动灾难？为什么会出现各种相对论应用中的计算矛盾结果？它是自然法则，或只是一个理论上的错误？甚至仅仅是一个伟人的错觉？

带着这两个问题，我们再一次翻开了爱因斯坦的相对论的奠基论文："论动体的电动力学"。经过反复的推理演绎，确定问题出在这篇爱因斯坦论文的"运动学部分"的§1 和§2 中。而基于这两节的概念在§3 中推导出来的洛伦兹-爱因斯坦变换，当然也继承了前面概念中的错误，在应用中漏洞百出就不会令人感到奇怪了。

为了读者对照的方便，我把爱因斯坦的论文"论动体的电动力学"的

"一. 运动学部分"的前二节及第三节中与我们的研究相关的部分附录在本书的后面。"论动体的电动力学"一共包括五小节它们分别是：

　　§1. 同时的定义
　　§2. 关于长度和时间的相对性
　　§3. 从静杆系到另一个相对于它作匀速移动的坐标和时间的变换理论
　　§4. 关于运动物体和运动时钟所得方程的物理意义
　　§5. 速度的加法定理

我们主要讨论§1和§2，因为这两节是整个相对论理论建立的基础。另外的§3是和Lorentz变换基本重复的推导，是§1和§2中得到的相对性理论的进一步应用。我们附录§3到洛伦兹变换。§4及§5均是以前面几节的结论为基础通过简单的偏微分方程展开的，与我们的讨论关联不大，就不附录在本书中了。

关键的问题是如果前面§1和§2的简单数学为基础的推理没有足够充分的理由得以成立的话，后面的§3，§4及§5复杂数学推论就完全失去了合理的可能。不论后面用到的数学是简单还是玄幻，都相应地成了一堆建立在错误概念基础上的没用的错误的东西。

爱因斯坦在他建立相对论理论的论文"论动体的电动力学"中，犯了几个致命的错误，导致他建立的相对性概念不能成立。这些错误基本都是比较简单、直观且容易发现的错误。但是为什么一个世纪过去，却没有、或者是不能把这些错误公诸于世呢？这是值得科学工作者们深思和总结的！

前面我们已经列出了相对论应用中与洛伦兹-爱因斯坦变换相关的3个错误：计算结果的重重矛盾；"动尺变短"引发的灾难；以及在"动钟变慢"中引发的时间悖论。这些还都是可以通过实验来验证的。当然，这些实验是比较困难的，原因我们在后面的"接近光速是没有什么用处、却会混淆人们认识的概念"中详细探讨。

而下面的讨论，就是要从爱因斯坦的原始论文"论动体的电动力学"中找到为什么在相对论的应用中会出现这三大错误。

在展开讨论以前，我们先做一个简单的封闭系统。仔细认识这个系统模型，有利于更清楚地认识后面的各种条件和事物对象组合后令人眼花缭乱迷迷糊糊的模型的本质。

然后逐点分析导致应用灾难和悖论的理论建立过程中的五个严重问题。

我们构造的简单但重要的、用来进行对比的基础系统模型

系统研究对象由2根杆，2束均以光速C运动的光，和几只不会错乱的彼此同步的钟组成。把前面图 1.2 中的与静杆相连的人去掉，把飞船去掉，并假设动杆会以飞船的速度运动，这样就组成了我们要研究的系统如下图所示。

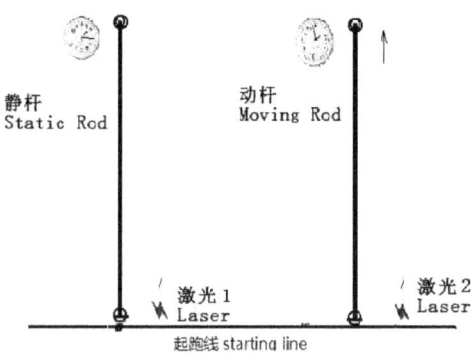

图 1.7 从图 1.2 修改而来的系统示意图

我们还规定这个系统所在的一切条件，都和下一节中爱因斯坦模型的设置相同。而且，**它们是相互之间彼此完全独立的物体**。我们把这几个彼此独立的对象放在同一个封闭的大系统内研究。

当我们用后面章节中要介绍的四维对象世界线图来表示时，为了与传统保持一致，我们把图 1.2 中顺时针旋转 90 度，再加上时间轴 T，空间轴 X，及相应的相关符号，就得到了下面的图 1.8。

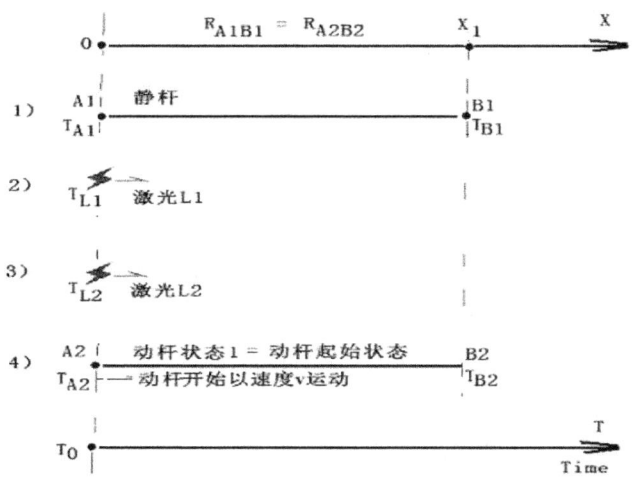

图 1.8 我们构造的基础模型的系统初始状态 1 示意图

这一节简单来说，就是对两根互不干涉的杆，两束正常的光做点研究。下面写那么复杂，是因为要从数学上讲清楚问题，相关的名字、符号是必不可少的。你要是不想探究细节，那么知道下面是要把互不相干的2根杆和2束光放在一起进行对比就够了。然后就可以直接跳到下一节。

在图 1.8 中：

两根杆一根静止，另一根做匀速直线运动。

两束光一束在静止杆的两端来回无停顿地运动，一束在动杆两端做无停顿运动。

这些运动物体在同一时刻开始运动。

在每根杆的两端放一只永不错乱的钟。

这些钟在运动开始时都是同步的。

在静杆上方运动的光到达静杆的另一端时，两根杆上的钟指示的是同样的时间吗？

在动杆上方运动的光到达动杆的另一端时，两根杆上的钟指示的是同样的时间吗？

问：这些永不错乱的钟，在什么时候会开始指示不同的时间？

下面那么多页的叙述，其实就是这么点内容。

图 1.8 是系统初始状态示意图。最上面是记录位置的 X 轴，接着依次排列 4 个研究对象，最下面是记录时间的 T 时间轴。

四个研究对象如下：

1）静杆 R1 A1－B1 是静止不动的，它的两端分别叫做 A1 和 B1。静杆的长度记作 R_{A1B1}。静杆的两端各挂一个钟，它们的时间为 T_{A1} 和 T_{B1}。

2）光 L1 从 A1 向 B1 运动，到达 B1 端后立即返回。光 L1 的钟指示的时刻为 T_{L1}。

3）光 L2 与从 A2 向 B2 沿着 X 轴 x 增加的方向一直运动，它的钟指示的时刻为 T_{L2}。

4）动杆 R2 A2－B2 开始以速度 v 沿 X 轴从 0 点向 x 增大的方向运动。动杆两端分别叫做 A2 和 B2。动杆的长度记作 R_{A2B2}。动杆的两端各挂一个钟，它们指示的时刻为 T_{A2} 和 T_{B2}。

在图中所示起始时刻，光 L1 和 L2 与动杆 $R2_{A2-B2}$ 都在 T_0 时刻开始沿 X 轴方向运动。钟的指针都指向 T_0，即 $T_{A1} = T_{B1} = T_{A2} = T_{B2} = T_{L1} = T_{L2} = T_0$。

上面用到的对象和相关符号有点多，我们列下表归纳总结：

对象	名称	端点名称	对应挂钟时间名称	在时间轴 T 上位置	杆长
X 轴	Xi	原点 0			
静杆 R1		起始 A1	T_{A1}	T_0	R_{A1B1}
		终端 B1	T_{B1}	T_0	
动杆 R2		起始 A2	T_{A2}	T_0	R_{A2B2}
		终端 B2	T_{B2}	T_0	
光	L1	起始 A1	T_{L1}	T_0	
	L2	起始 A2	T_{L2}	T_0	
时间 T 轴	Ti	起始 T_0	T_0	T_0	

下一张图 1.9 是 L1 运动到静杆端 B1 的系统状态 2 示意图。

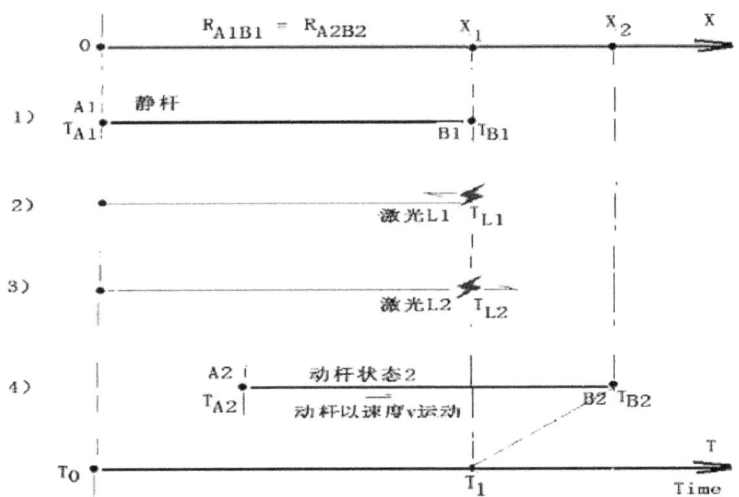

图 1.9 我们构造的基础模型 L1 运动到静杆端 B1 的系统状态 2 示意图

此时，L1 和 L2 都到达了静杆端 B1，即 X 轴上 X_1 的位置。但动杆端 A2 和 B2 都已经不在原处，而是向前运动了一段距离。其中动杆端 B2 到达了 X_2 指示的位置。

由于我们记录的是 L1 和 L2 到达静杆端 B1 的时刻，所以 T_{B2} 仍然与其他的钟指示的时间相同，有 $T_{A1} = T_{B1} = T_{A2} = T_{B2} = T_{L1} = T_{L2} = T_1$。就是说，所有的钟仍然都是同步的。

可以用下表来归纳一下。

对象	名称	端点	对应挂	在 X 轴	在时间	杆长

	名称	钟时间名称	上位置	轴T上位置	
X轴	Xi	原点0			
杆	静杆	起始A1	T_{A1}	0	T_1	R_{A1B1}
		终端B1	T_{B1}	X_1	T_1	
	动杆	起始A2	T_{A2}	?	T_1	R_{A2B2}
		终端B2	T_{B2}	?	T_1	
光	L1	起始A1	T_{L1}	X_1	T_1	
	L2	起始A2	T_{L2}	X_1	T_1	
时间T轴	Ti	起始T_0	T_1		T_1	

图中动杆的起始端 A2 的位置在哪里呢？请读者自己想出来。

但是，我们特别要注意的是 T_{B2} 所在的位置。此刻，T_{B2} 与静杆端钟 T_{B1}、光钟 T_{L1}、T_{L2} 所在的位置是完全不同的。T_{B1}、T_{L1}、T_{L2} 在 X 轴上 X_1 处（相当于在静杆端 B1 处），但动杆端钟已经随运动的动杆从 X_1 处开始运动并到达 X_2 处，T_{B2} 在 X_2 处发生。但指示的时刻**仍然是 T_1**，如图中连接 T_{B2} 和 T_1 的虚线虚线所示。

现在我们发挥一下想象力，如果光 L1、L2 和动杆继续像上面所描述的那样运动下去，比如 L2 运动到了与动杆端 B2 相同的 X_3 位置，此时所有这些不会坏不会错乱的种指示的时间会有不同吗？又比如动杆端运动到了相当于两根杆长的 X_4 位置，或者相当于 100 根、1000 根…，10000 根杆长的位置，这些钟会指示不同的时间吗？这个很重要，我们来一一检查一下。

静杆上的钟就像我们家中的钟表，在没有损坏之前是不会指错时间的。

光 L1 在静杆的两端之间来回运动，就像迈克尔·莫雷做的测试光速的实验，肯定它所指示的钟的时间不会改变。

光 L2 一直往前运动，也想象不出在光速不变的定义下它所指示的钟会发生任何变化。当然，如果 L2 要像 L1 一样也做来回运动，或者一会儿直线一会儿来回，它所指示的时钟都不会错乱的。

动杆端上的钟，可以把动杆看着一条船，或者飞机，任何交通工具，环球旅行也好，它们上面的钟，按照我们知道的生活常识，是不会错乱的。这是比较容易让人困惑的地方。那么我们可以这样想：钟是由做轴向运动或在一个平面上运动的机械钟（比如类似简单地在一个平面内摆动的摆钟）。固定钟的运动方向或运动平面与动杆的运动方向或运动平面垂直。按照运动学定律，机械钟的运动将不会受到承载它的动杆的运动的影响。既然机械钟的运动不受影响，这个钟当然会一直指示正确的时间。

我们也可以把动杆看成一段以 A2 点为起点、B2 点为终点相隔距离为 R_{A2B2} 的跑道。在 B2 点有一只跑得和动杆一样快的乌龟。让 L2 变成在 A1 点起飞的飞得像光一样快的飞兔。让乌龟和飞兔都带上精确计时的钟。这样想象的好处是我们不需要考虑在运动中的杆的长度可能会改变这样的复杂情况，并且能得到同样结论。

总之，分别来看，无论持续运动到何时、走多远的距离、是做直线运动还是来回运动，或者是曲线运动，这些时钟都不会错乱，亦即它们总是同步的。

现在有这么一位大科学家，将这些在彼此分开的系统中看起来不会错乱的钟，把它们在**思想上**组合起来进行比较，加上几个不会影响这些系统的任何运动而只对这些钟进行观察的观察者，在短短的时间过后，这些从思想上相对起来的钟就会错乱地指示不同时间了！就会不同步了！注意啊，是在**思想上**进行组合、以旁观者的身份进行观察而导致时钟指示的时间错乱。神奇的思想、神奇的观测吧？

我们来看看这持续了一个世纪的相对混乱的奇迹是怎样发生的。

在此之前，我们需要参考前面的表，仔细记住以上各个钟的命名和它们指示的时间，并在下一节阅读时进行对比。我们特别要注意的是下节中不存在的光时间 T_{L1}、T_{L2}。请想一想为什么我们要特别添加这两个时间。还有为什么要把静杆钟和动杆钟的时间用不同的标识 T_{A1}、T_{B1}、T_{A2}、T_{B2} 区分开来？而不是笼统地都叫做 t_A、t_B、t'_A？

爱因斯坦论文"论动体的电动力学"中的相对性理论的基础模型

以下先简单并尽量完整地把从爱因斯坦建立相对论理论的第一篇文章"论动体的电动力学"中我们要讨论的内容摘录出来。请特别关注我们加黑了的黑体字。斜体字是爱因斯坦论文中的原文，它们对应附录中用下划线勾出的部分。

"*§1. 同时的定义*"中说，**在一个静止的系统中**：

*我们只定义了"A 时间"和"B 时间"，但是并没有定义对于 A 和 B 是公共的时间。只有当我们**通过定义**，把光从 A 到 B 所需要的"时间"规定为等于它从 B 到 A 所需要的"时间"，我们才能定义 A 和 B 的公共"时*

间"。设在"A 时间"t_A 从 A 发出一道光线射向 B，它在"B 时间"t_B 又从 B 被反向射向 A，而在"A 时间"t'_A 回到 A 处。如果满足下面的公式（1）

$$t_B - t_A = t'_A - t_B \qquad (1)$$

那么这两只钟按照定义是同步的。

……

"§2. 关于长度和时间的*相对性*"

下面的考虑是以**相对性原理和光速不变原理为依据**的。这两条原理**我们定义**如下：（本书作者注：§2.一开始就**定义**了相对性原理，但并未证明或说明该定义的合理性，就应用来作为证明的依据。）

1. 物理体系的状态据以变换的规律，同描述这些状态变化时所参照的坐标系究竟是用两个在互相匀速运动着的坐标系中的哪一个并无关系。

2. 任何光线在"静止的"坐标系中都是以确定的速度 V 运动着，不管这道光线是由静止的还是运动的物体发射出来的。由此，得

速度 = 光的路程 / 时间间隔

这里的"时间间隔"是依照 §1 中所定义的意义来理解的。

设定了静杆系中长度为 l 的沿着 X 轴方向以匀速 v 运动的刚性杆，杆的一头命名为 A，另一头命名为 B。

...

我们设想，在杆的两端（A 和 B），都放着一只同静杆系的钟同步了的钟，也就是说，这些钟在任何瞬间所报的时刻，都同它们所在地方的"静杆系时间"相一致；因此，这些钟也是"在静杆系中同步的"。

我们进一步设想，在每一只钟那里都有一位运动着的观察者同它在一起，*而且他们把 §1 中确立起来的关于两只钟同步运行的判据应用到这两只钟上*。设有一道光线在时间 t_A 从 A 处发出，在时间 t_B 于 B 处被反射回，并在时间 t'_A 返回到 A 处。考虑到光速不变原理，我们得到如下公式：

$$t_B - t_A = R_{AB} / (c - v) \qquad (2)$$
$$t'_A - t_B = R_{AB} / (c + v) \qquad (2.1)$$

此处 R_{AB} 表示运动着的杆的长度——在静杆系中量得的。**因此，同动杆一起运动着的观察者会发现这两只钟不是同步进行的，可是处在静杆系中的观察者却会宣称这两只钟是同步的。**

由此可见，我们不能给予同时性这概念以任何绝对的意义；两个事件，从一个坐标系看来是同时的，而从另一个相对于这个坐标系运动着的坐标系看来，它们就不能再被认为是同时的事件了。

爱因斯坦论文中提出的问题，以及问题的问题

爱因斯坦在上面的论文摘要中提出以下 2 点来否认同时性的绝对性、建立相对性的正确性：

1) 在静杆系统中，两只钟同步的**定义**为(1)式 $t_B - t_A = t'_A - t_B$ 成立。**根据自己定义的**相对性原理和光速不变原理，把（1）式从静杆系**推广**到动杆系，应该有 (2) = (2.1)，即 $R_{AB}/(c-v) = R_{AB}/(c+v)$。

   现在 (2) != (2.1)，**所以**同时性的绝对性不存在、从而相对性才是正确的。

2) 由于 (2) != (2.1)，所以，与动杆一起运动着的观察者会发现这两只钟不是同步进行的，可是处在静杆系中的观察者却会宣称这两只钟是同步的。**由此可见**，我们不能给予同时性这概念以任何绝对的意义；两个事件，从一个坐标系看来是同时的，而从另一个相对于这个坐标系运动着的坐标系看来，它们就不能再被认为是同时的事件了。

我们已经知道，当我们把动杆、静杆，光分开成独立系统各自研究时，不管运行多久，都不会有时钟错乱的问题，都不会出现同时性不成立的问题。那么，为什么在爱因斯坦**从思想上**把这些对象分组比较后，就会出现同时性不成立的问题，并且时钟指示的时间会错乱？这种思想上的分组威力有这么大吗？其奥妙或说似是而非的关键点在哪里呢？

换一种分析方法

上面的"结论"中，'因此'和'由此可见'是没有说服力的。爱因斯坦由公式 (2) != (2.1) 得出的'同时性无任何绝对意义'的结论理论不充分，看不出来为什么因为展示了从（1）到 (2) != (2.1)，就"**因此**"有了结论"*同动杆一起运动着的观察者会发现这两只钟不是同步进行的，可是处在静杆系中的观察者却会宣称这两只钟是同步的。*"不明白为什么这些钟指示的时刻在动杆的观察者和在静杆的观察者在同时观看这两只钟时会出现不同结果。究竟是哪一只钟或两只钟都出问题了呢？还是钟没有问题，而是观察者出现了错觉？

我开始写《谁有权谈论宇宙》第二版的时候，根本就没有想触碰相对论这个庞然大物，尽管很不喜欢其中的某些观点（例如时空转换、穿越等）。我只是对"穿越"的原理--"如果我跑得比光快，就可以回到出生前杀死父亲--感到不可思议的愚蠢。为什么要比光快？因为历史躲在光影里？这是科学？这是打着科学名义的玄学！我才不会因为几个权威说"世界上只有几个人懂相对论"就不敢质疑这件皇帝的新衣！因此我用调侃的语气写下《谁有权谈论宇宙》第五章的标题"相对论文学。"

实际上爱因斯坦是否说过这句杀父的话我知道的并不详细。但杀父故事的"科学"原理应该是来自于相对论。对于喜欢新鲜猎奇的网络人来说，这简直太符合口味了。因而一直备受一些人争议质疑的时空穿越相对论就在近些年大行其道。

因为调侃了爱因斯坦，首先《谁有权谈论宇宙》不能在中国出版，再后《谁有权谈论宇宙》第二版在长江出版社出了印刷胶片后被新来的社长叫停。那是2016年的事情了。

我这个人比较傻，认准了的事情就会不顾一切干下去。

好在写书只需要一个个人空间，资料网上都有，于是我开始了对《谁有权谈论宇宙》第二版手稿的全面反思，开始了2006 - 2016的漫漫心灵之旅。

但是相对论惹的麻烦永远没有完结。

2015年9月，我拿着十年反思后的结果 - 光暗之争 - 寻求出版，结果遭到好几个著名出版社的拒绝，主要因为相对论的问题。有个反馈的信息说：关于Olbers佯谬的解答很有说服力，但关于相对论部分的批评不够数学。

好吧，从去年10月到现在，我就一直在研究关于相对论的资料。直到2016年的感恩节，终于得到自己觉得满意了的结果。

读者朋友，想想我满怀不乐意、年年月月地被研究相对论，该是件多么泪流满面的事情啊！

当然，我最终得到了一些让自己高兴、让出版社的大人物们无话可说的成果！

科学出版总归是要讲科学的吧。

故事并没有完结。但一大篇唠叨后，还是回到我们的讨论上来。

我们将在下面的分析和证明中换一种分析方法，不是直接应用速度的合成公式，而是逐步分析动杆系统和静杆系统的运动过程，看究竟在什么时刻，观察者会发现计时的钟会出现问题。这样做的结果虽然使得分析过程和数学推导都比爱因斯坦所做的更复杂，但所有的过程和结果一目了然。我们得到的最后的结果证明爱因斯坦模型中的动系和静杆系的钟一直都是在同步进行的，只不过他们在特定的时刻，是处于与爱因斯坦给出的并不相同的位置。而导致爱因斯坦犯错误的原因，是爱因斯坦一边把系统划分为静、动，另一方面在分析时没有考虑动系的'动'的物理意义，而是简单地在公式中把运动后物体移动的事实用速度 v 屏蔽掉了，连运动着的刚性杆的端点位置在不断变化这一基本事实都没有在其模型中表达出来。

我们需要知道，t_A，t_B，t'_A 在§1静杆系中的意义、数值，和§2中动杆系的相同符号所表达的意义与数值，并不是同样的。t_B，t'_A 在动杆系中的数值，随着运动的变化而发生巨大的变化，与静杆系中的数值完全不一样，没有丝毫可比性。请对比我们在上面构造的基础系统模型中所用的符号。可是爱因斯坦就直接拿来把它们视为等同地用到他的系统分析中去了。爱因斯坦用简单的数学公式（1）和（2）掩盖了静杆系与动杆系中的不同物理本质。

因为按照爱因斯坦的模型和分析得出的'相对性'实际上是不成立，由此根据他的'相对论'推导出来的'动钟变慢'会出现悖论就是一件正常的事情。这也是由错误的模型引申出来的同样错误的结果的典型例子。

在我们详细分析动杆系的细节以前，我们来看一个简单的小学生常常遇到的算术题。你可以从另一个角度来审视一下相关概念。

船在时间 T_A,从 A 地逆流而上，于时间 T_B，到达 B 地，马上顺流而下返回 A 地，在时间 T_A 到达。渡轮的速度为 C，水流的速度为 v。记 A、B 之间的距离为 R_{AB}，那么，我们有以下关系式（3）：

$T_B - T_A = R_{AB} / (C - V)$　　　（3）

$T'_A - T_B = R_{AB} / (C + V)$　　　（3.1）

我们很容易看出从这个小学四年级流水行船算术题得到的（3）和（3.1）式和爱因斯坦的（2）和（2.1）式外形完全一模一样。难道小学算术里的公式就能够说明同时性的非绝对性吗？难道放在岸上的钟和沿岸行驶的船上的钟会指示不同的时间吗？上面类似流水行船问题的公式（3）和（3.1）本来就是不相等的。但爱因斯坦却认为：根据他定义的相对性原理和光速不变原理，把静杆系的（1）推广到动杆系的（2）=（2.1），顺水行船和逆水行舟所用的时间应该相等，即有 (3) = (3.1)。现在竟然不相等，那就是违背了同时性。

是不是有点蛮不讲理？

现在结合上面摘录的爱因斯坦论文原文，来具体分析上面提到的论文中的五个大问题。

4. 爱因斯坦论文中的数学计算正确但物理意义错误的结果

下面对§2的动杆系从物理角度结合数学进行系统分析。

在下面的分析中，动杆以速度 v 沿 X 轴运动。用 $D_{同}$ 代表在动杆系中、光从动杆的 A 端开始、以速度 C、沿 X 轴与杆同向运动、最后到达 B 点时，光走过的距离；而用 $D_{逆}$ 代表在动杆系中、光从动杆的 B 端开始、以速度 C、沿 X 轴与杆逆向运动、最后到达 A 点时，光走过的距离，

在（2）和（2.1）式中，光走过的距离 $D_{同}$ 与 $D_{逆}$ 走过的距离，同样都是杆长 R_{AB}。

我们将一步步展示，在同样的时间里，$D_{同}$ 与 $D_{逆}$ 走过的距离是不一样的。

$D_{同}$ 远远超过杆的长度 R_{A1B1}。这个同向运动走过的距离的数值由动杆的运动速度 v 决定。假设动杆的运动速度是光速的一半即 $v = \dfrac{C}{2}$，那么光从 A 到 B 与杆同向运动走过的全程将会是 $2R_{AB}$。

$D_{逆}$ 远远小于杆的长度 R_{AB}。这个逆向运动走过的距离的数值也是由动杆的运动速度 v 决定。假设动杆的运动速度是光速的一半即 $v = \dfrac{C}{2}$，那么光从 B 到 A 与杆逆向运动走过的全程将会是 $\dfrac{2R_{A1B1}}{3}$。

难道能拿光与杆同向运动走过的 $2R_{A1B1}$ 所用的时间与光逆向运动走过 $\dfrac{2R_{A1B1}}{3}$ 所需时间来进行同时性比较吗？

以下我们将用四维世界线制图的方法来表达爱因斯坦的动杆系统中光与动杆**同向运动**的情形。光与动杆逆向运动的思考方法是一样的，就不仔细讨论也不画相关示意图了。

由于我们只考虑 X 轴，所以 Y 轴和 Z 轴都忽略不画。四维甚至五维世线制图的方法将在本篇最后一章讨论。

为了清楚起见，我们先将每一步分析画一个图，在总结时再把这些分步图合成起来。这样我们可以将动杆系与静杆系放在一起作对比。

每个图由四个大部分组成。最上是记录所有研究对象的位置及运动走过的路程的 X-轴；其下是静杆系的系统分析图；再下面是动杆系的系统分析图，最下面则为这两个系统的第四维的时间轴。每个部分之间用虚线分开。

但是，一个重要的问题出现了：我们需要挑选一些重要的有代表性的时刻来做分析。同时为了直观，要对这些时刻做出图像来表达。那么，挑选哪些时刻会有代表性？画什么图？画哪几张。这就是一个怎样构成能有

效分析问题又相对简单的模型的技巧。

我要强调一下，在科学研究中，此刻是关键的影响整个研究结果的时候。此刻决策做出以后，后面接着的就是技工性质的活了。科学研究中，研究方向的确定、合理有效的实验设计，是成功的首要环节。而不是眼花缭乱的数学推导。

在这里，我是按照下面的方法设计并进行分析的。在开始逐步分析以前，我并不知道会有什么结果。我只是认为，在爱因斯坦的论文中，否定同时性的推理不够充分，结论下得太匆忙，于是想要仔细分析一下，不是直接用速度叠加的现成数学结果、而是直接地对系统逐步分析。但几个图像分析以后，就发现了问题，这才回头来写这篇论文。

首先，因为动杆系比较复杂，于是决定以分析动杆系为主，静杆系就照着动杆系建模就可以了。

那么，动杆系中哪些时刻是值得我们特别关注的呢？

一般在系统分析中，开始时的系统状态是一定要说明的。这就确定了第一个关注时刻是所有运动刚刚开始时刻的状态，也就是相应的第一副系统分析图。

然后呢，找比较特殊的、或运动告一段落的转折点。在这里，就是动杆的终端了。这就确定了第二个关注时刻及相应的第二副系统分析图，就是光从起点出发经过杆长的距离后到达静杆的终端的时刻。

那么，接下来呢？第二副图中动杆系的终端状态随着系统的运动有了什么改变？动杆 B2 端的位置已经改变了。我们就取光到达 B2 位置作为后续的第三个关注时刻，并画出相应的第三副系统分析图。

这样我们就有了下面的三副爱因斯坦动杆系统和静杆系统分析图。其中第三副系统分析图此时还不能确定，要等到对第二副图做了分析以后才能知道。

第三副图后我们要不要继续对后面的系统做图分析呢？那要在对第三副图分析后，看我们是否掌握了系统的规律，再做决定！

现在我们先来看第一副系统分析图。

爱因斯坦系统分析图 1

下面的爱因斯坦初始系统分析图 1.10，是将前面图 1.8 我们构造的基础模型的系统初始状态 1 示意图中的四个独立对象，按照爱因斯坦思想上的分组得到。

静杆系由静杆和光 L1 组成，光 L1 在起始时刻 T_0 开始运动的事件记作 $EL1_0$；

动杆系由动杆和光 L2 组成，光 L2 在起始时刻 T_0 开始运动的事件记作 $EL2_0$，动杆 R2 开始运动的事件记作 $ER2_0$。

辅助图元素有位于图的上部的一维坐标系统 X –轴、位于图的下部的时间 T –轴。

分组由虚线条隔开。

我们称在爱因斯坦系统分析图 1 中关注的所有系统中运动对象事件集合为 E0，它包含：E0（$EL1_0$，$EL2_0$，$ER2_0$）。

因为光 L1 与 L2 的速度是相同的，只要它们同时开始运动、且同时停止运动，那么它们就可以视为好像同一道光源在运动。

此时所有的钟的时间（静杆端钟 T_{A1}，静杆端钟 T_{B1}，动杆端钟 T_{A2}，动杆端钟 T_{B2}）的指示时刻都是 T_0。

这个比较简单，把各个需要考虑表达的因素妥善表达出来就可以了。

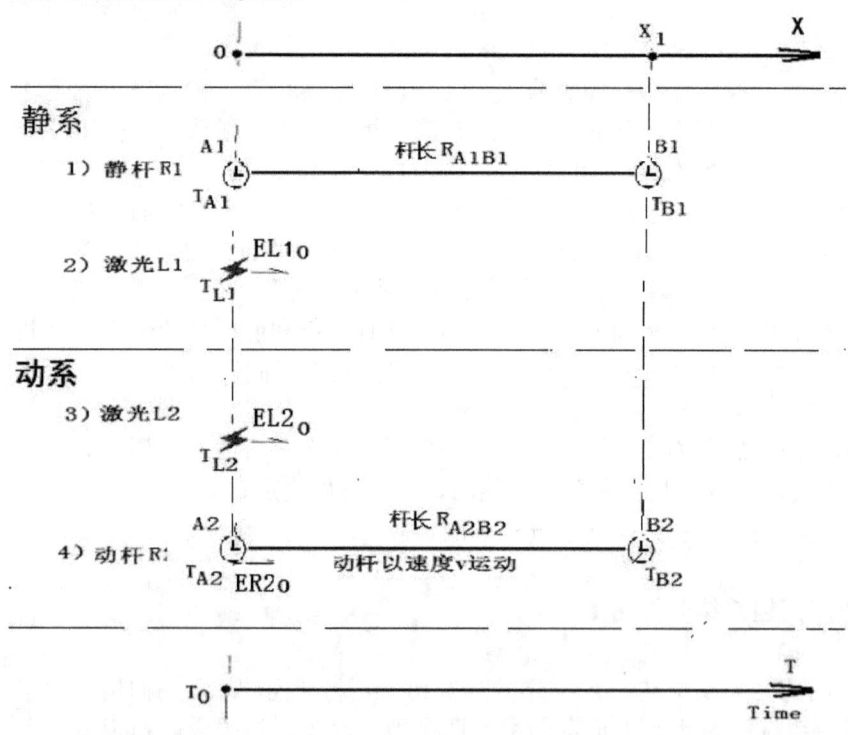

图 1.10 爱因斯坦系统分析图 1

爱因斯坦系统分析图 2

我们选择 L1 和 L2 都走到了 X_1 的时刻画出分析图 2。

系统分析图 1.11 选取的时刻是光 L1 运行到静杆端 B1、表示距离的 X-轴上 X_1 处、时间 T 轴上 T_1 时刻的系统状态。

我们称在爱因斯坦系统分析图 2 中关注的所有系统中运动对象事件集合为 E1，它包含：E1（$EL1_1$，$EL2_1$，$ER2_1$）。

光 L2 也运行到与静杆端 B1 平齐的位置、在表示距离的 X-轴上 X_1 处、时间 T 轴上 T_1 时刻的系统状态。

此时，光走过的路程为：静杆系中 A1 到 B2 的距离，它和 L2 走过动杆系中 A2 到 B2 的距离是一样的，和杆的长度 R_{A1B1} 也是一样的。

由此可以算出光走过 R_{A1B1} 距离的时间为 $t_0 = \dfrac{R_{A1B1}}{C}$。

静杆系中的光 L1 从静杆起始端 A1 走到了另一端 B1 处，在 X 轴上表示是从原点 0 走到了 X_1 点，L1 并且马上反射向 A1 点，我们用 $EL1_1$ 在图中标示该事件。

静杆没有运动，还在原地。

爱因斯坦系统分析图 2

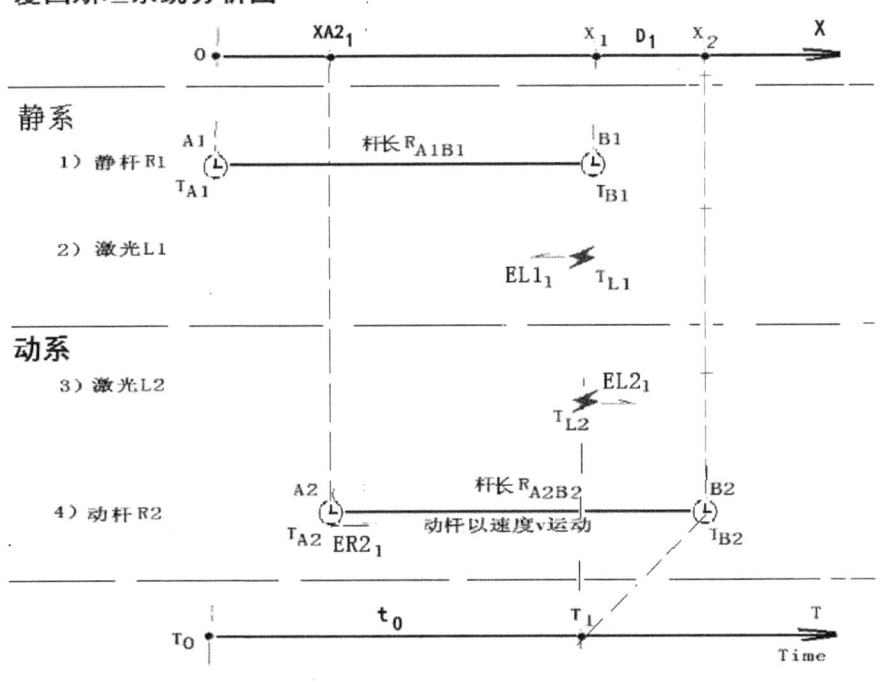

图 1.11. 爱因斯坦系统分析图 2

但动杆的位置已经有了改变,动杆系中光 L2 走过的距离,在 X 轴上表示也是从原点 0 走到了 X_1 点。这里要注意的是,动系杆中的动杆以速度 v 运动,此刻动杆端 A2 及 B2 已经不在原点 0 及 X_1 点所示之处了,而是已经以速度 v 沿 X 轴前进了 t_0 时间,前进了的距离用 X 坐标表示为从 X_1 到 X_2 的位置。可以这样计算,动杆前端已经从 X_1 处运动到了到了 X_2 的位置,所以

$$X_2 - X_1 = v * t_0 = v * \frac{R_{A1B1}}{C}。$$

换言之,L2 还没有到达它的目的地——动杆的另一端。此时动杆的杆端 A2 运动到了 $XA2_1$ 处、动杆端 B2 到了 X_2 处。

我们注意到此处开始与爱因斯坦原始动杆系分析的不同。光 L2 需要继续向动杆的 B2 端前进、而 B2 端也在继续运动。我们的系统分析需要继续进行。

在图中我们用 $EL1_1$ 表示光 L1 到达 X_1、并立即无停留地反射返回原点 0 这个事件;用 EL21 表示光 L2 到达 X_1、并立即无停留地沿 X 轴追赶动杆端 B2 这个事件。

并用 $ER2_1$ 表示动杆 A2 端到达 $XA2_1$、B2 端到达 X_2 并继续沿 X 轴向前进的事件。

在 $EL1_1$ 及 $EL2_1$ 事件中,所有的钟(静钟 A,静钟 B,杆端钟 A2,杆端钟 B2)的指示时刻都是 T_1。

由于 L2 还没有到达动杆 B2 端(此刻在点 X_2 处),我们还要继续做系统分析。

此时,按照爱因斯坦安排的观察者,在静杆及动杆端观察当地的钟,发现**这些钟虽然是在不同的位置,但钟指示的时刻却没有不同**。这是因为,随着动杆的运动,B2 端已经不在原地 X_1,而是以动杆运动的速度 v 从 X_1 向前运动了一段距离到 X_2。这个距离和用过的时间怎么计算我们在上面的分析中已经找出来了。

此时我们已经可以得到结论:位于静杆及动杆端爱因斯坦安排的观察者,已经可以发现他们观察的时间是不同的了。这是因为 L1 已经到达静杆端,所以静杆端钟指示的时间的 t_A 已经得到了,那就是 $T_1 = T_0 + t_0$;但 L2 还没有追上 B2,所以位于动杆端的观察者还没有开始观察。

这里已经告诉我们:光的速度不会改变。但在爱因斯坦规定的观察时刻(光到达杆端的时刻),因为光走过的路程不一样、使用的时间不一样,所以观察到的时间就不一样。静系钟在爱因斯坦规定的观察时刻,看到的静系钟的指向时刻 T_1;动系钟在此时也指向 T_1,和静系钟指示的时间

相同。但这个时刻仅仅**是静系钟的观察时刻**，并**不是动系钟的观察时刻**，因为按照爱因斯坦规定的观察时刻，动系的观察员还没有开始观察，L2还要继续前进走更远的距离直到追上动杆端B2，才会开始观察。

所以在 T_1 时刻，我们已经可以做如下结论：钟的运行一直是同步的，但由于静杆和动杆在爱因斯坦规定的观察时刻走过的距离不同，所以静杆钟和动杆钟上的观察者开始观察、观察到的时间是不同的，即他们是在不同的地点、走过不同的距离、在不同的开始观察时刻、观察到了不同的时间。

下面我们要考证的是：动杆在与杆的运动做同向运动和逆向运动时，是因为什么，让观察者观察到不同时间？是时钟本身错乱，还是像上面分析的结论类似，在不同的运动方式中爱因斯坦用不合理的规定给出的不同观察时刻带来不同的观察结果？

但在开始上面说的考证之前，我们来继续完成 L2 追上 B2 的实验。

我们要继续对系统进行考察，以便知道 L2 在何时赶上 B2，从而知道动杆观察者观察的时刻，并对在光与动杆做同向运动时系统的运动有个比较全面的了解。

于是我们知道怎样画第 3 副图及后面的图了，那就是不断地让 L2 运行到 B2 的位置，而 B2 又不断前进到新的位置。

但为了后面分析的方便，我们先来计算动杆从起始事件 $EL2_0$ 到事件 $EL2_1$ 期间动杆端 B2 从 X_1 运动到 X_2 的距离 D_1，亦即动杆用速度 v 沿 X 方向前进了 t_0 时间的距离。很显然，可以这样计算出 X_1 运动到 X_2 的距离 D_1：

$$D_1 = X_2 - X_1 \\ = v * t_0 \\ = \frac{v * R_{A1B1}}{C}$$

爱因斯坦系统分析图 3

我们选择动杆系中的光 L2 走到了分析图 2 中动杆的 B2 端所在位置 X_2 的时刻画出分析图 3。

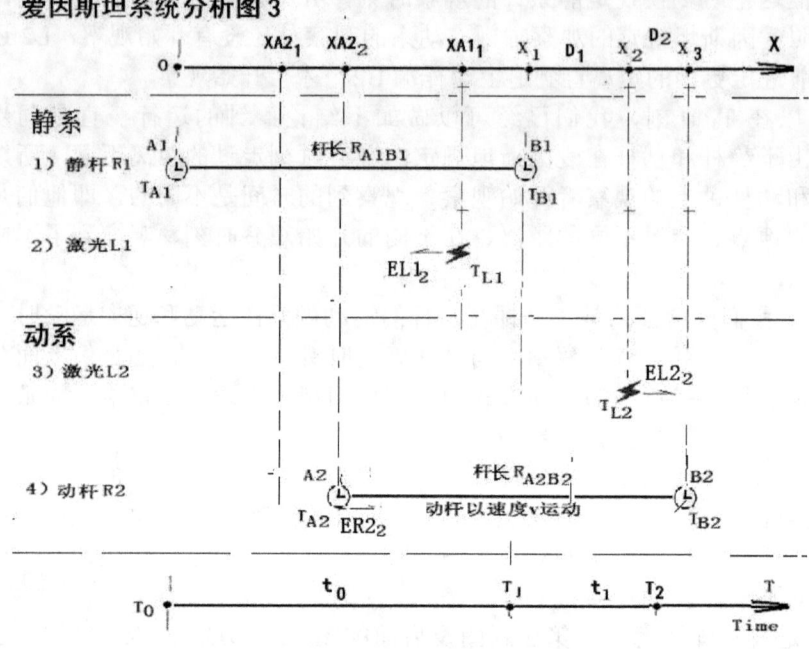

图 1.12 爱因斯坦系统分析图 3

我们称在爱因斯坦系统分析图 3 中关注的系统中所有运动对象的事件集合为 E2，它包含：E2（$EL1_2$，$EL2_2$，$ER2_2$）。

我们用 $EL2_2$ 来表示光 L2 从 X_1 出发到达 X_2 这个事件。

在动杆系中，在光 L2 到达分析图 2 中的 X_2 时，动杆端 A2 已经不在分析图 2 中 $XA2_1$ 的位置，而是以 v 的速度运动到了分析图 3 中的 $XA2_2$ 的位置，动杆端 B2 此刻从 X_2 到达 X_3 的位置点，它们运动经过的距离用 D_2 表示。

那么，从 X_2 到 X_3 的距离 D_2 是多少呢？这其实就是计算，在光用速度 C 经过 t_1 时间走过系统分析图 2 中距离 D_1 的这个时间内，动杆用速度 v 沿 X 方向前进了的距离 D_2。很显然，可以这样计算出 X_2 到 X_3 的距离 D_2：

$$t_1 = \frac{D_1}{C}$$

$$D_2 = X_3 - X_2$$

$$= v * t_1$$

$$= v * \frac{D_1}{C}$$

$$= v * \frac{v * \frac{R_{A1B1}}{C}}{C}$$

$$= R_{A1B1} \left(\frac{v}{C}\right)^2$$

与此同时，如上面的系统分析图 3 所示，静杆系中光 L1 从 X_1 点反射回程向 A1，走到了 $XA1_1$ 的位置，这个 $XA1_1$ 与 X_1 之间的距离，与 L2 在同样的时间内走过的距离 D_1 是同样的，即 $X_1 - XA1_1 = D_1 = R_{A1B1} \left(\frac{v}{C}\right)^2$。我们把 R2 走完 D_1 的时刻叫做 $EL2_2$ 事件。

注意此刻动杆端 B2 已经从 X_2 前进到了 D_2 距离到达了 X_3 的位置。

所有的钟，都走过 t_1 时间，指示在 $T_2 = T_1 + t_1$ 处。即有 $T_{A1} = T_{B1} = T_{A2} = T_{B2} = T_{L1} = T_{L2} = T_2$。

至此，L2 还需要继续向 X_3 出发，以到达它的最终目的地——不断以 v 速度运动的动杆的 B2 端。

分析第 3 副系统图以后，我们发现它几乎是重复了第 2 副图的模式。把上面的分析联系起来看，搜索回忆我们的知识储备，我们发现，原来动系中光从运动的杆的一端出发、以另一端为目的地的运动模式，和在本书的预备知识中介绍的龟兔赛跑例子的追赶模式是完全一样的。于是我们就知道了如何解决动杆运动的方法。

这里用到的的知识超过了初中数学，比我们讨论的爱因斯坦相关小节中使用的数学要复杂一些。表达是比较简单的，但计算有点复杂。需要按照解决无穷序列的方法进行分析和计算。感兴趣的朋友可以到网上去查无穷序列求和的计算方法，有详细的解答。这里是全书唯一的数学难点。幸亏不长。跳过去不看也没关系。

首先从前面的分析中可以推出，对于动杆系中光 L2 在我们分析经过任意一段距离 D_i 及所用的时间 t_i 可以按下式计算：

$$D_i = R_{A1B1} * \left(\frac{v}{C}\right)^i$$

可以计算动杆系光 L2 从起点 A 到达另一端 B 所经过的总路程为：

$$D = D_0 + D_1 + D_2 + ... + D_i + ...$$

$$= R_{A1B1} + R_{A1B1} * (\frac{v}{C}) + R_{A1B1} * (\frac{v}{C})^2 + ... + R_{A1B1} * (\frac{v}{C})^i + ...$$

$$= R_{A1B1} * (1 + \frac{v}{C} + (\frac{v}{C})^2 + ... + (\frac{v}{C})^i + ...)$$

$$= R_{A1B1} \sum_{i=0}^{\infty} (\frac{v}{C})^i \qquad (4)$$

由上式可知动杆系中光 L2 经过的总路程 D 的值主要由刚性杆的运动速度 v 所决定。

现在，到了我们应用我们的研究计算成果的时候了。根据上面的结果，将我们的研究与爱因斯坦的模型及他得到的结论之一做一个对比，来看看爱因斯坦在他的论文中应用简单的算术中的速度叠加时忽略了什么？犯了什么错误？

数学计算正确、物理意义错误的爱因斯坦相对论模型不能成立

我们先给刚性杆的运动速度 v 赋予一个容易计算的数值，再把它代入（4）式中，通过直观的具体例子来理解问题的实质。

我们选择的数值是光速的一半，选它只是因为计算起来方便，没有任何别的原因。因为光速是宇宙的绝对速度（对此表示怀疑，但我们先使用这个人们普遍接受的概念）你可以为 v 选一个小于 1 的任何数值，当然计算起来更麻烦，解释起来也更麻烦，但结果是一样的。

如果刚性杆的运动速度 v 是光速的一半，即

$$v = \frac{C}{2}$$

那么代入（4）式中，可以计算得到

$$D = 2 R_{A1B1}$$

也就是说，如果移动刚杆的运动速度 v 是光速的一半，则光从动杆

A 端最后到达 B 端走过的距离，是 2 倍的静杆系中光 L1 走过 A1 到 B1 的距离。动杆系统中光 L2 从杆的起点追到杆的终点走过的距离是 2 R_{A1B1}。

在这个追赶过程中的任何时刻，静杆系的钟和动杆系的钟都指向同样的时刻。在 v = $\dfrac{C}{2}$ 时，动杆系中光 L2 走过了 2 R_{AB} 的距离，用了 $\dfrac{2R_{AB}}{C}$ 的时间。

而因为静杆系中光 L1 与动杆系中 L2 同步，所以 L1 在这段时间里，也走过了 2 R_{AB} 的距离，即 L1 不但从 A 点运动到了 B 点，还从 B 点回到了 A 点。用爱因斯坦的符号来表示，当 L2 追上 A2 时 L1 在静杆系实际所用的时间是：

$$(t_B - t_A) + (t'_A - t_B)$$

而不是

$$(t_B - t_A)$$

需要注意的是：

实际上，从下面的计算可以看出这个问题，从爱因斯坦的（2）式中也可以得到同样的结论。这一方面说明科学原理是相通的，数学总是精确的，另一方面也说明我们对爱因斯坦模型的理解是正确的，是从物理学为主的角度来分析和解决问题。

我们将 v = $\dfrac{C}{2}$ 代入爱因斯坦的（2）式中，可以得到：

$$t_B - t_A = \dfrac{R_{AB}}{\dfrac{C}{2}} \qquad (5)$$

而同时动杆系统这段时间我们按照物理原理根据(4)式来计算结果是：

$$t_B - t_A = \dfrac{2R_{AB}}{C} \qquad (6)$$

在爱因斯坦推导相对性结论时，他用的是（5）式，其物理意义是光

以一半的速度 $\frac{C}{2}$ 走完动杆系中刚杆全长 R_{AB}。

但实际上，光是不能以一半的速度传播的。我们根据物理分析所得的动杆系的物理意义应该是按照（6）式所展示的，光以正常的速度 C 走完动杆系中刚杆全长的 2 倍即 $2R_{AB}$。

显然，（5）式和（6）式在数学上来说是一样的，也得到了同样的计算的最后数值结果。

但应用（5）式，虽然结果也正确，物理意义却是错误的。光不可能只用二分之一的速度前进，而动杆系中光最后走过的距离也不是 R_{AB} 而是 $2R_{AB}$。爱因斯坦在数学计算中直接应用已知的速度叠加公式把刚性杆的运动细节掩盖了，因此就有了用动杆系中的动杆端点的钟、和静杆端点的钟做比较，并据此否认同时性的绝对性、因而得出相对性的合理性的错误结论。

再强调一遍：虽然计算结果数值相同，但爱因斯坦使用的（5）式表达的物理意义完全错了。光走过刚性杆的速度只能是 C 而不是 C - v = $\frac{C}{2}$。光速 C 永远不变是爱因斯坦自己定义的、目前物理界普遍接受的观点。在我们正在讨论的爱因斯坦的动杆系模型中，光的运动也没有受到任何干扰，没有被任何物体加速或减速，因此它的速度没有被改变过。

但应用（6）式，动杆系中光走过的真正路程就明白地表现出来了，也就不可能会拿动杆端点钟观测到的时间与静杆端点钟观测到的时间做比较了。因为明显的动杆系中的 t_B 是 $\frac{2R_{AB}}{C}$ 而静杆系中的 t_B 是 $\frac{R_{AB}}{C}$。这样明白了动、静杆系中 t_B 物理意义的不同，就不会随意得出同时性不是绝对的结论，从而最后导致出现时空错乱的相对论错误了。

但是，从（2）式开始，人们就一定会使用（5）式，一定会把动杆系光走过的更长的路程归纳到速度的改变中去，从而得出像爱因斯坦那样的使用错误的物理意义后得出错误的结论，并因此而导致时空错乱，得到"动钟变慢"悖论和"动尺变短"灾难。

注意上面的所有数据是用动杆的速度是光速的一半计算出来的。如果动杆的速度不是光速的一半，那么上面计算出来的数值是不一样的，但道理完全一样。

爱因斯坦的"动钟变慢"中的"慢"掉的时间和"动尺变短"中"短"去的尺度实际上就是隐藏在"动"的速度 v 里面。这正是从（5）式和（6）式的不同物理意义的对比中得出的结论。

速度 v 是计算过程中的一个中间概念，是由距离和越过这个距离所用的时间决定的。在数学或算术题目中，根据长期的解决问题的经验积累和固定解题模式，我们有很多直接和简洁的解题方法。但是，这些计算中省略了的中间步骤，在理解物理过程时却会带来概念的混淆。在计算动杆系中光从运动的杆的一端运动到另外一端时，爱因斯坦用的是运动中速度合成，这当然在计算上来说是正确的，但当直接用这样的简洁方式来与静杆系对比时，'简洁'掉的物理意义就导致了错误的概念上的结论。爱因斯坦数学物理都是大师，在处理这么个极其简单的光在动杆中的运动的问题时，当然是不加思索地使用最简单直接的解决方式，却疏忽了这种简洁的小学算术方式，不能直接用来和静杆系进行比较并引申出错误的物理意义来。

最后再拿爱因斯坦的（2）和（2.1）式来分析。我们把它们抄在下面：

$$t_B - t_A = \frac{R_{AB}}{C-v} \quad (2)$$

$$t'_A - t_B = \frac{R_{AB}}{C+v} \quad (2.1)$$

这两个式子的物理意义说，在同样时间内，光同向运动追赶动杆走过的距离，应该与光逆向运动迎接动杆走过的距离是相同的；而光所用的速度是不相同的，光在同向追赶时的速度是 $(c-v)$，而光逆向迎接时的速度是 $(c+v)$，并且都走了 R_{AB} 距离。这当然是不正确的。因为爱因斯坦自己规定的光速是不可改变的。光的速度不可能因为有一根动杆在相对运行就改变了。也许随动杆运动的观察者会"觉得"光速改变了，但实际上只是该观察者的错觉。挂在动杆上的钟也不可能改变指示的时刻。把动杆想象成一条船，船上的乘客看到天上的闪电，难道船上的钟表指示的时间就会改变了？

由于光速是不变的最高速度，这两个公式可以像这样换一种写法：

令 $v = kC$，$(0 < k \leq 1)$，那么

$$t_B - t_A = (\frac{R_{AB}}{1-k}{C}) \quad (7)$$

$$t'_A - t_B = (\frac{R_{AB}}{1+k}{C}) \qquad (8)$$

其中，

(7) = (2), 即（2）式与（7）式是一样的，只是形式不同；

(7.1) = (2.1), 即（2.1）式与（7.1）式是一样的，只是形式不同。

（7）与（7.1）这两个式子的物理意义说，光用不变的 C 的速度在同向追赶动杆时行驶了 $\frac{R_{AB}}{1-k}$ 的距离，而在逆向迎接动杆时行驶了 $\frac{R_{AB}}{1+k}$ 的距离。

同样的速度，行驶的距离不一样所用的时间当然不一样。要求它们同样，显然是极其不合理的。

（2）与（2.1）式是数学正确而物理意义错误的典型实例。

在动杆上的观察者发生了错觉，因为观察到（7）!=（7.1）式。爱因斯坦认为它们应该与静杆系中的（1）式一样，应该有（2）=（2.1）。但这完全是爱因斯坦自己在前面的各种定义、符号及静动混乱中制造出来的错觉。这也证明了爱因斯坦的否定同时性、建立相对性的关系推理过程是不正确的。

光与动杆做逆向运动的分析提要

上面我们对光 L2 与动杆 R2 做同向运动进行了详细的分析，从而知道了系统分析的具体方法和模型，得到了满意的结果，并且得出了结论：爱因斯坦规定的、在光到达杆端时进行观察，使得在静杆上的观察者与动杆上的观察者，是在经过了不同时间，在不同的观察时刻、运动了不同距离而进行的观察，当然会得到不同的结果。但不能据此而否认同时性从而建立相对性，因为在此过程中所有的钟都仍然在同步运行。

那么，同样的分析方法和分析结论是否可以应用于光与动杆做同向运动、与光与动杆做逆向运动、所用的时间、走过的距离等的对比观察中呢？

我们用下面的图 1.13 来观察系统状态。

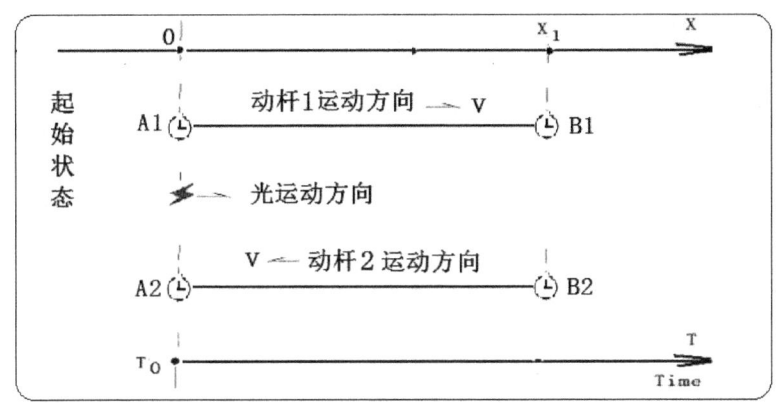

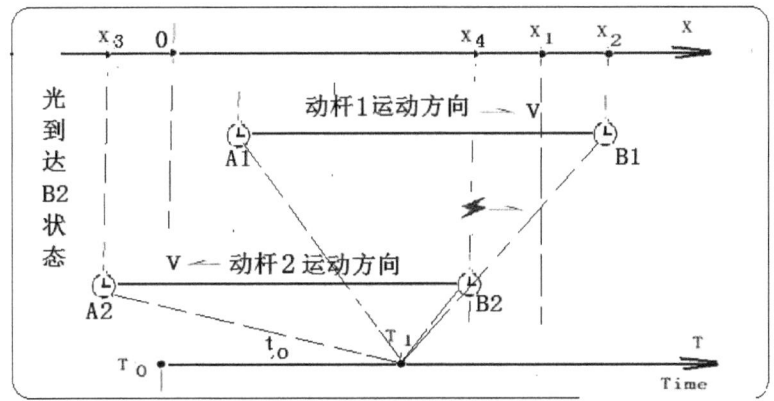

图1.13 光同时与两根动杆做相对运动：与其中一根做同向运动、与另一根做逆向运动的示意图。其中上框内是光和所有动杆准备同时出发的初始状态和位置；下方框是光走过一段路程后到达逆向运动杆的终端B2位置的状态和位置

图1.13中上方框中，一束光在两根动杆之间沿X-轴正方向运动；上方动杆与光同向以速度v运动；下方动杆与光逆向也以速度v运动。它们同时出发。这样设置，我们修改了爱因斯坦的模型（光到了动杆端再返回逆向运动），但没有修改掉同向和逆向运动的计算本质，却给我们直观的对比，更容易看清问题的所在。

图1.13的下方框中，显示的是光到达逆向运动的动杆的端点B2。此时，上方做同向运动的杆端B1仍然在光的前方。在此时刻，因为光到达了B2，与光做逆向运动的杆端B2处的观察者记下了此时刻，但做同向运动的杆端B1处的观察者并未见到光的到达，所以并没有记录此刻的时间。但所有杆端钟都指向同一时刻，只是观察者们没有在此时刻都按照爱因斯坦观察要求进行观察，因为观察的时刻规定是光到达杆端的时刻，而同向运动的杆端B1处的观察者还没有看到追赶它的光。

当我们把注意力集中在 B1、光和 B2 的位置时，就知道光和 B2 都位于 X_4 处，而 B1 却在 X_2 处。四个杆端钟都指示在 T_1 时刻。但此刻只有 B2 处的观察者记录下来了，因为光到达了这个观察者所在的位置。其他的三个观察者并没有在此时刻进行观察。

后面的画图、分析和计算过程，都与前面的相同，就不在此处浪费篇幅，留给有兴趣的读者自己去完成。

我们可以从这些分析中看到：(2) != (2.1) 完全是由于爱因斯坦指定的在光到达杆端时进行观察的时刻实际不同所造成的时间不同的错觉，是光和动杆同向与逆向运动时，光走过的路程不同、光到达杆端的时间不同所导致的。所有的钟彼此从没有错乱过，没有丝毫不同步。

光的速度没有改变，走过的路程不同，使用的时间当然不同。这反而从另一个方面证明了同时性的绝对性：走不同的路程，用不同的时间；走相同的路程，用相同的时间。

这也就全面证明了，爱因斯坦否定同时性从而建立相对性的推理过程是不正确的，是用速度混淆了距离和时间。只要坚持爱因斯坦自己定义的光速不变原理，那么（2）和（2.1）式就是数学计算正确物理意义错误的公式，要求它们使用计算结果进行相对比较就是无理的要求，从中得出的结论就是错误的结论！

基础概念都不正确，根据不正确的概念推导出来的复杂理论难道还能够正确吗？所以说"论动体的电动力学"中建立相对性概念后越来越复杂的数学推导都是毫无意义的推导，都可以忽略掉了。

5. 爱因斯坦论文中给出的相对性定义不合理在哪里？

这是上一节计算错误的根源，也是相对论概念错误的根源。一个合理的定义，需要用简洁明确的语言对事物的本质特征作出解释说明。

爱因斯坦是按照下面的斜体字否定同时性即确定相对性的：

-------------------------（以下斜体摘自爱因斯坦"论动体的电动力学"）-------------------

Ⅰ. 定义静系中的同步：

在一个静止的系统中：...如果满足下面的公式（1）

$$t_B - t_A = t'_A - t_B \quad (1)$$

那么这两只钟按照定义是同步的。

Ⅱ. 相对性原理的定义

"*§2. 关于长度和时间的相对性*"

下面的考虑是以**相对性原理和光速不变原理为依据**的。这两条原理**我们定义**如下：

1. 物理体系的状态据以变换的规律，同描述这些状态变化时所参照的坐标系究竟是用两个在互相匀速运动着的坐标系中的哪一个并无关系。…（光速不变原理也是可以商榷的，但不在本书中讨论。）

III. 在动杆系中应用以上定义

设有一道光线在时间 t_A 从 A 处发出，在时间 t_B 于 B 处被反射回，并在时间 t'_A 返回到 A 处。考虑到光速不变原理，我们得到如下公式：

$$t_B - t_A = R_{AB} / (c - v) \quad (2)$$
$$t'_A - t_B = R_{AB} / (c + v) \quad (2.1)$$

IV. 从观察者的观察结果

此处 R_{AB} 表示运动着的杆的长度——在静杆系中量得的。**因此，同动杆一起运动着的观察者会发现这两只钟不是同步进行的，可是处在静杆系中的观察者却会宣称这两只钟是同步的。**

V. 得到同时性概念不成立，亦即相对性概念成立的结论

由此可见，我们不能给予同时性这概念以任何绝对的意义；两个事件，从一个坐标系看来是同时的，而从另一个相对于这个坐标系运动着的坐标系看来，它们就不能再被认为是同时的事件了。

-------------------（以上斜体摘自爱因斯坦"论动体的电动力学"）--------------------

上面把核心部分单独摘录出来，就可以清晰地看出其中的逻辑问题了：

在 i. 中由（1）式定义了静止系中的同步性；然后根据 II. 中定义的相对性原理，把静系中定义的同步性应用于 iii. 中，要求（2）和（2.1）式相等。因为 IV. 中观察到它们不相等，所以证明了 V. 中的结论。

问题在于 ii. 中的相对性原理的定义合理吗？在**没有证明**这个相对性**原理的**定义的合理性之前就拿来应用，把从静系中得到的同时性（1）推广到动系中，要求静系中的同时性也同样能推广应用到动系中。现在显然（1）不能推广到动系中，即动系中（2）！=（2.1），于是就得到相对性正确的结论，这不是太草率了吗？

下定义要求完整，即定义的对象与所下定义的外延要相等，并且要从各个方面完整地揭示概念的全部内涵。例如：两条边相等的三角形是等腰三角形。也可以从另一方面来说：等腰三角形是两条边相等的三角形。

现在我们也简单地把爱因斯坦的定义顺序调换一下，先从 iii. 动系中推导出（2）及（2.1），再根据相对性原理把它们试图推广到 i. 的静系中（1）去，就发现并不能推广。不能推广的原因是 ii. 的**相对性原理的定义**并不成立。爱因斯坦自己的证明过程恰恰证明了他 ii. 中的"**相对性原理的定义**"是不合理不成立的。不能根据这个相对性原理，把（1）的同时性推广到（2）和（2.1）去，也不能反过来把（2）！=（2.1）推广到（1）中去。只不过把（2）！=（2.1）反过来推广到（1）的破绽太明显，而从（1）推广到（2）和（2.1）很隐晦。但它们都是错误的。

实际在推广以前，我们就知道（2）！=（2.1）。于是不可能去试图通过相对性原理将这个不等式推广到等式（1）中去。

照理说爱因斯坦定义的相对性原理，应该是一个普遍原理，用在任何系统中都必须是可以的。但实际上在任何不同速度的相对系统中都不可以应用。把不同的运动规律通过自己定义的原理规定为相同，显然是不科学的。

§2 科学的说法应该是：给出相对性原理，应用相对性原理得到错误的结果，从而证明了*所应用的相对性原理是错误的*。所以 IV. 中的结论应该是：*由此可见，我们不能确定相对性原理的正确性。*

但爱因斯坦却把它变成：给出相对性原理，应用相对性原理得到错误的结果，从而证明了同时性的绝对性是错误的（即相对性是正确的）：*由此可见，我们不能给予同时性这概念以任何绝对的意义。*

让我们来对比下面的水果相同定律。

水果相同定律

1. 定义：看起来相同的橘子，味道吃起来一样，如果有一个橘子的味道是 A，另一个的味道是 A1，那么就总会有

    $$A = A1 \quad\quad (1)$$

2. 定义水果相同原理：从看起来相同的两个水果得到的认识可以推广到另外看起来相同的两个水果。

3. 有一个黄苹果，一个黄梨。根据定义的水果相同原理，把（1）推广到梨和苹果，

    $$B = 梨的味道 \quad\quad (2)$$
    $$B1 = 苹果的味道 \quad\quad (2.1)$$

4. 可是根据品尝者的结论，梨和苹果的味道不一样。

5. 因此得出结论：两个看起来相同的水果的味道吃起来不是一样的。

以上水果相同定律的问题出在哪里呢？

错在 2.水果相同原理的定义是错误的。黄梨和黄苹果的味道本来就不一样。应用水果相同原理推广到相同的两个梨或两个苹果显然很荒谬。荒谬的结果说明水果相同原理的推广应用是错误的，而不是"5.因此得出结论：两个看起来相同的水果的味道吃起来不是一样的"

光在静杆端之间的运动，与光在动杆端之间的运动所需时间本来就不一样。爱因斯坦定义了相对性原理和光速不变原理，再将自己定义的原理将静杆光运动时间的结论（1）推广到动杆光时间（2）和（2.1）中。而（2）和（2.1）的不相同，本应证明了这样的推广相对性原理是错误的，不能把（1）延伸到（2）和（2.1）；可是荒唐的是，爱因斯坦却说那是证明了同时性的绝对性是不成立的。这个神转折，转折了人类上百年啊！

光在静杆端与动杆端之间的运动、静水行船和流水行船、在运动分析和计算上，就好像梨和苹果，本来就不一样。应用错误的定义，就变得"本应该一样"，现在不一样，就有了混淆人类思想一百年的结论。

难怪绕来绕去绕得世界上没几个人能懂啊。

6. 用爱因斯坦论文中自己定义的相对性原理、完全按照他的证明方法来证明相对性概念是错误的

从上节中的 ii. 中我们看到爱因斯坦先在§2 的一开始就给出了"**相对性原理的定义**"，然后在§2 中应用这个定义来进行证明，最后在§2 中得到否定同时性的绝对性不成立、亦即相对性的概念成立的结论。这种做法，明显是先未加证明定义一个东西，然后应用这个自己定义的东西来进行证明，再得到这个东西是正确的结论。这实在是一种十分荒谬的错误的思想方法和证明方法。

下面完全仿照上面第 5，只是把（1）式和（2）及（2.1）的出现顺序调换一下，也就是从动系结果按照相对性定律推广到静系，我们就能够按照爱因斯坦的方法确定同时性的绝对性，即否认相对性：

I. 定义动系中的不同步：

在一个运动的系统中：...如果满足下面的公式（2），（2.1）

$$t_B - t_A = R_{AB} / (c - v) \quad （2）$$
$$t'_A - t_B = R_{AB} / (c + v) \quad （2.1）$$

当（2）!=（2.1）那么这两只钟按照定义是不同步的。

II. 相对性原理的定义

"§2. 关于长度和时间的相对性"

下面的考虑是以相对性原理和光速不变原理为依据的。这两条原理我们定义如下：

1. 物理体系的状态据以变换的规律，同描述这些状态变化时所参照的坐标系究竟是用两个在互相匀速运动着的坐标系中的哪一个并无关系。...（光速不变原理也是可以商榷的，但不在本书中讨论。）

III. 在静杆系中应用以上定义

设有一道光线在时间 t_A 从 A 处发出，在时间 t_B 于 B 处被反射回，并在时间 t'_A 返回到 A 处。考虑到光速不变原理，我们得到如下公式：

$$t_B - t_A = t'_A - t_B \qquad (1)$$

IV. 从观察者的观察结果

此处 R_{AB} 表示运动着的杆的长度——在静杆系中量得的。因此，同静杆一起的观察者会发现这两只钟是同步进行的，可是处在动杆系中的观察者却会宣称这两只钟是不同步的。

V. 得到同时性概念成立，亦即相对性概念不成立的结论

由此可见，我们能给予同时性这概念以任何绝对的意义；两个事件，从一个坐标系看来是不同时的，而从另一个相对于这个坐标系静止的坐标系看来，它们就能被认为是同时的事件了。

上面的证明过程和原来的 5 点基本没有改变，除了交换公式位置外，就是将"不"加上或去掉。于是我们得到了和爱因斯坦论文中截然相反的结果。

有意思吧？严格按照爱因斯坦的方法，相对性原理可以随便用，既可以证明相对性正确，也可以证明相对性错误。

7. 根据论文中错误的相对性原理的定义将静杆系的观测结果推广到动杆系，从而得到错误的结论

在爱因斯坦在证明相对性概念的过程中，把静杆杆端的时间计算随意延伸到动杆杆端，用同样的数学符号例如 t_A、t_B 等等相同符号命名静杆端、动杆端及其所挂时钟。这样就容易地混淆了不同性质的物理现象。

例如在小学四年级的算术题流水行船问题中，逆水行舟当然不同于静水中航行的船，在同样的时间里，船行的距离不一样；在船行的距离一样

时，它们所用的时间不一样。

而爱因斯坦说：*同动杆一起运动着的观察者会发现这两只钟不是同步进行的，可是处在静杆系中的观察者却会宣称这两只钟是同步的。*

这是个别观察者在他的距离处观察到的钟的特定时间，因为光到达了这个观察者。但并不能把这个观察者的个别观测时间推广到全系统成为其他观测者都在观察的系统时间，因为其他的观察者在那时并没有观察他所在地的钟。

在这个由动杆和光组成的系统中，当观测者在动杆的杆端看到光到达他的位置时，他只是在动杆的杆端这个局部"感觉"光刚到达杆端。但他不能把这个感觉通过不合理的、爱因斯坦自己给出的相对性原理的定义推广到静杆端，因为动杆端的钟同向走过了更长的距离、而逆向走过了更短的距离，时钟指示的时间当然不一样。**这恰恰说明了同时性是成立的，因为走过不同的距离就会消耗不同的时间，走过相同的距离才会用去相同的时间。**

静杆系和动杆系是爱因斯坦在"思想上"组合的，而不同的观测者也是在"思想上"放到某个局部进行观测的。但在现实生活中，我们可以进行别的更合理的"思想上"的组合。

比如说把静杆、动杆和光都放在一个系统中观察，就像在前面的爱因斯坦系统分析图中那样，马上会知道当光到达静杆的另一端时，还需要继续前进追赶动杆端。不管在什么地方挂多少钟，这些钟指示的时间都不会错乱。

又比如我们像前面那样把每个对象单独看做一个系统，每个系统有其单独的计时钟，这些钟也不会错乱。

所以，在正确的系统分析中，随意合并或拆分对象进行研究，都不会出现系统钟的各个钟错乱的情况。

反之，如果我们在爱因斯坦自己的静系和动系系统中，加一根用不同速度运动的杆，并且让这根新动杆也加入到原来的动杆系统中，把两根用不同速度运动的杆和静杆和光放在一起组成新系统，那么按照爱因斯坦的相对论，原动杆上的钟相对静杆和相对另一根新动杆，它的钟指示的时间将会不一样。那么，这个钟究竟怎样指示时间呢？

8. 简单算术里的不简单道理-数学极限思想中的哲学对相对性原理说不

匆忙求索的思想，有时候被不经意的正反碰撞间迸发的火花点燃，在茫茫的宇宙中照亮一条突破的小径。

上面5、6中的正、反推理证明，给人以更复杂的思考想象。其中更蕴含着一些有趣的哲学思辨。

如果我们把（2）和（2.1）写成极限形式如下：

$$\lim_{v \to 0} (R_{AB} / (C - v))$$

$$\lim_{v \to 0} (R_{AB} / (C + v))$$

把它们和（1）放在一起，我们就发现了一个有趣的现象：

$$\lim_{v \to 0} (R_{AB} / (C - v)) = \lim_{v \to 0} (R_{AB} / (C + v)) = t_B - t_A = t'_A - t_B$$

上式告诉我们：在动系的移动速度趋近于零的极限情况下，动系的顺、逆运行与静系的顺、逆运行，所需时间是一样的。

于是，在达到极限的情况下，静杆和动杆统一了。

这是否说明爱因斯坦的相对性原理有那么几许道理呢？

非也！

数学极限思想和动静变换的哲学思想中的种种现象可以对应起来。数学极限是一连串的按一定规律动态变化的无穷个数据演变结束时的静止状态，从无穷的动到一个终极的静；从量变积累到质变；从过程到结果；从无限近似到精确；从已知到未知；从多样性到统一性…；从相对真理到绝对真理。

看了这么一长串的对应现象，发现了最重要的是什么呢？

对于我们讨论的问题来说：所有的动系都是无穷变化数列中的某一个，它和变化的终点或说结果，是有联系但有质的不同。v 取任何一个数值，都不会等于它的极限值，但 v 从大到小向着零变化的所有的数值，组成它们的最终极限值。

以后面附录中"一点简单的预备知识"中介绍的兔子追赶乌龟的题目中，在兔子没有追上乌龟之前，兔子和乌龟都处于运动状态，在兔子追上乌龟以后，运动就中止了，因为兔子已经追上乌龟了。

动杆在其速度逐渐减小向零变化的过程中，速度取任何数值都不是静杆的状态，只有速度到达其极限时候、亦即动杆的速度真正为零的时候，速度达到了极限值，动杆的运动也就结束了。

既然动杆和静杆有本质的不同，那么爱因斯坦定义的相对性原理随意把静系的规律延伸到动系，或者反之，都是不正确的。

这就从哲学的角度看出爱因斯坦未加证明定义的相对性原理是错误

的。

这个问题还可以从另一个角度来叙述。

当 v 趋于无穷大时,

$$\lim_{v \to \infty} R_{AB} / (C - v)) = 0$$

$$\lim_{v \to \infty} R_{AB} / (C + v)) = 0$$

它们的极限值是存在的,但这个极限值从物理意义上来说,显然是错误的。因为不管公式中动杆有多长,走过动杆的时间的极限在 v 趋于无穷大时均为零。但显然走过巨大空间所需时间基本不可能是零。

再以在附录预备知识中讨论过的恒星光传播的极限,当距离无限大时,恒星在彼处的光照强度的极限值为零。但实际上我们并不能准确说出距离多大时就没有恒星的光子传播了。我们只能从定性的角度知道:恒星传播的距离是有限的。但具体到某一颗天体,则要具体计算才能知道这个距离到底有多大,才满足人类"看不见"的要求。如果因为知道太阳光照耀的最终极限是零,因此就说太阳光只能照亮十万光年的有限距离,那就完全错了。同样的道理,动杆速度的增大会最终让通过动杆两端的时间为零,也不可以用某个具体的速度、或者(2)及(2.1)根据相对性原理推广到极限状态的(1)式;动杆速度的持续减小最终让通过动杆两端的时间与极限状态的静系所用的时间相等,但仍然不可以根据相对性原理推广把极限状态静系的推广到变化状态的动系。

这就从数学哲学的角度说明了极限过程和极限本身是不一样的,不能把过程和结果等同起来。而爱因斯坦定义并应用的相对性原理却把极限过程和极限结果混淆起来,显然是错误的不可取的。

相对性与相对性原理

通过上述讨论,我们可以看到,在分析对比爱因斯坦的静杆系和动杆系的过程中,没有什么时刻违反了同时性的绝对性。也就是说,爱因斯坦在§2 最后"*因此*"得出的结论,是根据他的错误的相对性原理定义得出的错误结果。是根据他的数学正确物理错误的模型得出的结果,不能否认同时性在静杆系的静钟和动杆系的动钟之间的存在。

在我们实际生活中也一样。很少看到违反同时性的实际例子。按照爱因斯坦的结论,任何运动的物体,不管以什么速度运动,都会有时间或尺寸的改变（这些改变导致了理论上对动钟变慢悖论和动尺变短灾难的不可解释）。但我们乘坐千、万公里的火车，或乘坐绕地球的飞机飞行，并没有谁的钟或表出现任何非同时性。全球统一使用的格林威治标准时间，就足以说明同时性原理在地球上是一直合理存在的，并且是绝对的。全世界的时钟都用同一个绝对的时钟系统，运行了多年也没有出什么问题。至于根据地区所在做的时差调整，并非爱因斯坦所叙述的同时性的问题，而是人类对同一时间计算系统的地区性调整。

如果相对运动就引起时间改变，那么，同时向各个方向运动的几十、几百甚至成千上万的运输工具，就像第二次世界大战上千架战斗机交战时，会引起怎样的时空错乱？每架飞机上的钟表都指示不同的时间，那会是一种怎样的混乱情形？

相对性可能以某种意义存在，但决不是爱因斯坦式的混淆时、空的相对性。而且从爱因斯坦给出的静杆系和动杆系模型中，不能推导出可以否认同时性的绝对性，也不能证明时空混乱的相对性的合理性。

一般来说，如果两个以不同速度运动的系统，从一个看另一个，总会有某种程度的相对运动规律需要考虑，例如计算相互之间的速度，接收遥远星球而来的光的相对不同时间。但是，在我们所知及所能考虑的范围内，这种相对性并不影响同时性的绝对性。相反，正是有了同时性的绝对性，我们才知道从百万光年外来到的星光是百万年前就发出来的光。这是正常的事物在"相对"不同位置经过空间后所得出的结论。也正是有了同时性的绝对性，才有可能有基础讨论不同运动物体之间的相对性。

正常的"相对"性，正是以同时性的绝对性为基础的，而不是以两个不同运动物体的相对观测结果为基础的，否则的话，多个系统的相对就会出现种种可笑的错误及不确定的结果。

而爱因斯坦在"动体的电动力学"中所定义的相对性原理，却认为在不同速度运动的系统中的时钟，当互相"相对"时，在系统中的时钟指针会指向不同的时间，这就导致了前面叙述过的种种可笑的不一致的结果。爱因斯坦的"相对性原理"是一种仅仅在思想上相对后思考的结果，是一种想象的结果，而不是实际中可以改变时钟指针或飞船长度的物理现象；是想象的产物，不应该也不可能应用于实践中。

不要把日常生活中的相对与爱因斯坦的可以改变时钟指针的相对性原理混淆起来。

与飞兔、乌龟、狗和表相关问题的解答

在结束本章之前，我们回顾一下前面狗、飞兔、乌龟和表组成的小寓言故事。现在我们按照爱因斯坦的建立相对论理论的模型给出答案。

第一个问题：狗戴的表永远正确计时；

第二个问题：飞兔戴的表永远正确计时；

第三个问题：在飞兔追上乌龟的时候，表们开始计时错乱。

为什么？

因为根据爱因斯坦的相对论，就是这样的答案。

具体分析如下：（请对比附在后面的爱因斯坦原始论文"论动体的电动力学"）

第一问：把狗换成静杆系的光，跑道换成刚性静杆。由于没有相对参考系统，计时的表没有受影响，所以在表没坏的时候会一直正确地跑下去。

第二问：把飞兔换成动杆系的光，跑道换成刚性运动杆，乌龟换成运动的杆的 B 端，那么就成了完整的与上面刚讨论过的爱因斯坦给出的动杆系一模一样的系统了。但由于没有相对参考系统，计时的表没有受影响，所以在表没坏的时候会一直正确地跑下去。

第三问：把两个系统放在一起相对讨论，于是整个系统就成了完整的、与爱因斯坦给出的动杆系和静杆系一模一样的系统了。通过动杆系和静杆系的相对对比，答案就应该和爱因斯坦在他的论文中给出的一模一样，那就是在飞兔追上乌龟时，表们开始指示不一样的时间了。

即使飞兔和狗中间隔着太平洋！

这就是奇妙的'地球上没几个人能懂的'相对论！

下面是一个有趣的问题。

假设飞兔与龟是在一条长长的飞毯的两端，飞兔以光速向另一端的龟跑去。龟随着飞毯以 V 的速度前进。

问：这个模式和前面的飞兔追赶跑龟是一样的吗？这个模式中它们的速度是什么？何时追上乌龟？在你看到的关于相对论的文章中，用的是哪种模式？

注意，下面难的来了：

如果飞兔奔跑时总是跃起四脚腾空然后落在飞毯上，它的速度是什么？

别问我，很复杂的！

读者还可以讨论或者甚至在这样的情况下写论文，其中，与光一样快地运行并且在杆上向前旋转的轮，轮和杆之间的摩擦是完美的。

爱因斯坦在"论动体的电动力学"的 §1 及 §2 中，用静系和动系的对比加上小学算术各种定义，绕糊涂了别人也绕糊涂了自己，还把全人类绕进去上百年。

总是有人问这一类的问题：从静系看动系的光…等。我说：最简单粗暴直接了当的方法是：如果把系统单独分开不要相对来看，哪个钟计时错乱？什么时候开始错乱？运动到什么点开始错乱？如果单独分开都不错乱，难道相对起来就错乱了？而且你只有一种相对的办法：就是在思想上把几个系统相对。否则，你能有什么办法来相对？难道能把它们捆绑起来相对？

思想上的相对可以出现非常搞笑的场景：我在飞机上坐得好好的，突然地上有辆车要把自己的运动和我坐的飞机的运动相对比，这么一比，我的表就计时错乱了！这难道不搞笑吗？

如果南来北往的百千辆车在同一时间都想和我坐的飞机相对一下，我的表要问了：

"博士，俺该怎么计时呢？"

"I don't know. Shut up!"真恼火！真不知道！

怎样相对？思想的力量！

把时光的碎片重组，从流云的痕迹追风。追本溯源寻幽探奇是人类的本能和前进的动力。

在研究"论动体的电动力学"时，我想从头模拟大师的思想，试试对动杆、静杆、光这几个物体在真实中研究它们之间的可能关系，探索究竟怎样可以把它们有效地相对起来。

首先想制造出几个完全独立的系统来，再把这几个独立的系统相对起来。

静杆是最容易的，找一根杆、或者在规定的距离两端做上记号，就可以代表一根静杆了。当然，这根静杆是完全自我独立的。

在静杆两端来回运动的光，可以做两面镜子，相隔静杆长度的距离那么远放置，让一束激光 A 在这两面镜子之间来回运动。镜子和静杆是完全分开的，可能相隔非常遥远，彼此之间毫无关系。

再在另一个地方放一根可以飞行的动杆。

以上三个物体是可以做到完全独立的。

在动杆两端来回运动的激光 B，比较难以独立于动杆。我是这样设计的：将两面镜子以固定的速度沿着直线前进，镜子之间的距离就是杆长。激光 B 在这两面镜子之间来回运动。这样，这束激光 B 就完全独立于动杆了。它与动杆之间，可以只相隔几米，也可以相隔几光年。

这四个我们构造出来的彼此完全独立的物体，现在要把他们联系起来进行"相对"，该怎么做呢？不能把它们捆绑在一起，甚至不能把它们聚集在方便研究的细小空间内。

我们能够做的，就是在思想上把静杆和激光 A 组合成静系，把动杆和激光 B 组合成动系；再在思想上把静系和动系"相对"起来！

请注意：这里谈论的所有对系统、物体的分组呀、相对呀，都是**在思想上划分的**。

把真实世界的物体、系统，在思想上分分组、相对相对，就能改变这些物体的、系统的时间、尺寸、速度！这不是神的思想的威力是什么？百年来爱因斯坦不就是科学之神嘛！我们使用相对论，不就是在使用神的力量吗？

如果您认为不是在思想上相对，那么是怎么在实际中相对呢？有什么样的相对规则或者是办法呢？敬请指教。

我想象不出来！

现在我们应该知道怎样根据相对论让宇宙飞船的船舱像手风琴的音箱那样伸缩了：张三坐在飞机上，李四在高铁上，王五在开车，赵六在走路。让他们在不同的时刻想象自己是在相对同一艘宇宙飞船做运动。这样相对的结果就是：张三相对时的结果使宇宙飞船的船舱收缩最大，李四相对时船舱收缩量其次，王五相对引起的收缩更小，而赵六引起的收缩最小...

甚至可以让飞船跳舞呢。

等一下，写到这里突然想起：船舱在被相对时就收缩，那么不相对了，船舱是否会伸长还原？如果不还原，如果许多人持续相对下去、或者一个人一会儿相对一会儿不相对，宇宙飞船的船舱不是要缩得比一张纸的厚度还薄吗？如果不相对了就会还原，那么这船舱是用什么材料做的？

还有，为什么我们看不到这样的收缩？

还有...

打住吧，您哪！

好玩吧？

爱因斯坦的相对论**思想**就是这般强大啊！

结论

万物都在运动，世间事从无绝对。帝王以活一万年为梦想，天地以亿万年为一瞬。故相对性是人们信奉的道理。

但爱因斯坦的相对性原理不同。他定义的相对性原理，试图把不同的过程用相同的规律来取代，把向极限运动的过程与极限等同起来，用粗糙的数学来说明相对的道理，用小学四年级的运动叠加算术把人类带进迷茫的陷坑上百年。

写到这里，不禁为人类感到悲哀：相对性原理这个粗糙定义的、未加证明的、自相矛盾的、自我论证的东西，怎么就能驾驭人类科学思想上百年？

佛祖的笑声啊，一直在耳边回响...

第二章
广义相对论质疑

科学应该是在不断进步的,而不是永远停留在远去巨人的古老投影里。

根据爱因斯坦的广义相对论,引力场中的光速会变慢,光线在引力作用下发生偏转,或者说光线在弯曲的时空里会发生偏转。例如,由于太阳的质量产生的引力场或弯曲时空,通过太阳附近的光线会向着太阳稍微发生偏折。图 2.1 中爱因斯坦手迹表示了太阳引力场使恒星光线偏转。

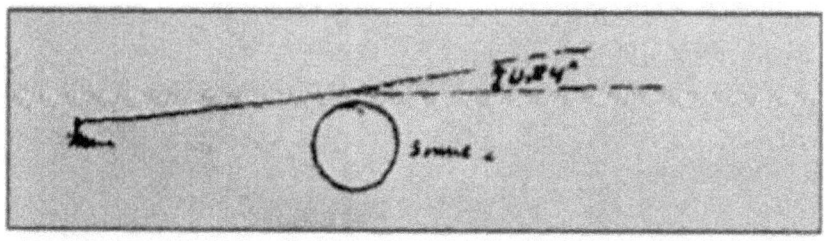

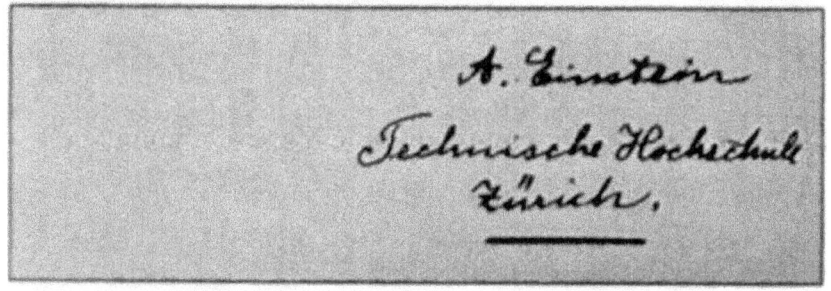

图 2.1 爱因斯坦手迹:太阳引力场使恒星光线偏转

当然，爱因斯坦的思想也是在发展的，后来他又发展了大质量天体附近空间弯曲的引力场导致时空弯曲理论。

但是，无论是早期的光线会被引力场弯曲的理论，还是弯曲的引力场会使光线走曲线的论断，从命题，到测试检验，到实际应用，都有值得商榷的地方，并且暴露出广义相对论和狭义相对论之间的不可调和的矛盾。

简单来说，有两个非常直观的反驳理由：

其一，光线充满整个空间，向何处拐弯？从哪里向哪里拐弯？

其二，想象把大质量天体换成无质量不透明同体积的大球，难道这个无引力大球附近的光线不会弯曲？难道这个无引力大球的后面不会形成"引力光锥？"

我们用这两个理由为主要线索，来讨论引力场或弯曲时空使光线拐弯的论断。

照例，我们先介绍一点背景知识。

历史上证明引力场使光线拐弯的观测验证

1915 年爱因斯坦提出光被引力场偏折的预言。图 2.1 是爱因斯坦手稿所绘相关图形。由于当时第一次世界大战正在进行，他的预言不可能立即得到验证。英国的 Arthur Eddington 在听到爱因斯坦的预言时，尽管德国和英国处于交战状态，他领导的日食观测小组在 1919 年 5 月 29 日日食时在巴西的索布拉尔观测到了光线经过太阳附近时的偏折，证明了爱因斯坦光线被引力场偏折的预言，同时成为证明爱因斯坦广义相对论的最有力证据之一。Eddington 在英国皇家天文学会于 1919 年在伦敦举行的一次著名午餐宴会上，用下面这首打油诗宣布了这个重大的、使爱因斯坦顷刻间誉满全球的观测结果：

Oh, leave the Wise our measures to collate,
One thing at lease is certain, light has weight;
One thing is certain and the rest debate -
Light rays, when near the Sun, do not go straight!

啊，让我们用测量来检验智慧吧，

至少有一件事情可以确定：光有重量；

一件事情确定了，其他的可以继续辩论

光线，在太阳附近，行走不沿直线方向！

请注意 Eddington 的小诗中的："至少有一件事情可以确定：光有重量"一句。Eddington 认为引力场使得光线偏转了，说明光是有重量的。

如果光是有重量的话，就可以推断出光速必然是变化的，而这与爱因斯坦相对论中规定的光不论从何种光源发出，光的速度都是一样的论断相矛盾。

因为，由于光有质量，会在经过天体时受天体引力场的影响而弯曲。从这个观点出发，有以下两点可以考虑：

1. 难道天体在发出光线时引力场不起作用？
2. 难道接收光线的望远镜所在处的地球引力场不起作用？

不同大小的天体，有的质量相差巨大，引力场当然也就相差巨大。那么，引力场相差巨大的天体发出光子时，难道这被发射的具有一定质量的光子不会因引力场的改变而改变其被抛射出来的速度？也许人们可以勉强地争辩说引力场越大的星体，爆发光子的力量越大，两相抵消，光速大概可以不发生剧烈改变？

那么，接收时出现的引力场效应却是无可避免的无法回答的漏洞。

在地球表面接收光线的观测器，当然无可避免要受到地球引力的影响，加速了有质量的光子的坠落。而在地球上空脱离了地球引力场束缚的类似哈勃望远镜，其接收到的光子并没有被引力场加速，因此测量到的同一天体的光速，就会与地面观测器测试到的不同。而爱因斯坦的时代没有太空望远镜。

这样，如果天体的引力场能使光线拐弯，因而光是有质量的，那么，不同引力场发射的光子的速度可能相同可能不同，在不同引力场测试的光速就一定会不同。而一个光子的重量，可能是一个基本粒子的千分之一、万分之一甚至万万分之一，人类用什么手段去测试这样的重量？而由此而来光在传播途中速度的改变需要在光传播后以万光年计算的距离后才能表现出来，人类怎么可能做涉及到以万年为单位的实验？

更细致的考虑：不同能量的光子，可能质量也有细微的差别。虽然这种差别小到也许我们现有科技水平无从测试出来，但经过遥远传输后在引力场或其他力量的作用下，或许就可以测试出来。

于是，为了解决光线拐弯使光速改变与狭义相对论的矛盾，弯曲时空理论登场了。

爱因斯坦的弯曲时空理论简介

霍金在《时间简史》中介绍说（请注意下面两段是引用原文，黑体是我加的）：

"狭义相对论非常成功地解释了如下事实：对所有观察者而言，光速都是一样的（正如麦克尔逊--莫雷实验所展示的那样），并成功地描述了当物体以接近于光速运动时的行为。然而，它和牛顿引力理论不相协调。牛顿理论说，物体之间的吸引力依赖于它们之间的距离。**这意味着，如果我们移动一个物体，另一物体所受的力就会立即改变。或换言之，引力效应必须以无限速度来传递**，而不像狭义相对论所要求的那样，只能以等于或低于光速的速度来传递。爱因斯坦在 1908 年至 1914 年之间进行了多次不成功的尝试，**企图去找一个和狭义相对论相协调的引力理论**。1915 年，他终于提出了今天我们称之为广义相对论的理论。

爱因斯坦提出了革命性的思想，即引力不像其他种类的力，而只不过是时空不是平坦的这一事实的后果。正如早先他假定的那样，时空是由于在它中间的质量和能量的分布而变弯曲或"翘曲"的。像地球这样的物体并非由于称为引力的力使之沿着弯曲轨道运动，而是它沿着弯曲空间中最接近于直线的称之为测地线的轨迹运动。一根测地线是两邻近点之间最短（或最长）的路径。"

首先，由于广义相对论是"和狭义相对论相协调的引力理论"，而我们已经证明狭义相对论的荒唐和错误。

然后，霍金的这段描述："换言之，引力效应必须以无限速度来传递"是不正确的。霍金根据自己的理解说的"这意味着""换言之"曲解了牛顿的意思。我们可以这样说：这意味着，牛顿描述了一个在物体周围按距离而变化的引力场或引力圈或引力区域--虽然牛顿没有用"场、区域"这类词，但是他给出的简单的引力公式却是应用在物体周围的"区域"或"场"之内的任何一点的。因此，事实上牛顿用他的引力公式定义了一个"场"，虽然他没有使用"场"这个字。你不能因为牛顿没有用"场"这个字就说人家的理论意味"**引力效应必须以无限速度来传递**"的。牛顿的公式描绘的、或者用霍金的词语、意味着，物体周围存在着一个按照牛顿引力公式描绘的引力场！天体的引力当然不是在另一个物体靠近时才"发射"出去的，引力"总是"就在那里！这个引力就是由牛顿的引力公式描绘的。物体进入引力作用的范围，已经在那里永久存在的引力立即发生作用。随着距离的改变，引力的大小也随之改变。没有任何一个科学家会像霍金那样想象"**或换言之**""**引力效应必须以无限速度来传递**"，因为没有人会认为"无限速度"是可以达到的，更因为引力在物体周围完全不需要传递。

引力按照牛顿公式描述的那样，就在物体的周围，你用"场"或不用"场"这个字来描述，它都在那里，不多不少，正是牛顿定律所描述的。

这就像太阳的光或任何一盏灯或任何电磁场，在它的周围一定范围内的空间都总是被它照亮着。任何物体从这个光照范围外进入，立即就会被照亮，而不是物体进入时，阳光才开始从太阳照过来电磁波才开始传输过来并经过一段传输时间后该物体才会被照亮。随着距离的改变，引力强度会改变，就像离光源越近物体得到的光强度越多一样。

即使是麦克尔逊--莫雷实验本身，也有可以探讨的地方。这个实验模拟了光行走了多远的距离？如果天体的光在行走百万光年后才有明显的速度改变，麦克尔逊--莫雷实验有可能做出来吗？即使从这个实验开始至今一直在运行，这束麦克尔逊--莫雷实验中的光也没有走过200年，怎么可能模拟以万光年、百万光年计算的物理现象？

我在这里给出一个定律："光在行走一百万年后开始逐渐减低速度！"我说我的理论是绝对正确的。你不同意，请用实验证明我错了！

你能用实验来证明吗？你能模拟光走过哪怕是一千光年的路程吗？

爱因斯坦用光速来描述他的理论。而物理大师们专家们要求反对相对论的人们做实验来证明相对论不正确。这其实是一种很不厚道的诡辩：用实验既不能证明相对论错误，也不能证明相对论正确。那些做过的所谓证明相对论正确的实验，实际上也都像麦克尔逊--莫雷实验一样，是基本不能成立的！理由在后面"'接近光速'的概念是没有什么用处的概念"一节中继续探讨。

现在，我再给出2个论断，请反对者用实验证明它们是错误的：

我认为光子是有重量的，每个光子的重量是一个原子的千万分之一。

我认为光线经过天体时，天体的引力场对光线的偏转是可以用牛顿定律计算出来的。按照上面我确定的光子的重量来计算，这个偏转度基本可以忽略不计，所以天体偏转恒星的光的效应基本是由光的衍射性质造成的。从而爱因斯坦的弯曲时空场是完全错误的理论。

以上我的3个论断，请反对者用实验来证明它们是错误的！

给您一百年的时间来完成这个实验，够吗？

根据霍金先生的认识，人类已经接近完全认识了宇宙。根据我的认识，人类根本就没有摸到宇宙真面目的门槛。

渺小的人类，既跨不出只有一光年距离的太阳系（却奢谈亿万光年的宇宙模型），也从未看到过遥远宇宙的真面目（所有的遥远宇宙的图像都是虚假的，后面有专门章节讨论）。我觉得，人类应该认识到自己的能力在哪里，抛弃"人有多大胆地有多高产"的狂妄，踏踏实实地合理使用纳税人的血汗钱！

这个我们不再深入讨论，有兴趣的读者可以继续下去。

如果每个引力场都使光线偏转，那么就会发生许多可笑的结果：例如弯曲的光线传播使得光走过的路径变长，因而从发射到接收的平均光速变慢了。也就是说，距离不同的天体测得的光速将会是不同的。

关于这点，爱因斯坦用弯曲空间中最短的路程是弯曲的测地线来解释。

但是，即使是测地线，其本身都有可以讨论的余地。我们来看图2.2。

图 2.2 测地线一定是最短路程吗？

首先我们得抛弃测地线一定是最短路程的固定思想。

在图 2.2 中，A、B 两点之间的距离，如果是在海面行走的船，那最短的就是连接 A、B 两点之间海平面上的弧线，也就是测地线。因为水强迫船必须走海面。但如果是一艘潜艇呢？难道它不可以走 A、B 两点之间的直线？特别是如果潜艇必须在水下行走的话，弧线短还是直线短？

在真空中，有什么会强迫光走曲线？

所以，爱因斯坦定义弯曲时空，并没有先证明真空中光会被迫走测地线。真空中光走直线还是曲线更短？当然是直线。那么大质量天体周围的空间为什么就一定会弯曲？引力场使之弯曲也需要首先证明吧？可是如果把太阳换成几乎没有质量因而完全没有引力的相同大小的纸板球，难道光线不会弯曲？当然光线同样会弯曲。这种情况在弯曲时空理论中完全没有讨论，就匆忙地用几个数学公式就把光线的弯曲定义成引力场造成的弯曲时空。这并不是严谨的科学推理。

让我们先翻到前面去看看后三页上的图 2.6 中太阳和离它最近的恒星的光波的比例，相对最近的恒星的光波、太阳的尺寸按比例来说就是芝麻粒与地球之比还小小小得多，它的质量或引力场怎么就能使那么巨大的光波弯折了？

"引力场使光线偏转"命题本身需要商榷

任何一个发光天体，它发出的光波是以 360 度的球面向空间无限地传播并充实整个传播空间的。这个传播光球面的大小,是与该发光天体的年龄相同数字的光年。例如一颗恒星的年纪是一亿年,则它传播的距离就是(按照光速恒定计算)一亿光年,它覆盖的是以它自身为球心、以一亿光年为半径的一个光球,球的光强度从球心向外随距离增加逐渐减弱。

当然,在它传播的这一亿光年途中,会穿越无数的各种大大小小的天体,但是,没有任何天体能改变这颗星体传播的光球。而这个天体的光充盈以该天体为球心、以一亿光年为半径的整个球体空间,除了被各个天体遮挡的背面一小部分的可能存在的阴影(我在解答奥伯斯佯谬时讨论过),所有在这个光球内的天体和空间都被这个光球包容照耀。我们可以说每个角度都是它前进的传播方向,也可以说它根本没有什么特定的像激光那样的传播方向。

图 2.3 太阳的光波充满整个空间　　图 2.4 太阳的光线充满整个空间

没有方向,何来方向的改变?

世上本无事,何处惹尘埃?

所以,从光波传播的角度来看,"引力场使光线偏转"的命题不能令人信服。

从另一个角度来看,如果一颗天体能改变另一颗天体的光波的传播方向,那么,天文观测还有什么意义?因为我们今天在观测的遥远的星体,明天就被另一颗星体的运动改变了,我们的天文观测结果还有任何持久性、一致性吗?

从爱因斯坦只讨论的光线的角度来看,"引力场使光线偏转"也是不准确的。

一颗天体的光线是以 360 度的球面向空间无限地传播的。这些光线数量庞大。在这些光线某一很小部分经过某个天体 X 时,有一些被 X 吸收,另有很小一部分与 X 擦肩而过,绝大部分光线与 X 毫无作用,甚至向背离 X 的方向传播。只有这很小一部分(大约少于一亿分之一,视距离的远近而定)与X擦肩而过的光线受到X的影响。这很小一部分的几根光线,就能代表该天体的全部光线的传播方向?X的引力场就使光线如爱因斯坦所画的图2.1中那样偏转了?难道这很少的几根与X擦肩而过的光线是这颗天体的光线中央委员会,能代表该天体向360度空间发射的全体光线?

另外,遥远的星光线从发射到被望远镜接收,途中经过了多少天体的引力场?

图2.5 这是NASA公布的疑似高红移星系图。如此密集的射向地球的星光,为什么没有一颗在爱因斯坦的引力指挥棒下舞蹈?

我能不能代言夜晚的星空问问爱因斯坦:您说引力场能使光线弯曲,如果真是那样,图2.5中我们夜晚的星空会是一幅什么样的图画?只要想到几乎每一颗遥远星星的光线都被无数巨大的、不停运动着的引力场(例如黑洞,超星等等)持续地扭曲着,那么夜幕上的颗颗恒星就应该在您的弯曲的引力场之指挥棒下狂舞不休。可是为什么竟然没有一颗星在随之舞动呢?难道这千百年来奏着平安小夜曲的星空不是对弯曲星光的说法最平静的永无休止的毫不弯曲的抗议吗?

所以,即使单纯从光线传播的角度来看,"引力场使光线偏转"的命题也是需要商榷的。

大概地我们只能这样说:一颗天体的光在传播过程中遇到另一个天体X时,由于X的遮挡,X的背面将会形成一个与X的尺寸同样大的阴影。但是,在靠近X附近通过的一小部分光子或光波会受到某些作用的影响,使得这些局部靠近X的、但没有被X遮挡住的光波,会逐渐向这个阴影部分弯折。这个弯折过程是逐渐进行的,因此阴影部分被光波逐渐侵蚀,在空间最后形成一个局部的、锥状的阴影空间,就是所谓的"引力透镜"

（我们认为称之为"黑暗锥"更适当，因为没有引力的障碍物也会产生同样的阴影空间。），但对天体的光的继续传播基本没有影响。

这个局部扰动的弯折有多大呢？确切地是有哪些因素所引起的呢？

爱因斯坦认为这完全是空间巨大天体的引力场或这个巨大物体的引力场所导致的弯曲时空引起的。但是，仔细地计算一下就会对此结论产生疑问。

离太阳最近的恒星是半人马座比邻星，距离地球 4.22 光年。它发射向太阳的光球的半径与太阳的半径 70 万公里之比约为 1:5600 万。这个比例有多大呢？假设人身高 1 米，雾霾颗粒为 1 微米，雾霾颗粒与人身高的比例是 1:100 万。请仔细比较上述两个比例数字。

图 2.6 半人马座比邻星的光波与太阳的尺寸之比示意图。按实际的比例来画太阳还要小得多，是几乎看不见的小微粒，没法画。

也就是说，太阳的尺寸相对离它最近的星系发来的光波，微小到几乎可以忽略不计。这样相对微小的颗粒，能把那么巨大的光波扰动弯折多少呢？

所以，在靠近天体 X 附近通过的一小部分光子有可能会受到 X 的引力场或弯曲时空的影响，但这种影响极其微小，只是不影响天体光整体传播的、一小部分光子受到的局部扰动。爱因斯坦的理论中应该明确指出这一点。图 2.1 是完全错误的描绘。

图 2.7 细腿对巨波毫无影响

由于相对特别微小的天体不可能对相对来说超巨大的光波产生巨大的影响，那么，就需要问了：所谓的"引力透镜"除了引力外，还有什么因素在起作用使得局部光线弯折而形成这个锥形阴影的透镜状空间呢？这个透镜状阴影空间与该天体的引力、尺寸有什么具体的数量关系呢？我们有没有可能对每一个天体，都输入一定的与该天体相关的数据后就计算出这个透镜状阴影空间的大小呢？

根据爱因斯坦的广义相对论理论，计算引力透镜的光线的偏折角度θ可以由下式计算：

$$\theta = \frac{4GM}{rc^2}$$

式中偏转角θ是朝向受质量 M 影响的辐射距离为 r 的偏转角度，G 为引力常数，M 是引起偏折的物体的质量，c 是光速。r 是距离参数，与引起偏折的物体的尺寸无关。

上面根据爱因斯坦的相对论而来的计算"引力透镜"的公式，基本排除了除引力场以外的其它因素的影响，与引起偏折的天体的尺寸关系不大。

但是，如果把太阳用同样大小但没有引力的纸板太阳，它形成的阴影会是怎样的呢？

我们设计的纸板实验，就是希望通过实验找出阴影锥、纸板尺寸、它们之间的相互距离等等各种因素之间的关系，从而不但能计算太阳作为一个纯障碍物会引起的光线偏折的数量描述，还能再进一步计算引力场或弯曲时空使光线偏折的作用的大小。

光在太阳附近经过时被弯曲的全部影响因素

通过纸板太阳我们已经知道，除了引力场（或弯曲时空）外，衍射也会使擦过星体的光线发生偏转，所以，在靠近太阳附近通过的一小部分光子会受到太阳的影响，产生有限的短暂的局部扰动。至于这个影响是由于引力场而产生，还是由于衍射而发生，或者两者共同作用产生，是我们下面要研究的课题。进一步，如果是共同作用而产生阴影光锥，那么光波的衍射性质产生的弯曲是多少？引力场或弯曲空间的贡献又是多少？这是一件必须通过实验来量化鉴别的事情。我们不能只谈引力或弯曲时空，而完全忽略另一个更重要的因素：光的衍射。特别是爱因斯坦把引力改为弯曲时空后，他不用引力了，于是光子变成了没有质量的特别物质。可是，光的衍射现象也不需要引力就会发生，我们怎么能把这么重要的因素完全忽略？

请考虑如果把太阳换成一个同样尺寸的纸板球，这个纸板球难道不会遮挡要通过它的光线吗？它不会在它的后面形成和太阳本身一样大的阴影吗？光线为了填充这个阴影部分，不要逐渐弯折吗？这个弯折是谁引起的？纸板太阳可没有引力场！相对巨大的光波，即使没有任何外部因素作用，光线也会在纸板后面形成阴影空间。我们把这个阴影空间命名为阴影锥。阴影锥的形成完全没有丝毫引力或时空弯曲的作用。

所以我们猜测：光线经过天体拐弯的局部扰动效果中，应是引力场或弯曲空间与衍射、甚至包括光波本身的传播性质共同作用的结果。在一切影响因素中，天体本身的尺度是最重要的影响因素；其次是光波的衍射性质；而引力场对光线偏转的作用非常小，甚至是完全测量不出来的作用。这样猜测的依据是，按照牛顿的引力计算公式，质量趋于无限小的光子，受到引力场的影响是趋于极其微小的。

因此图 2.1 应该画成下面图 2.8 那样的。注意图中光波相对于障碍物（此处为太阳）来说，应该是基本平直的。

从图 2.8 可以看出，引力场（或称时空弯曲场）与光的衍射现象都在使得被观测天体经过太阳时的光发生局部弯折，以填补太阳后面的黑暗空间。很有可能这两种影响因素是并存的，而其中主要起作用的是光波的衍射性质。我在 2005 年出版的《谁有权谈论宇宙》中已经描述了飞机的阴影现象，它和纸板太阳的道理是同样的。十年以后，我提出相关的证实此推测的观测实验，并在家中做了几个极端粗糙的初步实验。下面介绍其中的一个。

这个纸板遮挡光的实验的设计就是要最后得到一种量化的结果，可以确定在太阳作为一个障碍物遮挡掉迎面而来的天体的光波后，天体未被遮挡的光波是怎样在太阳引力场和衍射的共同作用下逐渐充填被太阳遮挡掉光波后的阴影空间、从而形成"阴暗锥"的。通过这个实验从量上找出下面这样的基本的规律：在未被遮挡掉的太阳附近的光波继续越过太阳传播时，引力场（或弯曲时空场）使光波弯折了多少，而衍射性质又使这些光波弯折了多少。

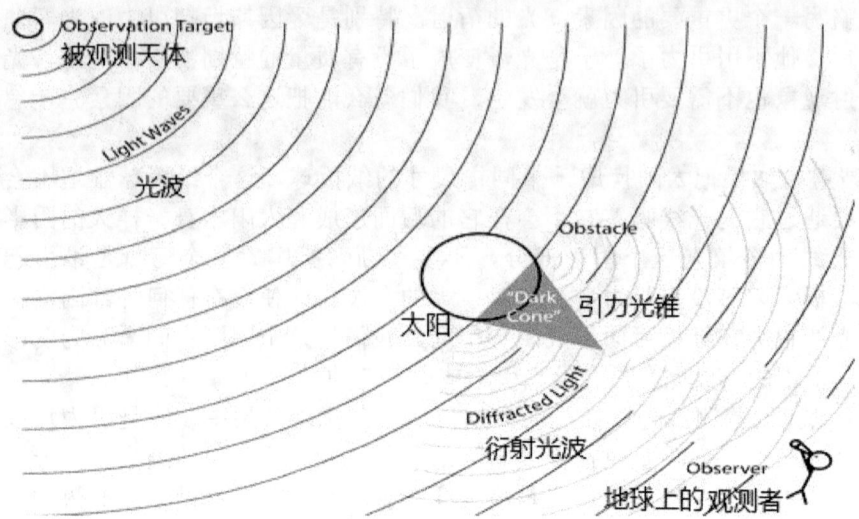

图 2.8 天体的光波经过太阳时，会有产生阴暗锥的现象，这个现象里可能不但有太阳的引力场（或太阳产生的弯曲空间场），更有因为太阳作为一个阻挡光波的障碍物所引起的衍射光波的影响，且引力场影响非常微小。

人类的测量手段有限，对超细微和超巨大的物体，都没有认识真面目的办法。对光的本质认识很肤浅。假设光子的重量是一个基本粒子的千分之一万分之一，拿什么手段去测量？由于量不出来，就说光子没重量？

我们需要思考的是：设想把太阳换成一个同样大小的没有引力场的纸板球，经过这个纸板球的光线会发生多大的偏转？然后就可以测量真正的太阳，看光线偏折度发生了怎样的变化，这个发生的变化部分就是由引力场产生的部分。我们预计这个变化将是微小的、很难测量的。

所以定量计算衍射使得光线偏转就显得格外重要。

寻找影响光线弯折的所有因素--相关纸板实验

我们已经用纸板做了前期的一些初步的实验，以测试是否衍射使得光线偏转。这个粗糙的前期实验可以证明一个这样的设想：如果太阳是纸板做的，它当然没有引力场，也不可能产生弯曲时空场，但这个纸板太阳会使通过它附近的光波由于光的衍射性质而弯曲。如果我们能定量地计算出衍射的作用时，那么根据观察到的日食在地球上的阴影大小，我们可以计算出引力场或弯曲时空场使光波偏折的大小。

下面的图 2.9 描述了我们所做的纸板实验，证明在一定条件下，没有引力场的纸板也可以使光线产生类似引力光锥的纸板阴影光锥。十年前我在《谁有权谈论宇宙》中描绘的飞机降落时在云层上的投影比在地面的投影更大的现象，也是一个类似的证明。

图 2.9 大图又分 9 小图帧，帧 1 是灯光的投影面，上面的圆纸片将逐渐升高；帧 2 是投影面正上方大约 2 米处的光源，用这种形状的灯罩光线散发较快，否则的话 2 米的距离不能产生相同的实验效果；帧 3 中的圆纸板开始向上移动了一点，可以看到投影面上的黑影圆圈非常整齐；帧 4 到帧 9 是圆纸板逐渐向上向光源靠近的结果，可以看到随着圆纸板的靠近光源，投影面上的影子周边越来越被灯光侵蚀，这完全是灯光衍射的效果。圆纸板是不会有引力场的。

这个实验只是最初步的实验，还需要继续做下去。用不同的光源，在不同的距离，用不同大小的圆或方或不同形状的纸片，可以得出相关的衍射公式来，再回头用来计算太阳对不同光源的恒星的光阻挡的衍射效果，从而把引力场效应和衍射效应分离开来。

设计寻找影响光线弯折的所有因素的实验

下面图 2.10 表达了我们对该试验的初步设想及简单的数学模型。
该试验的目的是计算衍射圆环宽度 Ri。在图 2.10 中，令

　　LS 为光源，
　　CB 为圆纸板，
　　PS 为投影面，
　　R 为圆纸板的半径，
　　ri 是投影面上的阴影半径，此时相应的投影面到圆纸板的距离为 Li．
　　Li 为 CB 和 PS 之间的距离
　　Ri 为环绕投影阴影的由衍射引起的光环宽，
　　Ri = R - ri

随着 Li 的改变，r 和 Ri 都会随之改变，一般来说，应该有：
　　ri = R - Ri
而 ri 可以通过测量在投影面的阴影得到。
　　Ri = f (LS, L, Li, R)

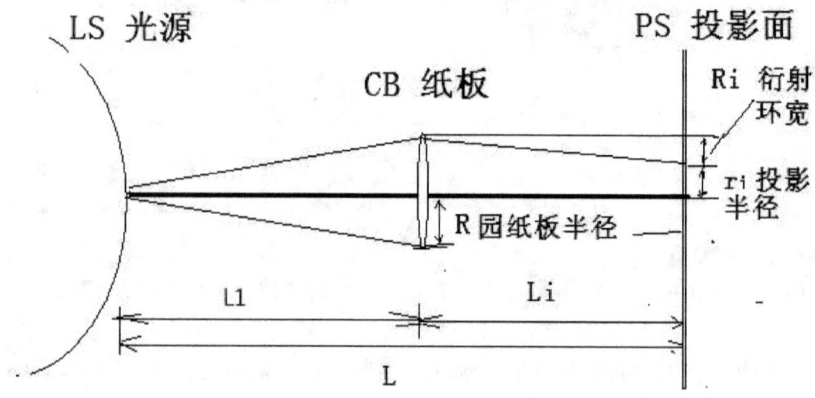

图 2.10 确定纸板遮挡光源后在投影面产生的衍射圆环大小的试验。在实验中，可以像图 2.9 中那样移动 CB，也可以固定 L1，仅改变 Li，更可以变动 L1 和 Li。

最后，我们可以把这个实验结果用于计算爱因斯坦的光线偏折现象中。如下图 2.11 所示，在月食中由于月亮的引力场（或弯曲时空）的附加作用，太阳光线的偏折不仅有类似纸板造成的衍射弯折，还有引力场或称作弯曲时空的弯折。假设光线偏折的全部光环宽度为 Bi，那么：

令：
    Bi 为太阳光线被偏折的全部光环宽度，
    Bg 为太阳光线被引力场或弯曲时空偏折的光环宽度，
    Ri 为太阳光线被光的衍射性质偏折的光环宽度
    ri 为月球投影半径，可以通过实地测量得到
    R 为月球半径
    Ri = f (LS, L, Li, R)
可以得到：
    Bi = R - ri
    Bg = Bi - Ri

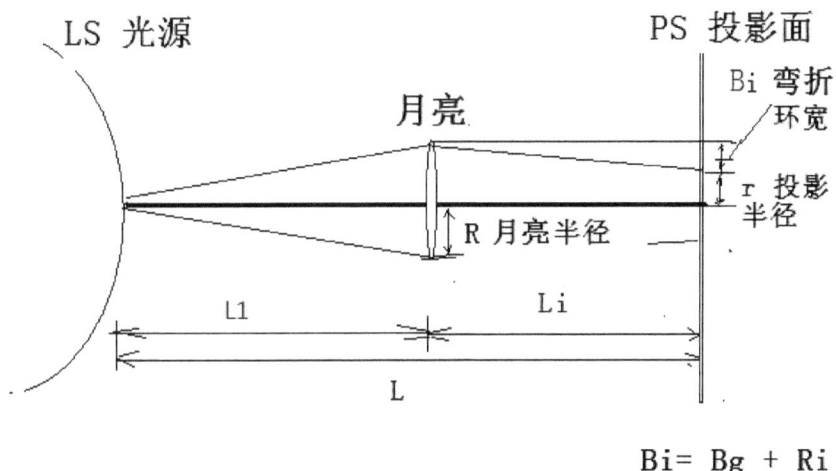

图 2.11 区分月亮使光线偏转的影响因素的实验模型：Bi 为全部月亮光偏转光环宽，它有 Bg 和 Ri 两个影响光环组成，其中 Bg 是由引力场（或弯曲时空）造成，而 Ri 是由衍射造成

这样，我们可以基本从数量上区分引力场（或弯曲时空）及衍射两种不同性质的使光线弯折的因素。

可惜我只是业余在做点试验，受条件限制。没法完整地做这个有可能从数量上改写相对论结果的实验。

结论

十年前，在《谁有权谈论宇宙》中我描述、对比了飞机分别在云层和地面

的投影，这是本章思想的萌芽。用任何一个不透明的物体来遮挡阳光或灯光，都会在物体背光的那一面产生阴影锥。这个阴影锥和引力毫无关系，完全是光的衍射作用产生的效果。怎么如此普通常见的物理现象，到了宇宙间就被爱因斯坦先生变魔术似的弄得完全消失、只剩下扭曲了的时空？

第三章
关于时间与空间的讨论

空间是客观存在的实体

空间和时间有本质区别。

空间是客观存在,就是"空"的存在。这种存在是看得见、可以进入的。

我们告诉别人,不管是地球人还是外星人:太阳和地球之间没有物质的地方就是"空间"的一个例子,这话谁都听得懂。说操场的地面以上就是空间,我们去那里跑步吧。大家都知道说的是什么。

空间特别重要。如果没有时间概念万事万物还能活得好好的,但离开空间我们根本就活不下去。想象一下如果我们存在于一个没有空间的地方(当然本来就没有这样的地方)会是多么可怕的一幅场景。

空间不需要特别定义。它自身的存在就像其他实体一样地存在着,虽然它是"空"的。

我们只是为了方便或相互间的交流,弄出许多相关的名词来。但这都不是一定必需要的,只是人类用于交流描述而用到的。全世界的人都用公制例如"米"这样的单位系统来度量空间,但美国就坚持用"英尺",也同样活得很滋润。我们也可以在量天体时说"1000个地球到太阳的最大距离那么远",在量田地大小时说"三十步宽",等等。

其实,人类就是按星体之间空间的大小来划分星、星系、星团等等的。

空间是不需要其他实物做辅助说明的。

空间也不是可以任意改变的。

因为空间是一种客观存在，因此它不能随意改变。假设太阳和地球在地球人看来是一个固定的距离。那么，这个距离不会因为其它物体的高速的相对运动而有任何的改变。在太阳和地球相对不发生变化时，其距离就不会变化。

一个人如果被装在一个紧紧压迫他的铁箱子空间里，如果空间再变小下去，他就不能继续生存。空间不可以随意改变，也不能用时间来改变。所谓的"时间换空间"只是一种错觉，在这里完全不成立。

人们用各种定义、各种模型、各种坐标系统来描述空间，都是可以的。被人们普遍接受的某个描绘，可能就成为人们最常用的。

不管什么样的描述，空间就在那里，不生不灭，不增不减，不以人的描述而改变。所谓的时空转换，只是人自说自话的游戏，是人类对自己的某种感觉的描述，是永远不会发生的事情。

时间并非客观存在，只是地球人定义的一个概念，一把量尺

如果碰到一个从遥远星球刚来到的外星人，他不会知道我们的年、月、日等概念，因为这是地球人根据地球和太阳的相对运动关系而定义的地球人的土特产。地球绕太阳转一圈就是一年，地球自己转一圈就是一天，然后再分成均匀等分的时、分、秒等等。不是地球人的外星人初来乍到搞不清楚这里面的关系。对这个外星人说一年，一光年，他不会知道我们在说什么。

宇宙中事物运行、宇宙本体的运行，都不需要"时间"来管束。没有"时间"，宇宙中的任何事物运动都不会有丝毫改变。甚至原始的人类都不需要"时间"概念，照样活得很滋润。

我们也不可能直观地看到"时间"，它只存在于我们的思想之中，它只是一种概念，一把人规定的、有单行方向的量尺，一个描述事物发生发展过程的工具。

只有当地球人作为一种宇宙间智慧生物彼此间进行交流时，才有对"时间"这个概念的需求。当地球人想要在彼此交流时表达过去了的事物这种历史概念，和期望中的将要到来的将来概念，才需要用到"时间"这个概念。因此"时间"是"概念"而不是实体！我们看不到具体的"时间"实物。"时间"不是宇宙运行的必不可少之物，只是宇宙中进化后的智慧生物需要用到的概念，他们用"时间"这个概念来表达或记录宇宙间顺序发生的事物。

时间是地球人定义的一种概念。时间的传统定义规定：按照顺序描述发生的事物。这个顺序是不可以颠倒或搅乱的。这是普通人们普遍接受的时间定义，几乎全人类的人都用这种定义了内涵的"时间"概念来交流。大家相互之间一说"时间"，就明白对方在说什么。例如：

问：现在是什么时间？

答：12点。

这个简洁的回答里面包含了"时间"概念定义的部分内涵，比如"点"是一天划分成24等份的单位，还隐含着一天、一年是什么的内容。如果回答是"2016年1月7日星期四"那就更精彩了，简短的回答里面甚至包含有人类的长长历史背景。

地球的"时间"概念定义的内涵，例如年、月、日等等，还是作为一种公认的尺度来定义并使用的。人类越进化，这把时间的尺度定义得越精确。反之，要是在千年前说0.001秒，没人知道我们在说什么，也没有用到这么短时间的需求。

这把时间尺度有一个重要的属性：如果说时间尺度改变了，那么使用这把尺度的整个系统内所有与时间有关的事物事件都要随之成比例地改变，无一例外。例如，中国的北京时间比美国的东部时间在非夏时制时相差16个小时，那么在中国的一切关于时间的钟、表等等，都用北京时间。这个时间改变是系统改变，系统内的一切都必须遵从该规定。

明确区分是系统改变，还是受某个因素（例如高速运动）的影响而发生的个别具体系统内对象或事物的改变，是十分重要的事情。我们在上面已经大量用到。

地球上的人们对"时间"概念的定义有一个共同的认同，而这个定义又有其严格的不可更改的内涵。时间作为量尺，均匀地度量事物的顺序进展，这是地球上的人们进行交流的最根本的基础。

如果有人想修改时间的定义，把它变成更加玄妙令人眼花缭乱的东西，那他就是自我修改了时间定义，而这个定义在没有被全人类普遍接受并用于交流之前，就只能留着给自己玩了。

就像我想定义一个100维的时间，没问题，完全可以呀！这是个自由世界嘛。如果我有权威、或者某杂志的编辑脑残了、或者我把这没人看得懂的定义夹在我这本书里，总之是出版了，那也不意味着这荒唐的100维时间定义就合理了、大众就用我这100维的时间去交流了、世界就按照我的定义运转了、我的定义就合理了。

所以，如果有人要把时间加上各种箭头，或是弄成高维，再印在书上出版了，那也只能说他给出了自己的时间定义，不表明他的定义就被大众接受了，更不能因此就证明了他可以把事物的存在变成在无数个历史事件点上能真正存在、从而可以在历史事件中进进出出来回时空穿梭了。

时间之旅就是一场思想的闹剧。

我们设想把时间看做一种"绝对背景"。它在万事万物宇宙一切活动中都存在着，但从不刻意表现自己。它是唯一的、无所不在的。你需要时，它就显现；你不需要时，它就隐藏。可以说它是这样一种背景物质，也可以说它仅仅是一种无所不在的随处可用的概念。

"接近光速"的概念是没有什么用处的概念

此节内容只与光在宇宙真空中运行有关，与光在不同介质中无关。

因为物质在光速就要转化成能量，可是相对论的论点概念大都是在物质以光速运动时讨论，所以那"只有几个人懂"相对论的专家们，就弄出个"接近光速"的怪胎。

但这真是个丑陋的概念。

所有的光、电磁波等等，都是以光速运动，没有什么"接近光速"一说。按照爱因斯坦的相对论，光速不变。近年来时有报道说，通过观察发现光速改变、或通过实验实现光速改变，但都没有被主流科技界接受，销声匿迹了。所以，主流科技界不承认光速可以改变。

那"接近光速"运动的人造飞船呢？

没有！

首先，人类在可预见的未来看不到能造出"接近光速"这样速度的飞船。

然后，即使人类造出来了也没什么大用！

为什么？

因为在没有确实解决上面讨论的动尺变慢悖论前，接近光速运动的飞船有解体的危险。即使是 10%的光速，也有这种可能。

更进一步，我们可以估计一下：比较合理的接近光速的速度应该是多少？或者说大概光速的百分之多少是"接近光速"吧？80%光速，70%光速，还是 60%光速？

让我们来计算一下，以 80%光速飞行的宇宙飞船，能和地球本土保持多久的联系？

即使是以 60%光速飞行的宇宙飞船，在短短的一两年后，彼此间通信就得好几年一个来回，再稍微远点，也就几年以后吧，就完全没有互动了。

就是说，即使造出了"接近光速"的飞船，其终极结果就是从地球出发的宇宙飞船必定在短短的几年后全部失去联系，没有例外。

宇宙间既没有以接近光速运动的物体或电波（按照爱因斯坦的相对论，光速不变），人造不出来、也没有必要造"接近光速"的飞船。所以谈论"接近光速"基本没有什么意义。

因此，"接近光速"是一种几乎没有这种速度存在的、没有实用价值、搅乱概念的提法。

"接近光速"的概念，还有一个极其有害的作用，那就是阻碍人们从本质上认识相对论。

因为根据相对论的公式来做应用计算，需要在人类远远达不到的高速下才能做出人们可以辨别的结果来，但在人类可能达到的速度下，都做不出实验结果，只能是无限接近于牛顿经典物理定律。实际上就是在使用牛顿定律。

例如前面的宇宙飞船船舱伸缩的小 quiz，用实验是做不出结果来的，因为飞机的速度太小，算出来的结果人类根本测量不出来。其它的实验，也大都如此。即使放在宇宙飞船上或卫星上或人类最快的运载工具上，和光速比起来，都不值一提，都不可能做出人们可以测量出来的结果！

例如在人类拥有的最快速度的宇宙飞船上做前面设计的"动尺变短"实验，由于宇宙飞船的速度每秒 800 米，是光速的三万五千分之一，因此，即使沿飞船运动方向放一根与 100 米长的杆，按照洛伦兹变换算出来的缩短长度大约为 0.0003 米！也就是缩短到长度是原杆的 0.0003%。没有仪器可以将这种微小的变化与各种干扰因素分开！

本书中做了四个实验设计。原来以为可以据此展开对相对论的深入讨论，现在才发现这些想法是过于天真了。这四个实验设计中，关于相对论的三个都不可能得出可能有用的结果。只有后面设计的关于红移原理的实验，是能够有希望取得成功的。

这个情况就造成了，无论怎么设计，关于相对论的实验得到的结果，总是很难做到比仪器规定的误差更准确。也就是说没有办法有效地测试证明相对论理论。可是根据"接近光速"的概念，相对论又有其存在空间，还貌似在做着各种实验。于是就造成了上百年来不断有人质疑相对论、却永远难以从实验上进行检验论证的荒唐局面。我们不能用实验来证明相对论是错误的；但同样不能用实验来证明相对论是正确的。这样，在思想上的论证就更加重要了。

研究问题的方法要科学—"时空转换"批评

对同一问题，可以有多种看法，有多种研究手段。但是，里面通常应该会有一种比较好的方法。一般来说权威的方法总是比较好的方法，但也不一定是绝对的。

现在宇宙学家大量地使用"时空"这个观念，那么，把时间和空间这两个截然不同的概念与实体混合成"时空"研究，对我们的研究有什么好处呢？这里面其实牵涉到一些科学或哲学的基本原则。简单地大概可以分以下几个方面来考虑：

一是从科学定义的必要性来考虑；

二是从可应用性的角度来考虑；

三是科学性，和旧的已有概念相比较的利弊来考虑。

从科学定义的必要性来说，仔细考虑后，就会发现将"时空"混合在一起研究，不仅没有好处，反而对宇宙研究有很大的坏处。把时空区分开来可以清楚地描述事物，而混合时空的做法连四维空时图都画不出来，没有办法也不可能利用混合在一起的"时空"去定量研究细节问题。我们可以画出以时间为一根轴的事物发展曲线、可以画出空间轴，但有谁用过或见过在研究某件事物时，用"时空"作为一根轴画出的定量图像？

从可应用性来说，把时间和空间混合在一起来讨论问题，是会产生很多不必要麻烦的。基本上只能定性地讨论问题，定量讨论的局限性太大了。比如说，在下一章中要讨论的 Minkowski 的二维时空图中，只能对接近光速的某个具体固定速度来进行讨论。他用 V/C 作为基本的计算单位。一旦速度 V 有所变化，就得另外计算另外画图了。这怎么做关于 V 各种变化的研究？从前面的讨论中，我们已经看到爱因斯坦在他的相对论奠基论文中，是怎样把时空用速度来混淆以致把问题和概念也搞得混淆不清的了。

最后，把时间和空间搅在一起来讨论，其本身的出发点就不够科学，不是好的科学研究方法。在科学研究中，最重要的一点就是把那些对研究对象有影响的许多因素清清楚楚地区分开来，从各个方面（量、质、相互关系等）弄清楚每个影响因素对研究目标的各种作用，在一般情况下的作用，在特殊情况下的作用，在极端情况下的作用，这些因素彼此相互间的作用，等等，这样我们才能够把要研究的对象的各种规律搞清楚。

"科学"这两个中文字的意义，和当初用的"格物"两个字眼一样，它们的意思就是分类。科学就是分类的学问。

分类，就是首先把事物分开来认识。然后才联系起来研究。

空间和时间本来是本质完全不相同的两个概念。

空间是客观存在的不可缺少的实物，没有空间人类就不能生存；没有时间人照样好好地活下去。它们度量的是完全不同的东西。但又因为对于任何宇宙对象，如果要描述其运动规律的的话就离不开这个宇宙对象赖以存在的空间，和记载这个宇宙对象发生发展、运动进化、或从无到有再到无等等过程的时间。因此可以说事物存在其中的空间和记录顺序发展规律的时间是性能完全不同、但对智慧社会进行交流时又密不可分且互相依赖的两个基本的度量单位。

爱因斯坦竟然可以利用运动的速度，和从不同系统观测的主观的相对看法，结合动态的计算，把**概念**的时间和**实物**的空间相互转化，不能不说是超出常规的想象了，难怪世界上曾经"没有几个人懂"。

爱因斯坦再三强调在惯性系中，没有人可以有特别的地位，大家彼此所在的地位是一样的。但实际上在他从一个运动的惯性系内讨论另一个惯性系内部时，他已经把自己站在了一个特别的位置，否则的话两个互不相干高速运动的惯性系，其中一个的内部运动怎么能被另一个系统的人去直接研究呢？

在前面的飞兔、乌龟和狗的寓言中，加州操场上的狗怎么可能知道中国跑道上的龟兔比赛的细节？怎么能相互影响它们戴着的手表？

还有一点，我们总是坚实地站在地球上看宇宙，即使是在卫星或飞船上，从大结构来说，也可以看做是在地球上。我们永远没有在一个以"接近光速"运动的飞船内看另一个高速运动飞船内部运动的需求。我们也几乎没有"接近光速"运动的人造或自然存在（如果坚持光速不变的话）的飞行物体。

因此，把时间和空间混合在一起并且互相转化，不是一种有坚实科学和哲学根据做基础支撑的方法。

复杂对象系统事物的分解、分层

在科学研究中，把系统分解成分层次的子系统是常用的方法。但是有时候奇怪的是，明明用分解的子系统可以轻易解决的问题，却要把问题复杂化。然后在这复杂化后的过程中，引进一些奇怪的概念。

我们来看一个《时间简史》中的例子。

"缺乏静止的绝对的标准表明，人们不能决定在不同时间发生的两个事件是否发生在空间的同一位置。例如，假定在火车上我们的乒乓球直上直下地弹跳，在一秒钟前后两次撞到桌面上的同一处。在铁轨上的人来看，这两次弹跳发生在大约相距 100 米的不同的位置，因为在这两回弹跳的间隔时间里，火车已在铁轨上走了这么远。这样，绝对静止的不存在意味着，不能像亚里士多德相信的那样，给事件指定一个绝对的空间的位置。事件的位置以及它们之间的距离对于在火车上和铁轨上的人来讲是不同的，所以没有理由以为一个人的处境比他人更优越。"

这里有几点重要的需要讨论的地方。

首先，按照我们一般做科学研究的方法，我会把火车和铁轨上站着的人放在一个系统里面研究，再把火车内部作为另外的一个子系统去研究。这样，根本就不会发生任何概念混淆。

在我们做工程科学研究的人来看，从一个可以分级或分解成子系统的复杂系统里直接越级去研究另一个级别里面的细节问题，简直是非常不科学的行为。而从一个系统里面的静止对象直接去研究同系统运动对象的内部子系统的运动，是很奇怪的行为。

比如说，如果要设计一栋房屋，先设计的是房屋的外形、框架，而不会在计算大梁应力的同时去研究房间内部的装修。这完全可能是另外一个团队要做的事情。

飞行控制台关心的是飞机的整体状态，而飞机里面的电风扇怎么运动，会让飞机里面的飞行员去研究，而不会直接从指挥塔去研究。这样才可能在飞机做复杂飞行动作的同时、电风扇还摇头晃脑地运动时，用系统合成的方法把飞机内部的电风扇运动与飞机的运动都描述出来。直接从指挥塔去研究飞机内的电风扇运动想想都觉得复杂无比，不知道怎么着手。

另外，从系统分析的角度来说，站在铁轨旁的人，怎么会知道火车里的小球在运动呢？实际上这是因为提出这个问题的人，自己是站在"处境比他人更优越"的地位。

如果没有这个站在"处境比他人更优越"的地位的人，站在铁轨旁的人不会知道也就不会直接去研究火车里的乒乓球运动。就像有两辆火车，互相不会去知道或关心另一辆车里的任何运动情况。

即使是两架以接近光速飞行的宇宙飞船，它们也不会去关心对方飞船内的具体细节。指挥部会保持对飞船在空间的运动的监测，但不会去具体测量飞船内时钟走动的状况。他们会要求飞船飞行员去做这件事情。而通过直接对飞船的运动及通讯的控制，就可以很容易地根据飞行员观测到的数据，作出最后的总体结论。

在飞兔、乌龟和狗的小寓言中，在加利福尼亚来回跑步的狗，当然不会知道在太平洋另一边的飞兔和乌龟的运动状况。

把复杂系统按照不同情况分解成子系统或分层次系统，然后逐个系统分别解决问题，再把结果组合起来得出最后的结论，是科学研究和工程应用的一般方法。

不要把事物复杂化，然后从复杂中提出惊人的观点来。

我们可以直接用下一章要讨论的四维空时图把这个关于火车里玩乒乓球的人、乒乓球及站在铁轨上的人的例子中的运动及位置的例子画出来。由于玩乒乓球的人和乒乓球一起在火车里，这两者的运动及位置的世界线会完全重合。站在铁轨上的人的世界线将是一个点，他的运动和位置没有改变。这样，把系统分解表达后，再合并看我们所关心对象事物的变化，不会出现什么奇怪的结论。我们在日常的生活和工作中，都是这样做的。

第一篇 一道愚弄了人类百年的4年级算术题

第四章
对象事件世界线的四维空间时间图像表示及其应用

Minkowski 的二维三维时空图不能满足表达事物在四维空间运动的需要

这一章可以尽量跳着看，搞清楚了是怎么回事、其中的基本概念讲的是什么就可以了。

1908 年 Minkowski 用二维图形表达光锥、世界线、事件、惯性系统等，给以相对论的空间、时间属性以直观的图示，目的是使得人们不需要通过数学公式来理解诸如时间膨胀、长度变短等概念。这种图就被叫做 Minkowski 图，又叫时空图。它一直沿用至今。从下面最简单形式的 Minkowski 图，我们可以看出它基本就是洛伦兹变换的图像表示。

但是，仔细研究 Minkowski 的时空图可以发现，这种如图 4.1 所示的时空图的表达方式有极大的局限性，很多应该表达的东西表达不了，有些表达由于过于晦涩而引起人们的错误理解。

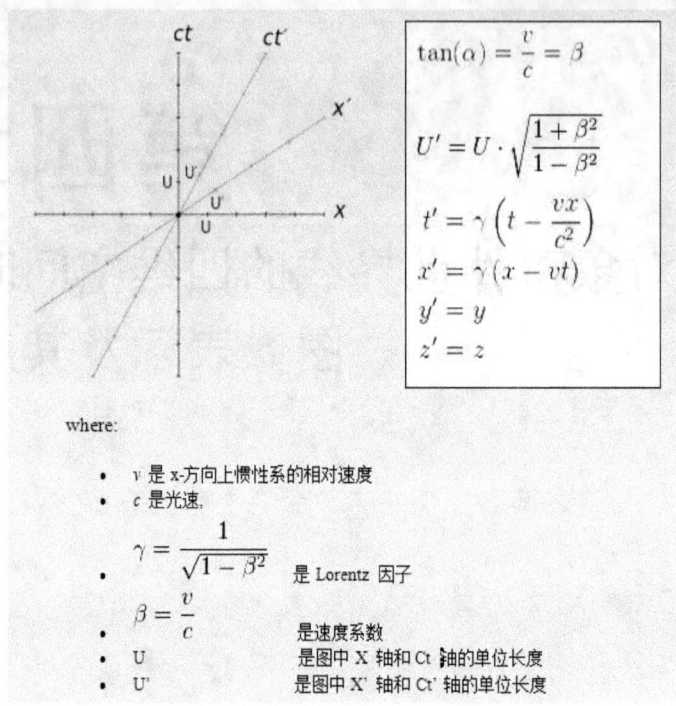

图 4.1 Minkowski 的时空图及洛伦兹变换

更严重的是，这种时空图没有能力表达不同对象事件之间的相互关系。对于一些应该有传承的事物发展，缺乏连贯的表达能力。它大量使用速度 v 而使用距离时受到种种限制。而正是速度 v 模糊了空间与时间的意义，使这两个完全不同的物理量可以相互转换。我们已经在前面针对爱因斯坦的原始论文详细介绍了这点。

产生以上种种缺陷的原因，是因为 Minkowski 时空图，由于缺乏直观地用图像来表达四维空间的手段，只好建立在二维平面图像的基础上。这个二维平面图像的时间轴向上，空间用水平的一维空间轴来表示。

由于表达空间的只是一维距离轴或空间轴，使得对事件的表达受到极大的限制。因为这样的图，没有办法真正表达事件的空间位置，更不可能表现事物发生发展的空间规律。这些缺陷同时也大大削弱了 Minkowski 的时空图作为正确理解相关概念的工具的作用，甚至引起不必要的误解。

为了解决空间问题，于是定义了立体的光锥。但是这个后来人们大量使用的光锥，虽然看起来是立体的，实际却仍然是二维的，并且更容易引起人们对相关概念的错误理解。

图 4.2 中的时间轴占据了一维空间。其余的两维用来描述事件传播的

最大可能距离。比如说图中的空间以光秒来计算的话,图中"事件(现在)"向下一秒,则在那个刻度处事件从时间轴的-1秒处发出的光将只可能最远传播到以1光秒为半径的圆圈处,在过去第2秒时事件的光传播最大可能到达半径为2光秒的圆圈处...把所有过去时间的无数最大可能传播的圆圈连接起来,就得到了一个三维光锥。

再按照同样的道理,从图中"事件(现在)"向上,可以画出将来光锥。

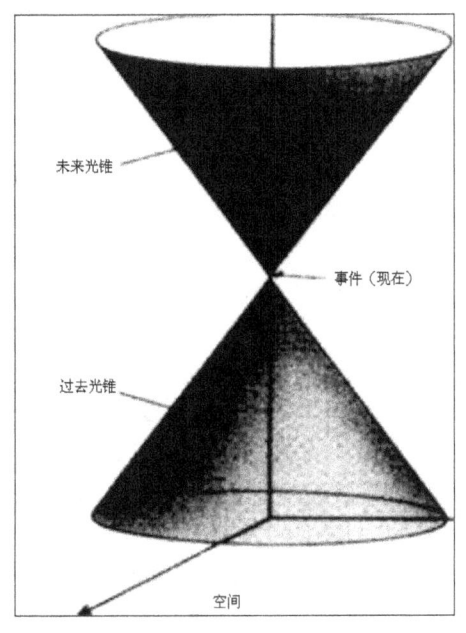

图4.2 光锥

请注意几点:

1. 这个光锥的表面实际只是任何事件信息可能传播的极限。所以光锥只是定义了事件信息传播的边界,并不是事件本身、亦非事件信息本身。就像规定了车辆的最高行驶速度后,可以界定车辆在任意时刻可能到达的最远距离,但并不是关于车辆本身的信息。

2. 这个空间只是个抽象的概念。所以它不能做量化的描述。只是把定性的语言描述变成了似乎用图像直接表述。因此它基本完全抛弃了二维时空图中"距离"的概念。正如知道了车辆的最高行驶速度后,并不能描绘与任何一辆车相关的运动信息,因为光锥没有确定车辆具体位置的表达手段。

3. 未来光锥所圈定的"绝对将来"只是在"现在"的期望之物。它正确地界定了"事件（现在）"**如果**有"将来"的话，这些将来如果发生了的事件都会在这个将来光锥内。但是，**也许**"事件（现在）"从此刻后不再继续存在了，那么，何来"将来"？更别谈"绝对将来"了。

4. 光锥的描述对象含糊不清，"事件（现在）"P与光锥中的过去事件、将来事件没有清晰的界定。

5. 霍金说"如果人们知道过去某一（应该是某些，翻译问题）特定时刻在事件P的过去光锥内发生的一切，即能预言在P将会发生什么。"这种说法是错误的。未来基本是不可预言的，即使假设人们有能力知道过去相关的一切（实际这是不可能的）。正如掌握了股票全部相关的信息和走势，并不能确切知道下一刻股票的涨、跌。不要夸大光锥的作用。

因此，需要有一种既浅显易懂又能够正确描述真正的四维空时图像的方法。

为了克服Minkowski的二维时空图的缺陷，我们定义了描绘对象事件世界线的四维空间时间图像。在应用实例中对比Minkowski的二维空时图，可以看到四维空时图的清晰、简单、表达对象事件发生发展过程的强大表现力，真正便于理解人们所关心部分的、多事件进程中的各对象事件的事件发生发展过程，和对象事件间事件动态发展的相互关系。

为了更清晰地表达所有概念，我们明确定义了：对象事件，事件，事件信息，。这样我们就能避免像在光锥应用中那样到处用"事件"表达不同的东西（对象事件Object，事件，事件过程，光，甚至是需要传递的信息。）

下面出一个简单的作图题。这是我们在后面用对象事件世界线的四维空时图表达的一个例子。现在试试看能否用光锥或类似的能够想到的办法清楚地表达出来。

例题：我们要在地球上设任意个—假设是四个固定观测点，两个在最靠近太阳的位置，两个在最远离太阳的位置，连续十年观测太阳。假设地球的运行轨迹不发生变化。我们能怎么表达？用光锥能表达出来吗？

我们先来画几根用四维空时图表达的世界线，然后归纳总结出四维空时图的正式定义。最后用四维空时图，表达包括上面例题的一些具体应用实例。

对象事件世界线的空间时间四维图像表示

我们用图4.3来表示对象事件世界线的四维空间——时间，称为对象事件世界线的四维空间——时间图，简称对象事件世界线空时图，更进一步可以简称为对象空时图。

空时图的意思是空间尺度在上方，时间尺度在下方。时间尺度对应事件发展的空间过程。

图 4.3 中的空间由传统的 X、Y、Z 坐标表示。

然后在传统空间坐标的下方画一条由过去到未来的、与 X 轴平行的时间轴线。这条时间轴以"现在"坐标为原点，箭头方向与对象事件的事件所发生顺序按照发生先后的排列一一对应。可以在上面规定时间单位和刻度。

对象事件的世界线的名字就是对象事件的名字。

对象事件的历史世界线用实曲线表示，如图 4.3 中 A、B 和 C。有时候为了应用的需要，也可以给世界线标识一个与对象事件不同的名字。

对象事件的"现在"是对象事件历史世界线实线和未来世界线虚线相交点，也是对象事件本身存在的地方和时刻。这个对应的时刻，就是时间轴上的"现在"点。

世界线上的空心圆点表示该对象事件过去某一时刻空间位置，也是对象事件曾经存在过的位置，称为该对象事件的历史事件，简称事件。如图 4.3 中 C 世界线的 1, 2, 3, 4 点。

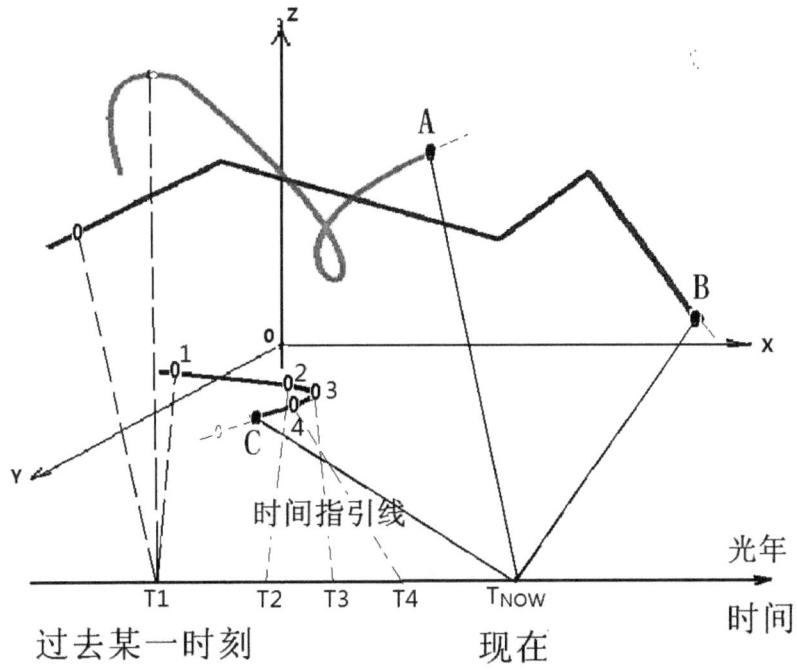

图 4.3 对象事件世界线的四维空时表示图一

对象事件本身用实心圆点表示，位于实心的历史线的顶端、"现在"时间位置，表示对象事件"现在"所在空间位置，如图4.3中A、B和C。

对象事件的将来可能发展轨迹用从对象事件实圆点延伸出去的虚线段表示。一般这条虚直线很短，因为只是预期的发展，不是事实。虚线上我们感兴趣的将来可能发生事件点用将来的预期位置用虚线画的空心圆（虚空心圆）表示。如图4.3 C世界线虚线上的虚空心圆。也可以给虚空心圆命名。

请特别注意世界线"C"上面画出的各点。它们对应的事件-时间组合是按照对象事件进程的顺序由过去到现在发生的事件严格排列的。

空间中的世界线中除"现在"以外的任意一点发生的时间由虚直线的"时刻指引线"将世界线上的事件点与时间轴相连。为了使画面简洁，也可以不画"时刻指引线"，而用世界线上的点的名字和时间轴上相应时刻的"组合标示"来表示。例如C世界线上的（1，T1），（2，T2）... 。图4.3中把"时刻指引线"和"组合标示"都画出来了。一般我们在世界线和时间轴上对同一事件使用相同的标记。

对象事件与时间轴的"现在"之间用实直线相连。例如C世界线的"现在"时刻与对象事件的组合标示在图中为（C, T_{NOW}）。

图4.3中画了对象事件A、B和C分别对应的三根世界线。其中的C世界线画得比较详细，把世界线上我们关心的历史事件点C1、C2、C3、C4及每点对应的时间T1、T2、T3、T4，以及对象事件C对应的"现在"时刻T_{NOW}都画出来了。

图4.3中A对象事件的世界线有一个比较有意思的点，就是在空间同一点上空间坐标重合的点,但在事件发生时刻上并不重合。这种重合的点需要用两个点名按顺序来表示，而它们的"组合标示"也有两组。

为了清晰起见，我们另外画图4.4来表示。图4.4中的A世界线上我们感兴趣的有A1、A2、A3、A4、A5事件点。其中事件点A2与事件点A4在空间重叠，但它们分别发生在不同的时刻，所以它们的"组合标示"分别为（A2，T2)与（A4，T4)；与之相对应的"时刻指引线"也有不同的两根。

这样，图4.4表示，对象事件的空时世界线能够把空间点事件重叠的现象，即对象事件进程中的事件虽然在空间重叠、但按照事物发展的历史进程对应完全不同的时刻这种现象正确清晰地表达出来。当我们仅仅用"组合标示"而不将相应的"时刻指引线"画出来的话，图像将更加清晰干净，这有利于表示多根世界线相互作用的复杂情况。

以上图中的时间轴上的时刻表示，可以按照不同世界线画出相对应的时间轴，这样可以清楚明白地表达所有世界线上我们关心的事件点及其一一对应时刻。即使世界线之间在空间有交叉重叠，也能够正确表达出来。

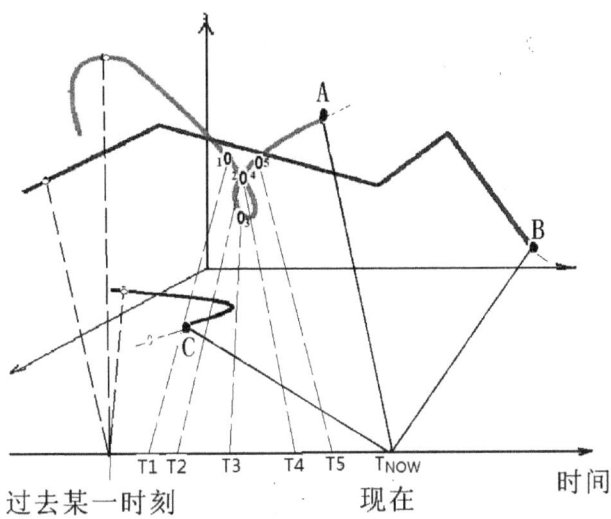

图 4.4 对象事件世界线的四维空时表示图二

比如，如图 4.5 所示：

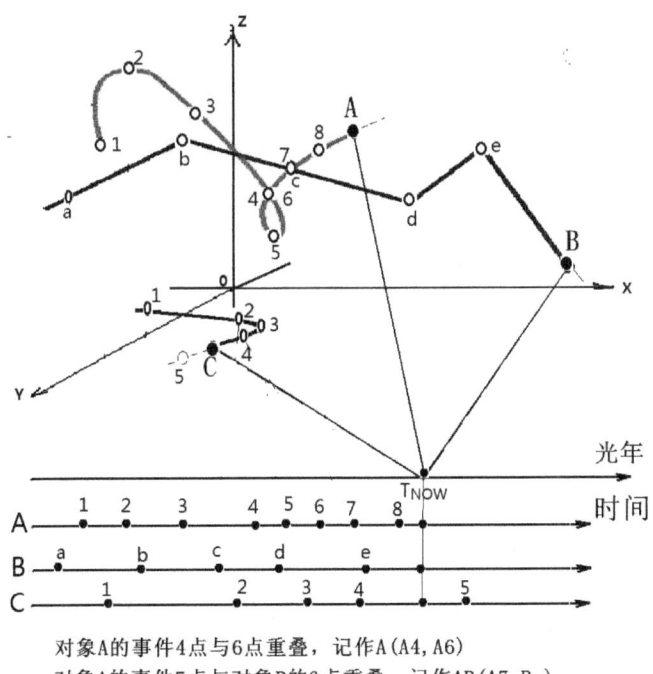

对象A的事件4点与6点重叠，记作A(A4, A6)
对象A的事件7点与对象B的c点重叠，记作AB(A7, Bc)

图 4.5 用对象事件的四维空时图表达对象事件间相互关系

我们感兴趣的要研究的世界线和它们上面的相关点如图 4.5 所示，事件点和时刻的对应关系如基本时间轴下的对象事件的事件--时刻轴表示。而对应的相关事件的叙述可以再用"组合标示"列表以及相关文字作补充。

这样，我们就基本完成了 4 维的对象事件空时世界线表示图的设计绘制。但是，故事还没有完结。

拓展四维空间为五维空间，甚至更多维空间

首先，拓展四维空间为五维空间。

如果有表达的需要，可以像图 4.6 一样，定义一个与 XY 平面平行的、但与空间坐标系互不干扰的时间平面。亦即将基本时间轴扩展成时间平面，将不同对象事件及其空间事件对应的时刻投影在这个平面上与该事件相对应的事件时间轴上。并可用不同事件时间轴的不同角度来表示所需要表达的概念，就像 Minkowski 做过的那样。

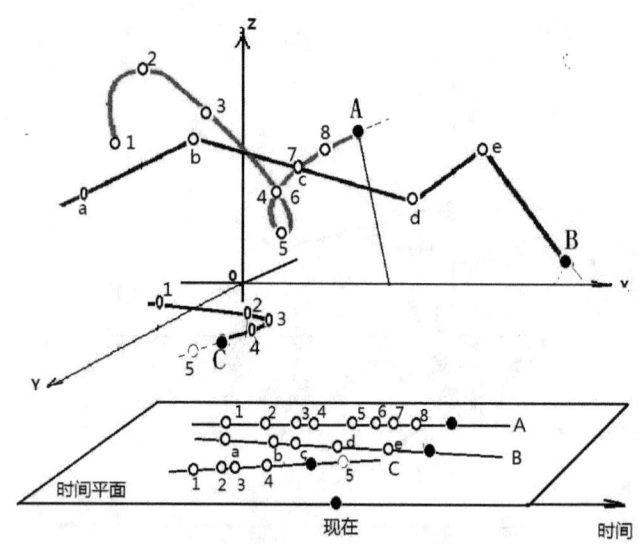

对象A的事件4点与6点重叠，记作A(A4, A6)
对象A的事件7点与对象B的c点重叠，记作AB(A7, Bc)

图 4.6 用对象事件的五维空时图表达对象事件间相互关系

拓展五维空间为六维空间的可能方法：对五维空间的世界线上的事件点，如果我们有更多的感兴趣的变量，比如说与感兴趣的事件相关的经费情况，那么，可以在与 X 轴垂直与 YZ 面平行的平面上，做一条与 Y 轴平行的经费轴 E，这样就构成了 XYZ-TT-E 的六维空时及经费空间。

用同样的办法，可以将 E 轴拓展为 EE 平面，那就变成七维空间了。

在与 Z 轴垂直的平面上，同样可以拓展出一或二维空间。于是我们最终可以得到八维、九维空间图。

实际上如果需要，时间平面或经济平面还可以拓展成三维的次空间。经济平面不但可以拓展成三维次空间，还可以在该空间下再使用类似时间轴的次空间时间轴……这些，可以对应分层次的复杂系统。

对象事件的四维空时世界线表示图应用实例

现在我们用空时图来表达实际应用的例子。

图 4.7 显示的是霍金的《时间简史》中有这么一个例子。

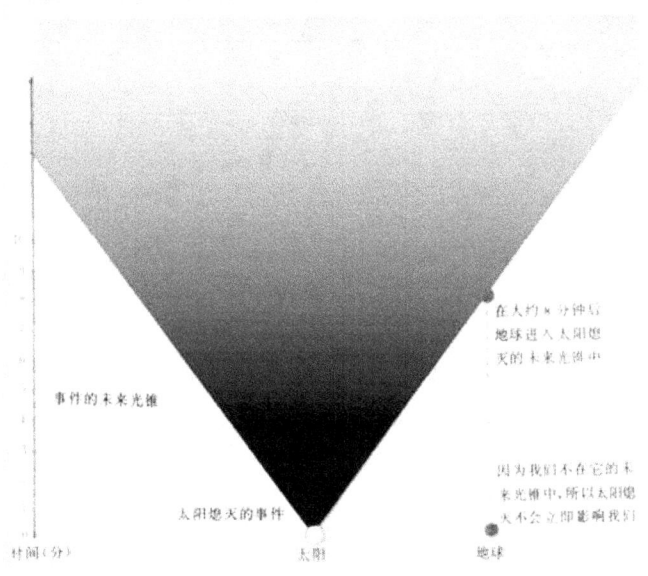

图 4.7 霍金的光锥图解

我不知道该怎么看这张图 4.7,我反正没有太看懂。地球怎么就进入了黑暗事件?怎么在进入之前就没有一点关系呢?

要知道其实是在太阳毁灭之前,太阳光就一直照耀着地球。太阳熄灭后,因为之前照耀地球的阳光还在继续照耀地球,地球才不知道太阳熄灭了。当曾经的太阳光完全熄灭后,地球没有了太阳光,才知道太阳熄灭了。这个因果关系在光锥图中完全没有表示出来。

图 4.8 用四维空时图表达了上面所说的太阳熄灭事件。这里牵涉到两个对象事件:太阳及地球,太阳在"现在"时刻熄灭,太阳的光作为太阳发出的在空间逐渐消失的事件。而地球绕太阳旋转的同时,它接收太阳的传输也在慢慢发生变化,直到最后太阳光完全从地球消失。

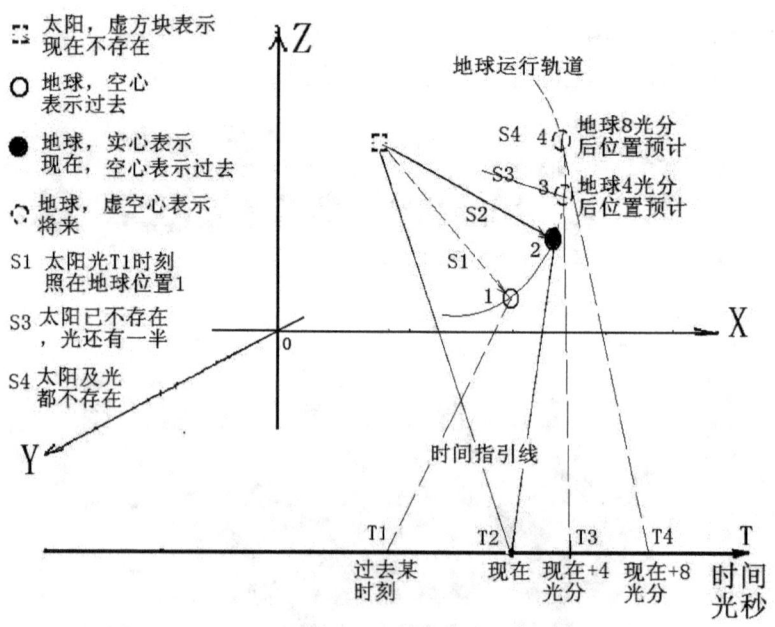

图 4.8 用对象事件的四维空时图描绘"太阳此时熄灭,8 分钟后地球才能感知"。

如果我们有更多的内容要画进图中,或者要让图像更清晰一些,我们可以去掉图中的"时刻指引线",而用"组合标示"来表示,这样就得到下面的图 4.9。

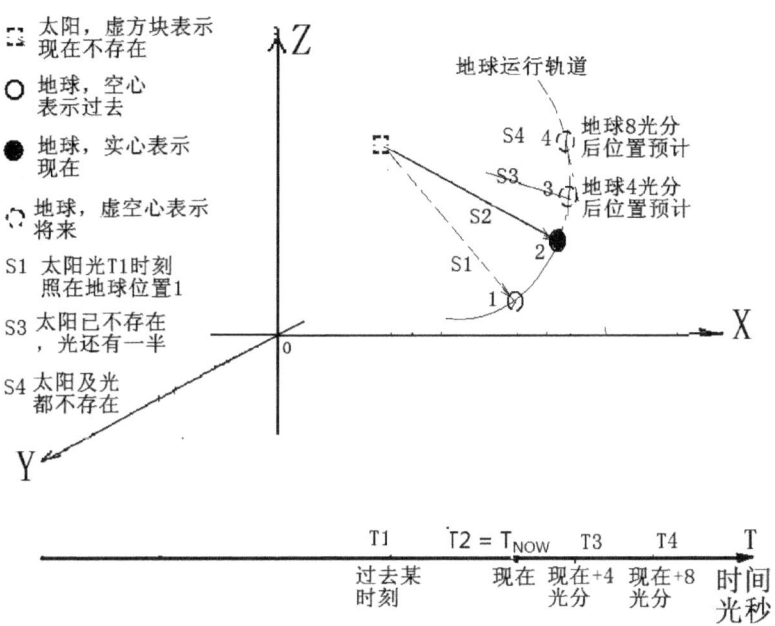

图 4.9 用对象事件的空时图描绘"太阳此时熄灭,8 分钟后地球才能感知"的无"时刻指引线"图。地球运行轨道上我们感兴趣的点的"组合标示"为（1，T1）、（2，T2 = T_{NOW}）、（3，T3 = T_{NOW} + 4 光分）、（4，T4 = T_{NOW} + 8 光分）

现在我们总结对象事件空间时间世界线的四维图像的定义于图 4.10 中。

现在回到前面的例子,应该很容易地解决了吧?

例题：我们要在地球上设任意个——假设是四个固定观测点,两个在最靠近太阳的位置,两个在最远离太阳的位置,连续十年观测太阳。假设地球的运行轨迹不发生变化。

画一个围绕太阳的椭圆形地球轨道,太阳是固定点,地球在轨道上运行。找出四个点,顺序标 1、2、3、4,再重复标 5、6、7、8...、39、40,直到标完十年。再在时间轴上依次标记 1、2、...、39、40。如果需要注明具体事件,可以在相同等标示下纪录这些事件。例如 A(1,1),在需要记录相关观测结果时,可以记作 A(1,1,观测结果-1)....

> **事物对象空间时间世界线的四维图像的定义--四维空时图**
>
> 空间：由三维坐标系统定义。一般使用相互垂直的 X、Y、Z 传统 Euclid 空间坐标系统。
> 时间平面：与空间 XY 平面平行、垂直于空间 Z 坐标的、与空间系统不相交的独立平面。
> 基本时间轴：是传统的单向有箭头的、定义了时间单位和均匀刻度的、有"现在"时刻的一维量尺。
> 事物对象（Object）：我们感兴趣的研究对象。是宇宙间存在的物质、天体、人、物、粒子等。
> 世界线：事物对象的顺序历史事件（用空心圆点表示）、事物对象的现在状态（用实心圆点表示）、和未来事物对象发展预期在空间坐标系统中留下的将来可能发生的事件（用空心虚线圆表示）的顺序轨迹，以及每个事件点在对应该世界线的一维时间轴上的时刻投影。
> 世界线时间轴：一维单向轴，是该世界线在时间平面的顺序投影。一根世界线对应一根世界线时间轴。如果图像不会混淆，也可以用基本时间轴来表示。
> 世界线事件：世界线上我们感兴趣的点。又称事件点，或称事件。
> 世界线事件集合：一根世界线上所研究的全部事件点的集合。
> 世界线集合：所研究的全部世界线集合。
> 世界线时间轴集合：所研究的全部世界线时间轴集合。
> 时间轴平面（五维空时图）：定义一与 XY 平面平行的、但与空间坐标系互不干扰的时间平面。将基本时间轴扩展成时间平面，将不同事物对象及其空间事件对应的时刻投影在这个平面上的与该事件相对应的事件时间轴上。用不同事件时间轴的不同角度来表示所需要表达的概念。
> 六到九维空时图：在与 X 轴垂直并与 YZ 面平行的平面上，做一条与 Y 轴平行的轴 E，这样就构成了 XYZ-TT-E 的六维空时经费空间。用同样的办法，可以将 E 轴拓展为 EE 平面，那就变成 XYZ-TT-EE 的七维空时图了。在与 Z 轴垂直的平面上，同样可以拓展出一或二维空间。于是我们最终可以得到八维、九维空间图。

图 4.10 对象事件空间时间世界线的四维图像的定义

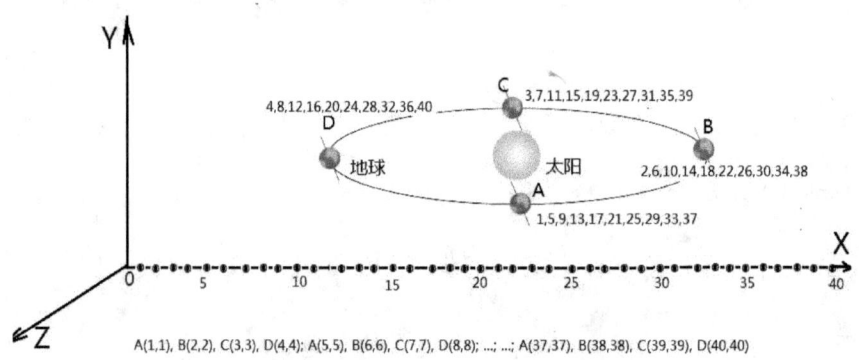

图 4.11 观测太阳的四维空时图

第三个例子如下图所示。两架高速运动的飞机 A 和 B 分别在 10000 米和 5000 米的高空沿着 X 方向飞行。在四维空时图中分别做出它们的世界线。这两根互相独立的世界线，不会因为外部原因而随意改变。也不会因为从 A 观测 B 内部的物体的运动 B 的世界线就发生变化。

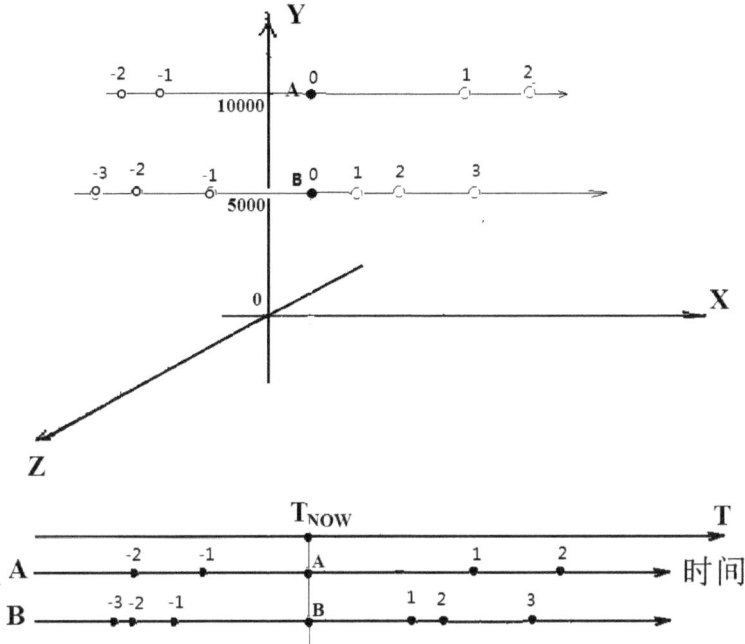

图 4.12 两架高速运动的飞机 A 和 B 分别在 10000 米和 5000 米的高空沿着 X 方向飞行。同样，显然我们可以将爱因斯坦的静系和动系照此表示，不会发生任何非同时性的相对问题

事物存在定律的四维空时图说明

事物存在定律是从《谁有权谈论宇宙》一书中"时光定理"一章修改而来的，做了很多改动，把时光定理改成了拓展了的事物存在定律。因为这本书全部是自己的思想集成，而事物存在定律是作者重要的思想之一，因此把这三小节修改后集成于此。

现在对原书中的"时空并非宇宙存在的一部分"一节有了全新的认识，有兴趣的读者可以相互比较。

事物的存在定律：事物只存在于"现在"这一瞬间

事物存在定律的定义：事物只存在于"现在"这一瞬间。事物的**过去**是事物进化过程给我们留下的若干事件进程的记忆；事物的**相对将来**，是已经发生的、信息正在向目的地传输但还未被接收的事件，这个事件的过程是有序的不可逆转的；事物的**绝对将来**，并不存在于"现在"这一瞬间，仅仅是我们对事物发展到某些时刻的事物世界线进化轨迹中的事件的

109

预测或期望。从系统外部的任何地方观看某事物，看到的事物本身只存在于对应它本身系统"现在"那一刻，其余的全部是发生在这一刻之前的事件的历史记录，而这一刻之后的事物是不存在也看不到的。

这就是**事物的存在定律**，简称**存在定律**。

这里我定义了相对未来和绝对未来的新概念。例如在城里打工的张三给在家里的老婆写了封信，当这封信丢进了邮筒时，"张三给家里写信"对于他老婆来说就成了相对未来事件，因为信已经写了，但还未传达到收信人手中。如果张三还没有写信，那么"张三给家里写信"就是绝对未来，因为这件事还没有发生，只是根据历史我们知道这件事在正常情况下发生的可能性很大。相对未来是已经发生了的事情，只是其信息还没有传输到接收者，只要传输过程没有问题，事件最终就会发生，但也有可能不发生。如果张三的家信在投递的过程中遗失了，那张三老婆接收到信的事件就不发生。绝对未来属于没有发生的事件，将来有可能发生也有可能不发生。

相对未来和绝对未来的概念在讨论宇宙问题时很重要，太阳在 5 分钟以前发出的光，对于地球上的观测者来说就是相对未来事件，因为还要 3 分钟它才会被地球上的观测者接收到。太阳 10 分钟后发出的光，对于地球上的观测者来说就是绝对未来事件。我们相信 10 分钟后太阳会继续存在并继续向地球发光，那只是有极大把握会发生的预测，但还没有变成事实。太阳有可能在第 9 分钟时毁灭。

我在《谁有权谈论宇宙》中用语言叙述对事件的存在定理做过证明，在此再用世界线理论做一个更完整的说明。

事物存在定律的世界线说明

小船慢慢在平静的湖面滑行。船就是事物现在存在的这一点；船后面的水波是它运行过后的轨迹，是小船曾经在那儿存在过的历史记录；小船将要到达的前方我们根据现在的位置和历史的轨迹可以大概地预计出来，但那不是事实。也许下一刻小船沉没了呢。

我们这里用到的世界线概念，有其明确的定义：独立事物用一根世界线来表示，该事物的开始对应世界线的末端事件起点，该事物的"现在"对应这根世界线的前进的顶点，也是事物的存在地点。从起点到顶点之间的所有事件点依照严格地从过去到现在的时刻顺序依次有序地丝毫不乱地排列，每一点都依次表达该事物在那一时刻的状态，并依次按发生时刻从开始到现在逐个对应时间轴上的唯一点。

从表达事物运动轨迹的世界线集合来看，一个星球可以有它的整个星球的运动轨迹，每时每刻，它只存在于其轨迹上的前进的端点；它的过去是它已经运动过的记忆位置，它的将来是根据它的过去和现在所做出来的预期，并没有在现实中存在，也就没有在图中画出。当然我们也可以把"将来"用虚线画在顶点的后面，对应时间轴上比"现在"这点更晚（更靠右）的时间点。

一个星球又可以分解为山川河江、人兽鸟虫、泥沙草木。对这每一个组成部分，我们又可以根据对这个单独的个体的了解描绘出它的世界线，在这个世界线的最前端，就是这个单独的个体的存在的现在时刻。所有这些单独个体的世界线的集合，就组成了这个星球的存在着的现在。

我们可以逐步细微地分解，也可以逐步地聚合，从大到小，或从小到大，但事物只在它的世界线集合上的顶点存在着！

本章结语

本章开始的 Minkowski 图，是 Minkowski 为了表达爱因斯坦的相对论而在多年前作出的。百年来人们一直用它来表达关于相对论的种种概念。但因为它仅仅是二维图像、只用其中的一维来表示空间，因而既不直观也不容易理解。

更严重的是，它给相对论引进了一个关于相对论的悖论及灾难。我们在已经具体讨论过了。

四维、五维甚至更高维的图像表示，使我们克服了 Minkowski 二维图像的缺陷，能够更好地更清晰地理解关于空间时间的相关概念。

空间，时间，永远神秘的主题。

组成部分，我们又可以根据对这个单独的个体的了解描绘出它的世界线，在这个世界线的最前端，就是这个单独的个体的存在的现在时刻。所有这些单独个体的世界线的集合，就组成了这个星球的存在着的现在。

我们可以逐步细微地分解，也可以逐步地聚合，从大到小，或从小到大，但事物只在它的世界线集合上的顶点存在着！

本篇结语

我们在本篇设计了三个重要的可以检验相对论理论的正确性的实验，它们就是：

1. 纸板弯曲灯光实验和月球遮挡阳光的观察实验设计。 实验试图定量地确定弯曲光是由引力场引起还是由衍射效应引起；
2. 检验"动钟变慢"悖论的组合钟实验；
3. 检验"动尺变短"灾难的组合短棍实验。

如果我们能认真地完成这些实验，那么对相对论理论的认识应该可以上一个新的台阶。其中第一个实验有更大的获得成功的可能。

相对论这样一个改变人类思想、统御科学界近百年的重要思想，竟然是匆匆建立在小学算术模型的速度叠加上的、未曾深究其物理意义的、没有经过严格理论证明和实验验证的错误概念。

相对论确定之初，依据的只是几个著名科学家的"世界上没有几个人能够理解"的论断、及对日食时太阳偏折恒星光线的观测结果，就肯定了相对论理论的成立，确立了它不可动摇不可质疑的至高科学神的地位。不可谓不是人类科学历史前进道路上的一道最奇特的风景了！科技史家们不应该好好探究一下它形成的原因吗？

科学要进步。
宇宙学要进步。

那么多显而易见的问题需要去思考、去解决，人类难道不应该反思吗？

我做了一点点思考，眯开了一点点渴求真理的目光，于是就有了最后面的'数学老了'的哀叹。

不是没有天才横空出世，而是在这个工业化以后的世界没有了让天才成长的土壤。

天生天才难成长，长大也无新思想。

时代的弊病也！

第二篇

宇宙大爆炸理论批评

- 夜空为什么不是明亮的？数百年奥伯斯佯谬的无假设破解。
  一光年的奥秘—如果把太阳挪到离地球一光年以外，地球上要得到同样强度的阳光，需要在一光年处添加约40亿个太阳；"两个太阳"案例；黑暗空间与光明空间的分界；黑夜的"黑"怎么定量描述？计算黑暗空间与光明空间。
- 寻找可移民行星，寻找外星人基地，寻找隐藏天体，隐藏天体与暗物质。
  一光年的奥秘—人类目前飞越一光年需要三万七千五百年；定义隐藏天体；全部人们曾经以为是暗物质的东西、以及绝大部分人们正在寻找的暗物质，都是隐藏天体。暗物质的神秘定义是违法科学基本原理的。
- 观测图像的传播速度：颠覆天体红移原因的理论。
  历史上有许多人寻求红移机制的非多普勒解释，但没人注意到：不同仪器上接收到的同样天体的光的红移值，随观测仪器的不同而不同，红移值随仪器的灵敏度变化而变化；哈勃常数的历史数值显示，20年代测得的数据和80年代后测得的值相差达十倍；直到1996年，还在为哈勃常数是80还是40激烈辩论，这不应该在多普勒红移中出现的，也不能用误差来解释。进行观测的科学家，他们的科学素质都是毋庸置疑的。而在分成两个流派的长期争论中，辩论的每一边，必然都进行了最认真科学观测。只是由于使用的观测仪器不同，就导致一倍多的差异，这很不正常。转换一下思维方向；如果大家的观测都是对的呢？只是用来解释这些结果的理论错了呢？检验红移理论的观测设计.
- 质疑NASA微波背景全天图：不能把芝麻上测得的数据应用于全地球
  没有不运动的电磁波；运动的电磁波必须遵守传播定律；不能随意消费哥白尼定律；
- 与NASA宇宙专家的世纪赌约：100年也找不到比隐藏天体更多的暗物质

- 眼见有时也不为真。太空望远镜获得的遥远的宇宙照片几乎全是假的！
一张纵横千万光年的遥远星图，图中的每一个点，都代表不同的、相差以万年计算的光。
- 拒绝大爆炸的硝烟迷雾

第五章

光明与黑暗之争—夜晚的天空为什么不是明亮的？[2]

父子俩看着晴朗的夜空。无数的星星在黑暗的天空闪烁。
"爸爸，您知道为什么夜晚天上是黑黑的吗？"
"因为太阳落山了。"
"可是，还有那么多星星，为什么它们不能照亮夜晚呢？"
"因为星星离我们太远了吧。"
"噢，因为离我们太远了呀！"

奇思化作大难题 -- 奥伯斯及其佯谬简介

天阶夜色凉如水，坐看牵牛织女星。
美丽的夜空，神秘的夜空，令人生畏的夜空，身心向往的夜空…
古往今来，多少豪杰对着夜空或傲啸，或长叹；多少骚客诗人神游夜空或狂歌，或浅吟。
夜空像一块黑绸，镶嵌满闪亮的钻石，也许我轻轻一抖，会听见满天的叮叮噹噹…

德国业余天文学家奥伯斯在无数次凝望夜空后突发奇想：
夜空怎么能够是黑色的呢？
黑暗怎能战胜光明？
夜空应该永远是光明的呀！
无数的恒星发出的光芒，在夜空中叠加在一起，这无数的光明的集合应该能战胜黑暗，可现实却是黑暗统治着夜空。按理是光明永远战胜黑暗，现实是黑暗在夜里战胜了光明！

---

[2] 请参考书末附录中 1.《光明与黑暗之争 - Olbers 佯谬的无假设解决》，格物 2015 第 2 期

这就是 Olbers' Paradox，中文译为奥伯斯佯谬。

奥伯斯佯谬学术性的简单说法是：如果宇宙是无限大、并且是稳恒态的，天体均匀分布，那么夜晚的天空应该是光亮而不是黑暗的。

奥伯斯的全名是 Heinrich Wilhelm Matthias Olbers，道地的德国名字。

在哥廷根学医毕业后，22岁起他开始在家乡不来梅行医。白天对着病人为生计挣钱忙碌，晚上看着星空为爱好无偿钻研，为自己的兴趣全身心自费痴迷投入。（对于这种傻冒行为，笔者很想在此吐嘈一番，却发现归根结底自己和老奥是同一类傻瓜。差不多已经十多年了，在新年的鞭炮声中，在圣诞的彩灯光下，绞尽脑汁地写啊、算啊，把自己该享受人生的一大块业余时间投入了虚无的空间之中。享受的是另外一种人生乐趣。）

他把自己居住的房子的顶层变成了太空观察站，年纪轻轻就不爱美人爱星星，星空变成他夜夜的欢场。

年复一年孜孜不倦的努力换来丰硕回报：他第一个设计出了令人满意的彗星轨道的计算方法；49岁（1807）时，他发现了一颗小行星并给其命名为"智神星"；五年后他又发现了另一颗类似小行星，他请他的朋友高斯将其命名为"灶神星"；他还给这一类的小行星取了个天文学界正式使用的学名 asteroid belt。57岁时，他发现了以他的名字命名的周期性彗星（官名 13P/奥伯斯）。

1823年，65岁的奥伯斯仍睁着孩童一般的渴求的眼睛，对着熟悉的夜空天马行空般地思考着夜晚的天空为什么是黑暗的问题。他想：

星空就像一个大球，其中充满了我们肉眼看得见和看不见的星星、星系和各种发光物质（在本书中我用"天体"来统称它们）。

现实中我们有黑暗的夜空，可是按照理论的证明我们不应该有黑暗的天空，天空应该永远是明亮的，这种现实和理论的冲突，就构成了一种佯谬。

奥伯斯是这样从理论上来证明天空应该没有黑夜的：

假设宇宙无限大，而星体是均匀分布在宇宙空间的。

奥伯斯在想象中把宇宙的球状星空一圈圈一层层划分成像洋葱一样的结构，从里到外分割成相同间隔的无数层。

拿其中随便哪层、比如说第10层来研究吧。

第十层离我们的望远镜的距离，是第一层离我们的望远镜的距离的十倍，那么我们看到的第十层上每颗星体发出的光，会比第一层发出的光减弱一百倍。这种情况其实是前面引言中的公式说明了的。

可是，从星星数量的角度来计算，第十层的空间体积比第一层同样整整大了一百倍。因为星体是均匀分布在球状宇宙空间的，在第十层上的星体的数量也就比第一层多了一百倍！

所以，在第十层上，每颗星体的亮度虽然随距离的平方比第一层衰减了100倍，这一层上发光的星体的数量却比第一层增加了100倍。

第十层上每颗星体所发出的光亮减弱的倍数、和这一层上星体的数量增加的倍数，都是 100 倍。单颗星体亮度的衰减和星体的数量的增加的倍数相同，亮度增减变化的总和相抵，最后结果是同样的：

遥远的第十层上的星星向我们的眼睛贡献的光量，与靠近我们的第一层一样，向我们的眼睛贡献了同样多的光。

记住这个第十层代表的是随便哪一层因此同样的计算方法可以用来计算剥开的洋葱般的宇宙的任意一层，其结果都是相同的：任何一层上射向我们眼睛的星光都是一样的。

这样，假设我们可以将自己放在宇宙空间的任意一点上来观测，不管我们身处宇宙的何处，不管某一层离我们是远还是近，最终每一层都对我们的眼睛贡献了同等的光明。

所以，不管单一层上发出的星光有多么微弱，如果宇宙有足够大，那么这些发光的层数就会足够地多，这相同微弱、数量却无尽的星光叠加起来的总和，一定会照亮宇宙任何一个黑暗的角落！

这个计算的结果就是：

无论我们置身宇宙的何处，无论星空离我们遥远还是邻近，无论在什么时候，宇宙的星光照耀在我们的眼睛上的光，都应该像白天那样明亮，前提是宇宙得无限大，并且宇宙星体是均匀分布的，这样星光的层层叠加才能照亮黑色的夜空。

奥伯斯使用的证明方法中用到的数学模型叫做"**层壳模型**"。

层壳模型彻底否决了用"距离"来解决奥伯斯佯谬的思路。

层壳模型最重要的作用，就是用数学证明了，如果宇宙是无限大的，星体在宇宙中是均匀分布的，并且是稳恒态的（实际应该说宇宙是不膨胀的），那么我们的眼睛看到的夜晚的星空应该像白天般明亮！

可是，为什么我们在实际生活中看到的夜空，却是黑暗的呢？

1823 年奥伯斯把他的思考和解答写成科学论文发表。

这个令他自己难堪、也让所有科学家难堪近二百年的悖论 – 计算出来的光明应该照亮宇宙的每个角落却被现实中看到的大片黑暗击败 – 就被叫做了**奥伯斯佯谬**，又称作夜黑佯谬，光度佯谬，甚至宇宙黑暗之谜。

奥伯斯佯谬就这样产生了：

理论上应该是永远明亮的天空，却总有夜晚的实际黑暗与理论的光明天空完全不符。

破解奥伯斯佯谬就是要从理论上证明黑色的夜晚是存在的。

貌似简单幼稚的、用一句"太远了"就能否决的问题，却成了跨越数个世纪的大难题！

历史上成百的天文学家直接或间接地试图解决这个难题。但每一种解决方案或是随后基本被否决、或是很难令人信服，而且几乎每一个历史解决方案都使用了某种或某些假设为前提，比如宇宙间充满某种物质，或宇宙是膨胀的，等等。

我们在后面要给出的，是完全无假设的解决方案！

前仆后继解难题

1600 年，明朝末年。中华民族正处于被腐朽的封建王朝、贪婪愚蠢的豪门官僚集团、走投无路的农民造反和野蛮落后的游牧民族一起、反复蹂躏直至从全世界最富有、GDP 最高的国家成为辫子亡国奴的屈辱时期。

反观此时西方科学家正从 1576 年英国天文学家 Thomas Digers 开始，就在思考夜空为何不是明亮的这一类的科学问题。

奥伯斯在理论上首先用前面介绍过的层壳模型否定了使用"距离"这一概念来解答该佯谬的方案。随后历史上的解决思路，基本上没有人利用"距离"这一概念来解决问题。

这不得不说是奥伯斯带给历史的负面影响之一。他提出了问题，但又貌似理由十足地把正确解决问题的途径给堵死。

我经常会想到为什么许多宇宙学问题，用上"距离"这个概念就可以轻而易举地解决，却没人去用。宇宙理论界好像不太重视"距离"，好像不管再远的东西也能看到，不管多么微弱的天体信息距离多遥远也能接收到。也许就源自奥伯斯几百年前使用的层壳模型的负面影响。

但是从引言中介绍的极限理论中我们已经知道，距离最终将使任何天体的所有光芒失去光彩！

几百年来，许许多多大大小小的著名的或不太有名的科学家从各个角度试图解答这个悖论，却总也不能令人满意。从这些解答中，总能看到奥伯斯的思想的影响，那就是无论尝试什么方案，总是直接从整个宇宙空间着手，考虑的是用那么一两个数据代表全宇宙空间的亮度，或者聚焦于计算河外星系空间的背景光亮度。而很少把眼光从遥远的大宇宙空间收回来去关注一下地球、太阳这些天体及其附近。好像确定了某一个空间的亮度或温度，就解决了全宇宙的问题，例如确定了河外星系空间的背景亮度，就能用它来解决全宇宙的亮度问题；在地球附近的空间接收了几年的数据，就能根据这些数据描画整个宇宙。

可是，观测者附近空间的星体分布，实际上是天空是否黑暗的最重要的先决条件。

例如，假设地球附近的天空有两个太阳，地球处于它们中间。那么，地球上还可能有黑夜吗？地球人还能看到夜空吗？而如果这两个太阳都位于地球的同一侧，那么黑夜照旧会天天光临地球吗？

我们把它叫做"**两个太阳的问题**"。

在阅读下面各种历史解决方案时，请对比一下"两个太阳的问题"，就会发现其中的某些方面的问题，从中得出一些有趣的结论。

光暗之争　　　　　　第五章 光明与黑暗之争—夜晚的天空为什么不是明亮的？

奥伯斯佯谬概述

奥伯斯并非第一个吃这只螃蟹的人。在此之前，类似的疑问就已经被许多科学家直接或间接地提出。为什么夜晚的天空是黑色的这么个诱人的问题，自古以来就是哲人智者情不自禁会拿来思考的东西。当然一个人如果从来都没有听说过这个问题，要靠自己的脑袋面对星空时想象出来，是得要有足够的学识智慧，还得有那么点浪漫情怀。

这就像评价一个研究生的素质好坏，有没有天分的主要标准之一，是看他提的问题的水平在哪里。不但有新观点，还得有理有据有充分的证明。异想天开和胡思乱想有本质的不同，前者是天才的闪光，后者是草包的特征。

奥伯斯佯谬是一个数百年难题，在奥伯斯正式以学术论文的形式发表论文之前，就有人间接提出这个问题；之后，更是有许多学者提出各种解决方案，呈现一种百花齐放的态势。

但近些年来，在大爆炸的弥漫烟雾中，只剩下两种声音：是宇宙膨胀使得黑夜存在？或者是宇宙光波传播的时间不足而阻止了光明的一统脚步？这在下面的历史解决方案介绍的后面两节会作详细介绍。

其实，两种理论本质是同样的：从大爆炸的不同角度来证明奥伯斯佯谬，然后再回过头来变身成大爆炸的有力证据。这种"科学"的自我互证的论证方法，是不值得提倡的。

大爆炸理论认为：用宇宙膨胀的理论可以很好地解释奥伯斯佯谬。

如果宇宙按照大爆炸的模型膨胀，那么首先宇宙不是无限的，层壳模型中也就没有了无数层微弱星光的叠加。而由于宇宙在膨胀，在离观测者一定距离外的星体发出的光，就再也不能到达观测者；而且遥远距离到达观测者的光，也会在传播过程中被稀释；最远的超过一定距离的星光，则根本不会到达观测者。这样，到达观测者的光是有限的、并且是不那么强烈的，黑夜的天空也就不可能被光明覆盖了。

看，多么完美的解释！

所以大爆炸理论是迄今为止能够最合理解释奥伯斯佯谬 – 黑夜是存在的 – 两个最流行的被当代宇宙学家普遍接受的论证之一。同时也可以反过来说奥伯斯佯谬是大爆炸理论的有力证据之一。

由于大爆炸模型是基于宇宙膨胀，所以，为了明确区分，突出奥伯斯佯谬与大爆炸的关系，在奥伯斯提出的层壳模型中，就需要清楚注明，层壳模型中的宇宙是"稳恒态的"（这样一来，如果通过宇宙膨胀否定了该佯谬，就意味着肯定了大爆炸理论）。

因此，层壳模型中就有了三个条件：宇宙是无穷大的，并且是"稳恒态的"，星体在宇宙中均匀分布。

我们现在查阅有关文档时看到的关于奥伯斯佯谬的叙述（例如百度科技

中的奥伯斯佯谬条目）大致是这样写：如果宇宙是无限大并且是稳恒态的，夜空就应该是明亮的。其实这个描述是不完全的，还需要加上星体在宇宙中均匀分布这一条，因为这一条保证了层壳模型中星体在各层中的数量是按比例增加的。

所以奥伯斯佯谬更准确的描述应该是：如果宇宙是无限大并且是'不膨胀'的，且星体在宇宙中均匀分布，那么夜空就应该是明亮的。

把"稳恒态的"换成"不膨胀"很重要！

因为宇宙不可能是"稳恒态的"，所有的星体都在按照自己的轨道运行着。"稳恒态"三个字很容易使人的理解误入歧途，小学生都知道宇宙间没有"稳恒态"的事物，万事万物都在运动中，说宇宙是"稳恒态的"或"静态的"理论绝对是错误的理论。我们说宇宙不膨胀，并没有隐含任何说宇宙是"稳恒态的"或"静态的"意味：大家知道行星绕着恒星转，太阳系以每秒250千米速度围绕银河中心旋转，银河系也有自转。宇宙即使是不膨胀的，这些运动也照样进行着。但没有了宇宙膨胀，就没有大爆炸。

以宇宙膨胀为基础的大爆炸模型作为奥伯斯佯谬的解决方案很有说服力，因而其他许许多多的非大爆炸解决方案，基本上都被炸掉了。

但是，对比思考一下"两个太阳的问题"，大爆炸及有限时间解决方案就显得不完美了！

我们在下面将要给出的无假设解决方案就是：无论宇宙是无限大还是有限大、是膨胀的还是不膨胀的，也无论星体在宇宙中是否均匀分布，总有光明的天空和黑暗的夜空交替，因而奥伯斯佯谬都不成立。这样，奥伯斯佯谬也就不能成为宇宙大爆炸的支撑理论之一了。

在叙述我们无假设的解决方案前，我们先来回顾一下那些被爆掉的历史方案及幸存的被当下宇宙学家认可的两个方案。

请别忘记回顾每个历史方案时，都思考对比一下"两个太阳的问题"。

部分历史解决方案简单回顾

这里先介绍两种在奥伯斯之前人们用过的方法，都是直观地以距离为论据的方法。距离越远亮度越低，这是最直观的、在奥伯斯之前人们普遍会使用的。但自从奥伯斯在论文中正式用层壳模型否定了"距离"在这个佯谬的解决方案中可能的作用后，就再没有人用距离作为论据了。

但是，我在后面的证明中将给出一个惊喜。在本章稍后，我会用无可挑剔的计算，打破这坚硬的奥伯斯之距离层壳，让"距离"这个角色在解决宇宙问题（不仅仅是解决奥伯斯佯谬）的大舞台上再次隆重登场成为主角！

1576年，英国天文学家Thomas Digers受Copernicus的新地心学说的鼓舞，第一次叙述了关于没有边界的宇宙，在这个宇宙中恒星不再是系在天穹窿上（古希腊学者 Aristotle 是这么描述的）。无穷的光线永无休止地射向天空。当它们越来越高，它们的数量看起来就越来越少，直到我们的眼睛再也不能追踪它们。巨大的距离使得这些光线的大部分都在我们面前消失。

这个叙述中不仅仅是出现了无尽的恒星，也朦胧地表达了看起来星球并不是无穷尽的这样的想法。Diggers 的距离论，以及他的后来者，包括著名科学家 William Gilbert（1600）和 Gallieo Gallilei（1624），都曾徒劳地在以距离为论据做文章。而这些，都被奥伯斯的层壳模型否定了。

在奥伯斯之前几十年，Kapler 虽然没有明确提出这个悖论，却已经在 1610 年探讨过这个问题的以距离为基础的解决方案。不过他这个距离是"有限的距离"，即把宇宙空间的星体看作为一个孤岛般的群体，也即是有限的宇宙。Kapler 的有限宇宙，实际上修改了奥伯斯佯谬，开启了另一个问题的争端：宇宙是有限的还是无限的？大爆炸理论比 Kapler 解答高明在于回答了宇宙为什么是有限的。虽然实际上是五十步笑一百步，大爆炸以前、孤岛以外是什么始终无答案。

由于用距离来证明奥伯斯佯谬的失败，人们的目光转向了其它的可能因素。

1721 年，Edmon Halley 写道，如果固定的星星的数量是无限的，那么整个承载它们的天空就会是明亮的。

间接地，Newton 在尝试其新引力理论时，也需要有无穷数量的星星均匀分布在无边的宇宙中。如果分布的空间不是完美地均匀，那么每个星星在某个方面就会受到不均衡的引力，因而牛顿的整个宇宙就会坍塌。

吸收理论：最有名的解决奥伯斯佯谬的理论是他本人提出的、光在传播途中被吸收的理论。奥伯斯假设宇宙星体之间的空间不是透明的，而是有一层稀薄的物质。这种物质会吸收星体发出的光，距离越远星体的光就被吸收得越多。奥伯斯用星体 Sirius 发出的光为例详细计算并得出结论，证明星体的光叠加起来也不能照亮黑暗的夜空。奥伯斯用它来试图解释他的佯谬。但这个理论在 1848 年就被否定了，因为宇宙空间即使有那么层物质，因而光在传播的路上被吸收了，但这些光的作用还在，吸收它们的物质会被这些光加热并再次发光，最后黑暗的夜空仍然要被照亮。

分形宇宙：Herschel 于 1848 年提出一个与传统思路完全不同的解释：把光源分成多层次的或者说是分形的，即他自己称之为"逐级分组原则"的方法。因此，恒星组成星系，星系组成星系团，星系团组成超团……，理论上来说这种分组是可以无限细分下去的。在这个宇宙模型中，随着体积的增加，其中的平均密度持续减少，其极限趋向于零。其结果是，一个这样的无穷大的宇宙可以在无穷多的方向上碰不到一颗星体。但这个模型的成功需要有一个致命的前提：星系团的规模从理论上来说必须趋于无穷。如果，比如说星系的规模，有个上限，那么"星系团"就仅仅只是取代了奥伯斯层壳模型中恒星的位置，而分形宇宙模型就回归成为层壳模型。

1920 和 1930 期间，以 F.Zwicky 为代表，出于想证明不用宇宙膨胀来解释天体观测中红移现象的目的，提出了疲倦之光理论。这个理论被后来的观测结果所否定。疲倦之光理论也遇到了奥伯斯使用的、上面已经介绍过的吸收理论同样的难题。用观察结果来否定一个理论，在天文学中很常见，但确实是一种错误的思想方法。因为观察到的结果基本是错误的，用错误的观察结果来否认理论，是天文学界一直在犯的的通病。这点我们在后面会详细证明。

暗星理论：F.Arago (1857) 和 E,E,Fournier d'Albe(1907) 说黑的夜空是由于遥远的星光被坚实的天体挡住了。这个理论很快被现代宇宙学发现的黄、红矮星、黑洞和暗物质等推翻。

Overduin & Wesson (2009) 认为基本正确的有限时间理论，包含两个方面：有限光速及有限的光传播时间。那时候，爱因斯坦还没有提出光速理论。令人惊讶的是这个有限时间理论，是美国诗人 Edgar Allan Poe 在其诗中提出的。他在 1948 年"一首散文诗"中写道："若星星连绵不尽，背景天空必具相同均匀光亮，犹如星系所展示 — 因在整个背景里，或全无星星。故唯一之模式，在其中…我等可想象，望远镜在无数方向，看到的均为虚无，此即意味，不能见背景之距离，如此之大，故从中发出之光，无一束能到达吾处。"

如果星体在过去某时刻 t 出现，那么我们在比 ct 更远的距离处就看不到它。1848 年 E.A.Poe 已经看到了这个事实，1858 年由 J.H.Mädler 清楚地描述出来。

但仅此并不能完全解决问题，还需要加上星星的年龄是有限的这一条件。

包括 Mädler 和 Poe 在内，人们在对这个解决方案长达百年的争论中失去了兴趣。Mädler 在 15 年后出版的回顾天文学历史的书中提到该理论时自己评论说，有限时间模型只是"另一种可能的解决方式"。

尽管如此，Overduin 和 Wesson (2009) 仍然认为有限时间模型正确地解答了奥伯斯佯谬，是一个比大爆炸模型更合理的解决思路，并在他们的著作中使用现代数据重新证明了它。

可是如果考虑"两个太阳的问题"，就知道这个模型并没有很好解决奥伯斯佯谬。

奥伯斯佯谬现状

到 1970 年，在大约二十多个解释黑色夜空的理论中，只剩下两个仍然活跃在学术圈：宇宙膨胀理论及星系的有限年纪理论（或者说星系发出的有限能量理论）。争论的焦点集中在这两种理论中，哪一种更正确？或者说，哪种解释在决定河外星系的光到达银河系的光强度上更精确。

他们争论用到的主要数据就是河外星系背景光亮度（EBL）。

但是，在用河外星系背景光强度来解释奥伯斯佯谬的过程中，天文学家们犯下了非常明显的错误，以至于他们的论点变得没有什么价值。

从一些最新的关于解决奥伯斯佯谬的文献中，比如 Overduin & Wesson 2012 所著的书本 < The Light Dark Universe >中，他们给出的河外星系之间的空间背景的亮度是 $1.4 * 10^{-4}$ 尔格。

Wessen 在1991年的论文中使用的河外星系之间的空间背景的亮度是 0.7 尔格，远远大于他在2009年的著作中使用的数据，

他们使用的数据是经过大量的观测及复杂的计算得到的，是整个天文学界共同努力的成果。从这个数值的变迁，可以看到天文学界近20年努力的成果。

可惜，这种几十年的天文学界的集体努力，得出来的结果越来越远离真实，越来越错。

原因很简单。因为，从另外一个角度来简单验证，这个数据太小了，而且越来越小，越来越不正确。

NASA 数据告诉我们，在可观测宇宙内，大约观测到1700亿星系，即使我们只取1000亿来计算。每个**可观测**星系至少得送一个光子过来吧？使用这些数据并按照每个光子的平均亮度来计算，这样算出来的结果也有 33.1 尔格，远远大于 $1.4 * 10^{-4}$ 尔格。而 Wessen 在1991年的论文中使用的河外星系之间的空间背景的亮度是 0.7 尔格，远远大于他在2009年的著作中使用的数据，也更加合理。因此，天文学界对河外星系的亮度所作的近20年的研究，越来越背离事实。

我们认为，关于所有的奥伯斯佯谬的解释，因为没有仔细考虑观测仪器附近空间的光源，都不能正确解释奥伯斯佯谬。用"两个太阳"的假设来测试，没有任何一个历史的解决方案是令人信服的。

我们有没有可能，不使用大爆炸理论和其他种种假设，特别是不在意宇宙是否是无限的、或是否是膨胀的、星体是否是均匀分布的、或光的传播时间是否有限，来解答奥伯斯佯谬呢？

这就是下面我们要做的事情。

从历史解决方案中得到的启示—光明空间与黑暗空间的关系

在了解上面的各种历史解决方案的同时，通过对比思考"两个太阳的问题"，让我们看到了问题的症结在哪里。

无论什么假设，无论什么模型，如果要讨论的那块对象天空处于两个太阳之间，那么这块天空将永远是明亮的。

因此，观测者所在地附近的本地空间的情况是不可以忽视的。而这，恰恰是所有历史解决方案所忽视的！

从直观上来说，包括大爆炸及有限时间等历史解决方案引申出一个极大的问题：奥伯斯佯谬的解决方案都似乎意味着宇宙应该是黑暗的，那么，

在这些模型中，光明在哪里呢？光明和黑暗的关系是怎样的呢？

请注意历史解决方案中基本都没有涉及的一点：恒星附近周边的空间肯定是光明的。那么黑暗空间自何处开始？怎样与光明空间交接？

这点很有意思。

太阳是明亮的，太阳周围的空间也是明亮的。在讨论奥伯斯佯谬的种种证明中，却少有谈论这一点。可是，即使再远的发光天体，它的周围空间必定是光明的。我们需要确定的是：这个发光天体开辟的光明的空间有多大？这样也就知道了黑暗的空间从何处开始了。

宇宙空间中，有无数发光天体，因此有无数光明空间。

如果奥伯斯佯谬是正确的，那宇宙间光明就需要连成一片把黑暗排除。

但实际上奥伯斯佯谬是错误的，宇宙间也只能是光明与黑暗相互交替的空间，黑暗空间阻止了光明空间连片，光明并没能把黑暗排除。

因此要证明奥伯斯佯谬是错误的，那就要证明无数发光天体各自周围的无数光明空间之间，有黑暗的空间相隔。

于是对奥伯斯佯谬的证明，必须考虑黑暗与光明空间之间的关系。

而对这个至关重要的问题，所有的历史解决方案中，包括大爆炸和有限时间解决方案，都没有充分讨论过，没有解决这个问题的相关模型。

甚至，夜空的"黑"这个概念本身，并没有适当的定量模型来描述。

我们的研究，将首先从观测者所在的本地空间（这里当然是太阳、地球周围的空间）出发，结合银河系及内外具体情况，来探讨为什么夜空是黑的，再把所得结论，由特殊归纳推理出普遍适用的方法，向全宇宙空间推广。

在做这些之前，我们先从另一个有定性意味的、粗略的数量分析角度看看奥伯斯的层壳模型的破绽。

层壳模型的破绽 – 距离新解

我们要拿'一光年'为例来仔细地用"距离"研究一下层壳模型，说明"距离"在解决奥伯斯佯谬中起到的关键作用，也就是从另一个与奥伯斯完全不同的角度来看距离的作用。待我们从正确的角度理解距离的作用后，我们再来一步一步全面计算解决奥伯斯佯谬。

使用引言中（2）式计算星体发出的光传播到一定距离外以后球面上每单位面积所拥有的光亮度的简单的代数式，粗略计算出来的结果，揭示了奥伯斯的层壳模型的大漏洞。貌似完美无缺的层壳模型，实际上对于地球这样的行星或者大多数银河系这样的星系，基本上并不成立。

层壳模型不成立，奥伯斯佯谬当然也不成立。真是令人大吃一惊的结果。让我们来看看它的细节。

太阳照射到地球上的平均亮度根据公式(2)可以这样计算：

$$\text{太阳照射到地球上的平均亮度} = \frac{\text{太阳的光强度}}{4\pi(\text{太阳到地球 距离})^2}$$

现在我出一道课堂习题，要求利用美国宇航局发布的数据，用上式计算太阳光照射多远的距离后，在那个距离的球面积上每平方厘米每秒只接收到一个光子？

可以上网查到美国宇航局发布的数据，太阳照射在地球上的亮度为每平方厘米 $3.846*10^{-26}$ 焦耳，而每个光子的平均能量为 $3.32*10^{-19}$ 焦耳，这样就可以算出这个所求的距离大约是 1010000 光年。

也就是说，太阳光照射到大约一百零一万光年距离以外的空间以后，在这个距离的空间球面上每平方厘米每秒就只有一个太阳发出的光子。望远镜捕捉不到这么少的光子，太阳在这个距离消失了。如果觉得这个数据还不够小，望远镜还能接收到，那么继续增加距离往下算。每平方公里每秒只有一个太阳的光子到达，是在离太阳多远的距离以外？而这个光子能被口径只有几米的望远镜捕捉出来吗？在同一时间望远镜接收的宇宙的噪波是多少？

美国宇航局给出的宇宙尺寸是 137 亿光年。相比起来太阳光只能在小于这个宇宙的几十亿分之一左右的空间传播。

回到一光年上来，再给一个关于太阳的重要计算题。

假如把现在位于地球 490 光秒距离处的太阳，挪到距离地球 1 光年处，那么地球上得到的太阳光，当然要少得多。于是我们就在 1 光年距离的那个地方，添加一些太阳，使得从所有这些太阳射过来的全部的光，和原来一个太阳在原地不挪动时照耀地球的亮度一样。

问题：如果太阳挪到距离地球 1 光年处后，地球上要得到与原来太阳没有挪动时同样多的太阳光，在一光年距离那个地方，需要添加多少个太阳？

我保证大家猜不到！

尽管使劲往大数字里猜！

这个问题用简洁的数学来说就是，1 个太阳在离地球 490 光秒的距离处发出的光使地球上的光强度为 X。现在把这个太阳挪到距离地球 1 光年处，需要在距离地球 1 光年处再放上多少个太阳，才能使地球上的光强度仍然是 X？

可以用我们熟悉的公式（2），一步一步地笨算：先查出太阳到地球的距离是 490 光秒，再用公式算出地球表面的单位面积的阳光；用这计算得到的结果，代回公式去计算距离变成一光年后需要的太阳的数量。

不过那种办法太笨了，如果用那种办法计算出来，即使结果正确，也只能得到六十分。

聪明的办法是利用比和比例，列出比例式一比，连地球表面的单位面积的阳光强度 X 是多少这个数据都不需要知道，就能得到结果。这样得到的答案才是 100 分的答案。

计算得到的结果令人不敢相信：

如果太阳在一光年处，那么需要增加 3,994,037,357 个同样的太阳，也就是差不多近 40 亿个太阳，才能保证地球表面得到像现在一个太阳供给的同样强度的阳光！

距离，仅仅一光年的距离，是多么伟大的魔法师啊！

根据上面的简单计算，我们知道了一光年距离会多么迅速地消蚀掉旅行在这段距离上的天体的光！

于是，奥伯斯的层壳模型的大大的破绽就露出来了！这个破绽揭露出来的问题就是，地球周围空间，如果要保持和地球一样的亮度，需要超过银河系全部恒星的总数的太阳去填补。大概计算一下：

在距离地球 1 光年的地方，有 1 个太阳，还需要约 40 亿个太阳去填补；
在距离地球 2 光年的地方，有 0 个太阳，还需要约 160 亿个太阳去填补；
在距离地球 3 光年的地方，有 0 个太阳，还需要约 360 亿个太阳去填补；
在距离地球 4 光年的地方，有 5 个太阳，还需要约 640 亿个太阳去填补；
在距离地球 5 光年的地方，有 1 个太阳，还需要约 1000 亿个太阳去填补；

……

银河系总共大概有 2000 多亿颗恒星，太阳的亮度是属于中等的。所以这大约 2000 亿颗恒星发出的光叠加起来，也就相当于 2000 多亿个太阳。因此，银河系内所有恒星发出的光亮，不可能填满地球周围几十光年距离的天堑！

也就是说银河系所有的恒星的亮度叠加起来，也不能让地球周围的空间像太阳没有被遮挡掉时照亮地球那样明亮。

通过具体的局部的细致计算，可知奥伯斯的层壳模型在以一光年为一层划分的情况下，基本不能成立！也就是说，奥伯斯佯谬的天体均匀分布的假设是不能成立的。

这里利用和奥伯斯使用的相同的计算，粗略证明了奥伯斯佯谬是不成立的，因为巨大的距离，因为地球附近周边的恒星分布并不均匀，因此群星的亮光并不能让它们照亮地球周边所有的空间。这个证明完全不需要宇宙膨胀的假设。即使宇宙是无穷大的、不膨胀的，这样的证明也是成立的。

这个证明实际上就是直接否定了奥伯斯用来提出其佯谬的层壳模型。他用的层壳模型，由于忽略了地球周围一光年到十几光年这样的小范围空间距离的重要作用，使得层壳模型粗看起来完美无缺，但仔细推算则完全不成立。

理解奥伯斯佯谬需要解决的问题的本质和解决方案要点

从前面的论述已经可以知道，历史的解决方案有两个共同特征：

首先是目光太高远，只关注星系之间的大场景，而忽略了近在身旁的小太阳 – 在几乎所有的前述解决方案中，都没有考虑发光星体附近的具体情况。在试图证明夜空是黑色的时候却忽略了每个发光星体附近空间没有黑色的夜空；

然后是计算太粗糙，没有注意进行更细致的小到一光年或几光年的计算，更没有一光年对光的传播是怎样一个难以逾越的天堑的概念。

两个太阳的故事告诉我们，在近距离内，多一颗太阳就得到完全不同的结论。

可是在一光年这个不算太远的距离外，多出上亿个太阳也没有用！

这其实也从反面批驳了那些用宇宙膨胀、或其他只关注全宇宙的大画面而不考虑观测者附近空间天体来解释奥伯斯佯谬的理论。即使宇宙是膨胀的，如果多一个太阳，地球处于两个太阳之间，那么 地球上就没有黑夜。

可知，讨论奥伯斯佯谬，首先得着眼于地球及其附近的空间恒星分布的具体情况。推广到一般的情况，需要对具体星系内的恒星及观测仪器的位置做具体分析，没有什么通用模型。

事实上，天体是不均匀分布的。人们划分恒星、星系、星云团…，就是根据距离的大小来划分的。

因为奥伯斯实际是站在地球上提出这个佯谬的。我们要脚踏实地地解决问题，首先得解决一系列属于地球附近的本地问题。

下面是解决奥伯斯佯谬的5个要点：

1. 为什么站在地球上只有夜晚才能看到黑色的夜空？
2. 夜空的黑色有多"黑"才是黑夜？有没有一个大家都同意的从数量上合理描述黑夜的"黑"的方法？
3. 地球上的夜晚是由于太阳落山后才出场的，那么，太阳在这关于夜的"黑"里起着什么样的作用？其他与太阳不同亮度的恒星又怎样划分它们周围空间的光明与黑暗区域？

经过这些思考后才离开地球去关注更大更遥远的空间的问题：

4. 在太阳光被遮挡以后，为什么银河系里面的未被遮挡的星光,叠加起来也不能照亮地球上夜晚？
5. 为什么所有其他河外星系星体的光,叠加起来也不能照亮地球上夜晚那块黑色的地方？

历史的解决奥伯斯佯谬的方案，基本不太讨论前面1-4点。但是我们已经看到，前4点同样—甚至更重要—是解开奥伯斯佯谬的关键，缺一不可。

下面我们来一个个地回答这5个问题。

为什么站在地球上夜晚能看到黑色的夜空？（1）

现在来勾画一下在夜里从地球观看夜空的画面，看看与人们想象的或画出来的有什么不同。当然，也有可能我画的并不比人们画的更高明。

我们把照耀在地球上的光的光源按距离远近分成三种，从近到远依次是：太阳发出的光；银河系里除太阳外其他星体发出的光的总和；银河系外其他天体发出的光的总和。可以大致地用图 5.1 来描绘：

图 5.1 黑暗空间区域分布示意图。注意地球黑暗区里面仍然包含了银河系其它恒星、及宇宙间其它星系照射过来的光。我们站在地球黑暗区域，众星的光芒透过阳光照在眼睛上。

所以，光明空间与黑暗空间的交错过度是模糊地逐渐地完成的。.

如果需要明确地画一条光明空间与黑暗空间的分界线，那就先要确定"黑暗"的量值。

从地球上或周边看太阳所在的银河系，除各个恒星周边一定距离的空间以外，基本上是黑色的空间，那里没有白天和黑夜之分，只有永恒的黑色背景上点缀着无数的发光星体。

银河系以外的河外星体(指的是星系，星团或星云等)所在的空间，人类实际上并不是很清楚。我们看到的是无数大大小小的亮点不均匀地分布在以黑色为基调的空间背景上。就是由于这种天体的不均匀分布，才按距离大小定义了星系、星云等概念。

每个发光星体周边，在多大的距离以内的空间可以称之为光明，并不清楚；就是我们所在的银河系本身，它的周边有没有明亮的区域空间，我们也不是很清楚。因为即使这些明亮的空间是存在的，我们也无法探测到。距离太遥远，而这种没有天体的光亮的区域亮度太低，能传播的距离有限。无论我们有什么样的探测器，由于宇宙噪声的原因，我们基本不能探测到。

比如说地球上面对太阳的白天，我们说是明亮的吧？因为我们把地球背对太阳的那一部分称作黑夜。可是，这种白天的地球，能在多远外观测到呢？即使使用最好的望远镜，在一光年的距离外可能都看不到白天的地球，看不到它白天的亮光。

所以，我们先解决地球周边与太阳有关的空间的明暗问题。如果能正确回答为什么没有了阳光后的夜空会是黑色的，那实际上就解答了奥伯斯佯谬。至于证明银河系其余空间，或者河外星体周边空间哪些是光明哪些是黑暗，只能靠模糊的推测。我们给出一个算法，但也只能说算出来的结果的可信度不是那么高。我们不能将在地球上（从大结构的观点地球上空的卫星仍然可以看作在地球上）收集到的一点点观测数据而得到的结果，就推广到全宇宙去。

这个问题的完全解答得在最后的（2）部分完成。

怎样用数量方法来描述黑夜的"黑"？

回顾历史文献还真没有找到什么关于"黑"的数量定义。可是没有定量的定义怎么能有统一的标准来计算或讨论"黑"的问题呢？连准则都没有，那不是瞎算一气吗？

我们从以下几个方面来考虑没有月光的夜晚的"黑"色的黑，应该对应大约什么数量的光亮度？(用物理单位来表示就是"每平方厘米每秒接收到的光子能量是多少尔格"就是"黑"？) 以下带数学的文字，不喜欢的可以不看。

首先当然是从地球的表面温度来考虑，因为地球的表面温度的能量全部来自于太阳，用其作为"黑"的参考指标之一是合理的。地球表面最低温度是 184 K，最高温度是 330K。它们之间的差别是 146K。那么，夸张一点，我用地球最亮的表面亮度的万分之一来表示"黑"是可以的吧？（NASA 给出的太阳在地球表面的光照度大约 1367.6 W/m²，其万分之一经换算为每平方厘米每秒接收到的光子能量 137 尔格，用 I_{EARTH} = 137 表示。另外我们要注意的是，地球上的黑夜里，已经包含了没有被地球遮挡掉的、从银河系其它恒星、宇宙间其它星系照射过来的光。

再我们知道冥王星上的亮度比地球的黑夜还黑。冥王星上的太阳光照度大约是 890 尔格。（长长的单位就此省略。）因此 890 尔格也可作为夜晚"黑"的参考指标之一，用 I_{PLUTO} = 890 表示。

第三，我们知道银河系中有大约 1000-4000 亿颗恒星。假设平均每颗恒星每秒照射到地球每平方厘米表面 200 个光子，平均每个光子的能量为 $3.31 * 10^{-12}$ 尔格，那么地球表面接收到的能量为 132.4 尔格。这是又一个"黑"夜的数量指标，用 I_{DARK} = 132.4 尔格表示。

第四，从一些最新的关于奥伯斯佯谬的文献中，比如前面提到的

Wesson 的工作中，我们可以用 $I_{Wessen}= 0.7$ 尔格来表示"黑"。

综上所述，得到一系列的夜晚"黑"的数据按大小排列如下（单位：尔格/秒 厘米²）：

$I_{Wessen}= 0.7$，$I_{DARK} = 132.4$，$I_{EARTH} = 137$，$I_{PLUTO} = 890$

我们把这些数据全部综合起来，编制一个模糊数学当中应用的"黑"的隶属函数。

模糊数学是一个简单却非常有用的工具，它能使我们对事物的评价更加合理。例如在选拔干部时非常重要的老、中、青的划分，如果说 50 岁以上是老年，那么提拔中年干部时，张三刚满 50 岁，各方面都比小他几个月、所以年纪不到 50 的李四优秀，但因为老、中划分的原因，李四得到了提拔。这显然很不合理。现在我们做一个模糊数学的对"年龄"评判的数学公式，20 岁为"年轻"打 1 分，70 岁为"老年"打 0 分，从 20 到 70 做一条属于"年轻"的直线公式，用它来计算一个人的"年轻"程度。这样，张三和李四的评判值只相差微小的零点几，再结合其他因素全面评价，得到的结果当然会更加科学。

我们现在编制的模糊数学"黑"的隶属函数大致的意思就是，把"黑"看成是有不同意见的一个评判值，评判的目标是"黑"，评判的词语是"绝对黑，非常黑，很黑，黑，比较黑，不黑"，用公式把数据和评语联系起来，就是：

表 5.1 "黑"的模糊数学隶属函数构建

"黑"的描述评语	评分值计算	条件
绝对黑 Absolute Dark	1	亮度 < I_{Wessen}
非常黑 Very Dark	$1 - \dfrac{0.1\,(I - I_{Wessen})}{I_{Dark} - I_{Wessen}}$	I_{Wessen} < 亮度 < $I_{MILKY\text{-}WAY}$
黑 Dark	$0.9 - \dfrac{0.4\,(I - I_{Dark})}{I_{Pluto} - I_{Dark}}$	$I_{MILKY\text{-}WAY}$ < 亮度 < I_{EARTH}
有点黑 Little Dark	$\dfrac{0.5\,(I - I_{Earth})}{I_{Pluto} - I_{Earth}}$	I_{EARTH} < 亮度 < I_{PLUTO}
亮 Bright	0	I_{PLUTO} < 亮度

表中评分公式是用插值法计算得到的。

总结上表我们就得到了综合各方面意见的计算"黑"的模糊评判公式如下：

$$F_{\text{Dark}}(\text{Comment}) = \begin{cases} \textit{Absolute Dark} & (1) & \text{if } I \leq I_{WESSON} \\ \textit{Very Dark} & \left(1 - \frac{0.1\,(I - I_{WESSON})}{I_{DARK} - I_{WESSON}}\right) & \text{if } I_{WESSON} \leq I < I_{DARK} \\ \textit{Dark} & \left(0.9 - \frac{0.4\,(I - I_{DARK})}{I_{PLUTO} - I_{DARK}}\right) & \text{if } I_{DARK} \leq I < I_{PLUTO} \\ \textit{Little Dark} & \left(\frac{0.5\,(I - I_{EARTH})}{I_{PLUTO} - I_{EARTH}}\right) & \text{if } I_{PLUTO} \leq I < I_{EARTH} \\ \textit{Bright} & (0) & \text{if } I_{EARTH} \leq I \end{cases}$$

这样把测得的亮度代入其中，就可以得到被测量的这部分天空是很黑的还是不黑的。

计算夜晚"黑"的通用算法

下面我们给出计算任意空间内一点黑暗度的理想算法：

第一步：选用"黑"值，例如选 F_{Dark}（黑）；

第二步：选择观测器所在的点，一般就是地球了。即使是在地球上方卫星运行的空间，也可以看作是在地球上，因为地球上空到地球地面这点距离在这里可以忽略不计；

第三步：选一个最靠近观测器的星体，计算这个星体的周边的光明空间范围；

第四步：逐个计算这个星体与它周围所有靠近它的星体之间的光明区域有无交集。如果有，就把这些交集合并，再把这合并过的交集看作一个星体重新开始计算。否则就继续算下一个星体。

第五步：重复第三和第四步，直到全部空间内的天体都计算完毕。

按照这些步骤，先一个个地计算星系内部，再一个个地计算星团……

这种理想化的计算方法，其实在计算机越来越发达的今天，也不是办不到的事情，只需要有大量的资源投入。

计算太阳周边的光暗空间区域的分布

如果我们选 F_{Dark}（黑），可以计算出太阳的光明空间的半径为 49900 光秒，相当于光走 13 小时 51 分 40 秒的时间，这离一光年差得非常遥远。

也就是说，在没有考虑从其他星体照过来的光亮的情况下，太阳可以照亮半径为 49900 光秒的空间。再继续计算太阳的比邻星半人马 C 的光亮半径。从这个半径到离太阳 49900 光秒的地方，均是一片黑暗世界。图 5.2 表示了这种情况。

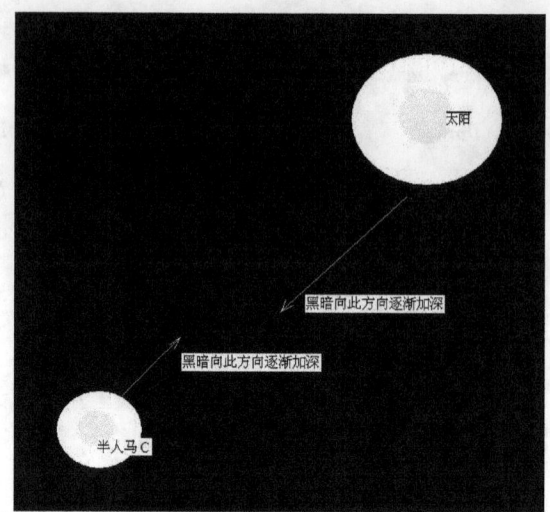

图 5.2 太阳和半人马 C 的光暗区域分布示意图

注意图中指出的"黑暗向此方向逐渐加深"的箭头。在黑暗加深了的方向，如果有微弱的来自遥远的其他星体的光到来，其叠加的结果只不过会稍微增加太阳或半人马 C 的光亮区域（图中太阳和半人马 C 周围的白色区域）。

于是我们站在地球上解决奥伯斯佯谬的问题就是如何估算从银河系内的所有星体照射到地球上的光强度，以及从银河系外所有天体照到地球上来的光的强度是多少。

银河系内的发光星体照射到地球上的总光强度估算

我们先来看一下太阳附近的发光恒星的数据。

因为算的是银河系内部的恒星在地球的光照度，我们利用古老的层壳模型来计算一下。注意这个计算是在太阳光被地球遮挡了的情况下，同时还有几乎半个天空的天体射来的光被遮挡掉了。

我们先取 1 光年为一层的厚度来计算一下。尽管已经知道第二层第三层上没有恒星，第四层上也只有 3 颗恒星而不是 16 颗，我们还是取一层的厚度为一光年来计算一下。选 F_{Dark}（黑）= I_{DARK} 为夜色"黑"的数值，那么

假设太阳在一光年外，第一层上的光强度可算得为 $0.24 * 10^{-5}$ I_{DARK}。

层壳模型假设银河系以一光年为厚度的任何一层的光强度同样为 $0.24 * 10^{-5}$ I_{DARK}。

按照美国宇航局的数据，银河系的直径为 10^5 光年。因为以一光年为一层，那么银河系共有 10^5 层。于是银河系发光星体照射到地球上的总光强度为 $0.24 I_{DARK}$，大约是 F_{Dark}（黑）的四分之一。但是不要忘记地球遮挡了太阳光的同时，也把那个方向传来的银河系的星光给挡住了。被挡住的可不

止四分之一。

所以，银河系实际照射到地球上的总光强度还要大大低于 $0.24I_{DARK}$。

表5.2 地球附近分布的恒星光强度

到地球距离 光年	恒星数量 个	光强度 太阳单位
4	3	101.0101
5	1	0.01
6	0	NA
7	1	0.0001
8	5	100.03
9	1	0.01
10	4	1.0201
11	17	54.0604
12	7	1.0203
13	7	0.0402
14	11	0.0407
15	8	1.0403
16	3	0.0102
Summary	68	258.2924

银河系外的发光星体照射到地球上的总光强度估算

由于星系之间的距离宏大，人类实际上并没有什么能力窥探河外星系的太多秘密。根据美国宇航局提供的数据，星系平均尺度在65000光年。以这个数据作为层壳模型中的层厚来计算。我们身处银河系中，就以银河系为第一层，它的中心光强度可以这样来估计：银河系有1000—4000亿恒星，我们就取其上限，因为太阳的亮度适中，就取每颗星的平均亮度为太阳的亮度，那么以65000光年为半径的层壳球面上的平均亮度可以算得为 $6.7*10^{-6}$ erg s^{-1} cm^{-2}，NASA告诉我们可观测到的宇宙的尺寸大约为137亿光年，那么这个可观测宇宙照耀银河的光强度可算得为大约 $0.01 I_{DARK}$。

那么，在可观测宇宙之外的那些发光星体照射过来的星光呢？（如果宇宙不是从大爆炸而来，而是在NASA观测到的宇宙之外还有观测不到的空间，或者是奥伯斯认为的无限宇宙，我们也可以大致估算一下。）

通过上面对太阳、银河系、可观测宇宙分层壳的计算，可知随着距离的增加，即使层厚大大增加，计算的总空间体积从单个星系增加到整个可观测宇宙，照射到地球来的星光亮度也迅速降低。

同时我们别忘记在地球周围，还有多个不可逾越的、需要用海量太阳来充填的天堑。参看前面的表一可以看到，如果以一光年为层壳来划分，那么在这地球附近的 16 光年内，许多层壳上都比层壳模型中需要的星体数量少得多，其中 6 光年处的那一层，一个恒星都没有，可是按照层壳模型的均匀分布，这一层应该有 36 颗太阳；第 16 层应该有 256 颗太阳，可是实际却只有 3 颗。由此可知银河系恒星之间的距离比较大，因此几乎每一层都会比按层壳模型均匀分布假设要求的星体的数量少很多，这就给我们实际计算出来的数据留下了很大的余地，这个余地足以用来接受可观测宇宙之外传过来的越来越微弱直至趋近于零的星光。

因为更遥远，所以更微弱。即使是无限的空间，这些从可观测宇宙外的层壳而来的无限衰减的星光，其极限将趋于一个固定的很小的数据，这个数据也不能充填那些没有或缺少恒星的层壳，不能增加黑夜的亮度。

至于这个数据是什么，我手头没有足够的数据，所以就在此泛泛议论一下。留待后人在大爆炸的硝烟散尽的日子再来计算这个数据。

为什么站在地球上夜晚能看到黑色的夜空？（2）

现在可以很容易地回答这个问题了。

太阳光被遮挡以后，由于距离对向地球照射的光波的巨大的衰减作用，银河系所有的星体照射过来的光只能增加极其微弱的夜空的亮度；同时可观测宇宙全体发光天体照射过来的光也只能增加极其微弱的夜空的亮度；即使宇宙是无限的，把无限的宇宙按距离分成无限层以后，这些照向地球的无限衰减的星光序列，将最终因为极限理论而趋于一个常数。因为地球周围几光年距离内稀少的恒星数量，这个极限常数并不足以补充在计算过程中被故意忽略掉的这几光年内所需要的光强。

因此，不管宇宙是无限的还是有限的、是膨胀的还是不膨胀的，不做任何假设的前提下，我们证明了地球夜晚的天空必定是黑色的。

实际上，在我们假设使用 I_{DARK} 作为夜空的"黑"的定量描述时，除太阳光被遮挡以外，照耀地球的光线中，已经包含了从银河系、可观测宇宙、可观测宇宙之外所有星体的全部光的叠加。

是否在宇宙的任何地方都能够看到黑色的夜空？

对这个问题，我基本上持否定的态度。在有些星系内部，也许整个星系内都充满了光明。我们看一些 NASA 给出的照片，例如图 5.3 中的星暴星系内部是否有黑暗的区域呢？

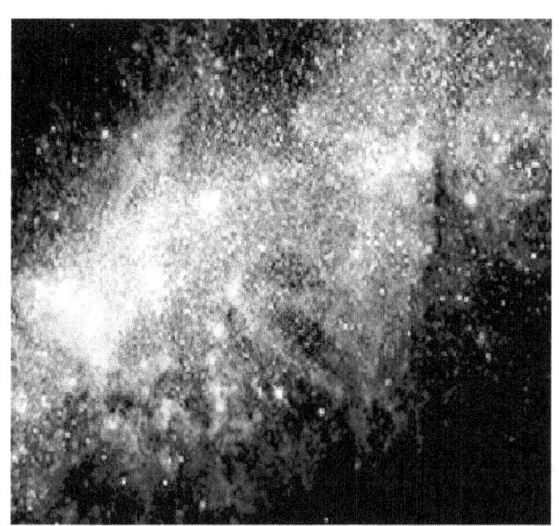

图 5.3 哈勃望远镜拍摄到在邻近的 NGC 1569 核心区域的星爆活动示意图

又例如根据天狼星的运行轨迹，人们预测天狼星还有一颗可能是行星的伴星。那么，这颗行星如果总是处于天狼星及天狼星 B 之间，很可能就没有黑夜。

因此，宇宙的任何星系内部某个地方是光明的还是黑暗的，是需要通过具体计算来确定的。这个确定的过程和具体的计算模型，我们在上面已经讨论过，就不再重复了。

是不是所有星系内部都与银河系一样以黑为主色调装饰它的空间，就是一大疑问，人类没有能力窥探其它大多数星系中的闺房内部的细节。

而由于星系之间的巨大距离，如果不是很特别，星系之间的空间一般可以按照我们前面计算太阳周边光明区域的同样方法计算出来星系周边的光明区域，出了这个区域，直到另一个星系的光明区域，它们之间的空间都是黑色的。

总的来说，不管发光天体的光明区域是孤独的仅靠自身的光来照耀的，还是许多天体结成片的光亮的同盟，在光亮的一定距离外，在发光天体不再存在的空间，黑暗就会在距离的派遣下接替光亮。

启示 一光年的盲点

前面的计算充分显示"距离"在奥伯斯佯谬的解答中起着关键的作用。

而越是靠近地球，距离的作用就越显著。"近距离"是我们不得不关注的、曾经被长期遗忘的角落。

因为地球附近只有一颗太阳，所以在夜晚地球上的太阳光被遮挡掉以后，只有微弱的光子照耀在我们眼睛上，黑夜就降临了。

在宇宙的其他发光天体的周围，暗夜是否存在，需要按照我们给与的模型具体计算，并不能一概而言之。但有一点可以确定，当星体的周围的适当距离内没有其他发光天体时，那么暗夜在一定的距离外总是会存在的。

奥伯斯的层壳模型用太过粗糙的想象力，堵塞了利用距离解决问题的途径，亦即堵塞了通往解决该佯谬的正确途径。

奥伯斯正式把这个佯谬变成一个有趣并重要的学术问题，但同时又堵塞了通往解决问题的正确途径，真是成也萧何败也萧何！

一个错误的否定距离作用的层壳模型，影响的可并非仅止于奥伯斯佯谬。仔细看看各种天文著作论文，就会有这么个感觉：天文学家们并不认为"距离"在观测宇宙空间时是个什么重要的因素。很多观念问题，用上"距离" – 我这里指的是理解了一光年是天堑的概念以后的"距离" – 就能解决，却绕着圈子用各种其他方法去证明。我想，这种下意识的忽视距离概念的思想，实际上带有奥伯斯对"距离"的理解烙印！

距离 – 不是那遥远的百亿光年，而是那近在咫尺的一光年 – 成为了正确解决奥伯斯佯谬的盲点！

当我们看清了这个盲点以后，对地球人来说，奥伯斯佯谬就不成其为佯谬了。当然，奥伯斯佯谬也就不能成为大爆炸模型的主要理论支柱之一了。

一般来说，在宇宙空间几乎任何一点都有强弱不等的光照耀着。即使是在某一个用某种物质做成的黑匣子内，例如用钢铁做成的黑匣子内，也不可能是完全没有光的空间，因为用任何分子做成盒子的材料本身都会吸收和散发或强或弱的光。也许暗物质做成的盒子例外，我们留到后面的章节中去讨论。

因此谈论空间某一点是否黑暗，首先要确定"黑暗"的定义和数值描述。在这样的前提下来计算这一点上的光是否足够让这一点可以用"黑暗"或者是"明亮"来描述。由前面的论述我们已经知道，如果以地球上的白天的亮度来衡量，距离空间一点一光年外，就需要几乎 40 亿个太阳来使这一点上的光亮如同地球的白天。而如果是在十光年外的话，则需要 4000 亿个太阳来维持这点的光亮。

总之，不管宇宙的尺寸有多大，也不管宇宙是否膨胀，站在地球人的角度，奥伯斯佯谬都可以得到合理破解，地球上总会有黑夜和白天的交替。

于是地球人不仅有在光明下的蓬勃生机，也有在黑夜里的甜蜜休息。光暗在这里不息地传递，阴阳在这里永远地交替。

对宇宙间任何发光天体来说，当它的附近空间一定距离内（例如 10 光年或 100 光年）不存在发光天体时，黑暗就会逐渐地取代光明。

光暗之争，是一场永无休止的、互相交替的、在距离的调和下共生共存的运动!

结语

"噢,星星离我们太远了。"
父亲合上《光暗之争》一书。
"这么简单的道理,怎么宇宙大科学家们就没有弄明白呢?不对,一定有什么不对头的地方。" 儿子说。
真叫人纠结啊!

第六章

隐藏天体和暗物质的真面目[3]

■给我给我一双慧眼吧，让我把这世界看个清清楚楚明明白白真真切切。

— 摘自阎肃作"雾里看花"歌词

寻找什么？

寻找太阳系外真正可移民的星球；

寻找可能的外星人基地。

这两件任务实际是一回事，需要从不可能的天体中找出可能的目标来。

寻找之一：人类向外星球移民的可能性探讨

由于英语和汉语的差别，在关于外星移民的这件事情上，中国人和英语国家的人之间发生了巨大的差异。总的来说，是中国的媒体人在翻译美国宇航局的新闻报道时，绝大部分都发生了偏差，误导了民众的认知。

当然，美国宇航局不时地画一个遥不可及的大饼给民众，也有误导舆论之嫌。

导致这个错误的原因说起来很怪异 weird： 原来在英语里面没有类似"可移民"这样的单词！或者虽然有（请原谅我英语的贫乏），但不知道是无心还是有意，NASA 使用的一直是"Inhabitable"这样的字眼。

所以，不管美国宇航局的本意是否含有"可移民"这么个意义，英文的新闻报道里面只有"Habitable"或者"Inhabitable"这样的字眼。而这两个单词的意思都是"人类可以居住的"意思，而不是可移民的意思。

---

[3] 请参考附录中《Hidden Celestial Object (HCO)》及文中所附参考文献

尽管美国宇航局常年累月地发布发现"适宜居住"星球的新闻的行为有误导人们误以为是"可以移民"到那里去之嫌疑，但人家没有直接说"可以移民"。

更多的中文媒体新闻报道却把美国宇航局的含糊的隐意当作了公告，我们来看下面对行星 Glises 561 的新闻报道。图 6.1 只是随便在百度网上查阅"外星移民"所得到的众多类似报道的其中一例。可以看到图中的报道加油添醋地将发现了可能适合人类居住的星球曲解成"外星移民不是梦"——就是说人类向外星移民的梦想不再只是梦想了，而是可以实实在在地向这颗星球移民了。

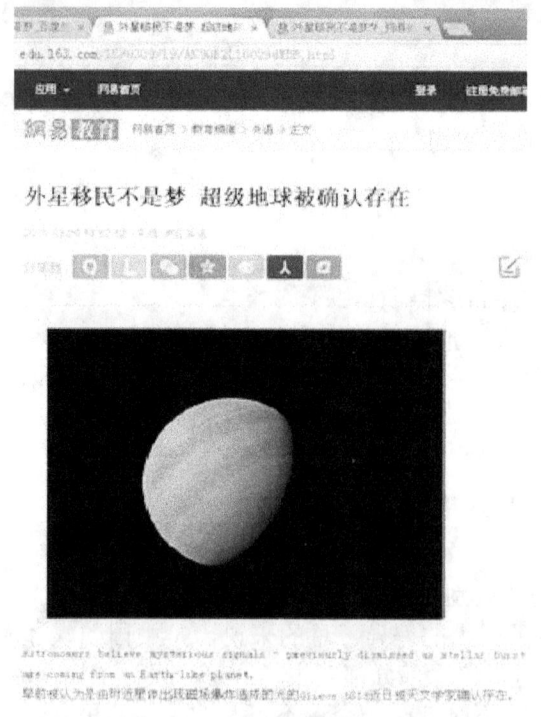

图 6.1 中文媒体报道外星移民不是梦

今天（2015-6-27 日）在百度上用中文关键词"可移民星球"会查询到 3,180,000 条相关内容。

可是如果我们想在 GOOGLE 上用英文查同样的意思，却束手无策：没有办法输入"可移民"这个词的英文单词。什么"Immigrationable"之类的单词根本不存在。只能用"habitant"或"inhabitant"查到相关的美国宇航局的新闻。

报道科技成果夸张点不是错，把要点完全没搞明白并因之误导了广大民众还是应该检讨。明明只是一个可望而不可及的月饼，却夸张成盛宴餐桌上的盘中美味。但是也不能完全怪他们，这实在是美国宇航局反复宣布发现了可居住星以及两种语言之间的翻译之差别因而搞出来的段子。

这些年来，在宇宙学家们多年不间断的隐约的暧昧氛围中，在媒体的含糊报道下，普通的非科学家民众，谁不相信宇宙学家们能够带领我们在需要的时候可以成功地从地球出逃呢？我也曾这样相信过。

外星移民不是梦啊！

可是，实际上那真的曾经是、现在仍然是，一个梦。

而将来，在以万年计算的将来可能仍然是一个梦--如果我们继续现有的思维方式的话。

残酷的事实是：

人类在太阳系外迄今还没有发现一颗真正可以**移民**的星球！

根据现有的知识和理论，也看不到能够发现的前景。

所以读者朋友需要耐心地看看我们给您带来希望之光的理论了。

作为人类可移民星球需要满足的最低条件

一颗星球，如果人类想从地球移民到那里，必须至少满足两个条件：

1）．可居住；

2）．可到达。

谈论移民，首先需要有人类可居住的条件，如果没有，当然不能向那里移民。如果向太阳那样的恒星移民，那不是上赶着去自杀吗？

按照人类在地球居住所需要的标准，宇宙学家们已经给我们找到了许多人类可以居住的行星，他们最近的离地球五光年左右，远的离地球二千多光年。再远的还有无数，但宇宙学家心知肚明地不再过分强调了。

问题出在第二个必须满足的移民条件上：可到达。

宇宙学家们通常谈论的就是百亿光年，画着百亿光年大的全天图，讲着百亿光年外的科学故事。他们漫不经心又高远的目光，看起来很少停留在一光年这个小小距离上。以后书中要谈到的宇宙学家们对 Abell754 的观测报告中说："Abell754 相对来说靠近地球，大约距离地球 8 亿光年。"

八亿光年啊，"相对来说靠近地球"？宇宙学家的胸襟有多宏大？

可惜，我只是个小小老百姓，只顾眼前那么一点现实的距离。

我就想弄明白：一光年究竟有多远？

因为宇宙学家告诉我：地球有可能会被小行星撞击，或者将来会毁灭。不过不用担心，宇宙学家已经给我们找好了退路。2013 年 4 月 18

日，美国国家航空航天局美国宇航局再次宣布，发现了3颗"新地球"。除地球之外，在茫茫宇宙中还有跟地球类似的宜居星球，这一消息让国际媒体非常兴奋。开普勒宇宙望远镜已观测到两颗太阳系外迄今"最像地球、可能最适宜人类居住"的行星，"一个温润如夏威夷，一个酷寒如阿拉斯加"，距离地球1200光年。

我是个胆小鬼，得给自己留条后路，先算算去最近的可移民的星球得准备多久的路上吃的干粮吧。

这么一算，哇塞！我眼都发直了！

猜猜得在路上飞多久吧？

乘坐现在美国宇航局最快的宇宙飞船，一光年的距离需要三万七千五百年才能飞完！

到最近的五光年外的可移民星球，路上得飞一十八万七千五百年！

到"温润如夏威夷"的新发现可居住行星，得四千五百万年！

万年为单位耶！

如果有人对我说："我确定您1000年后会成为世界首富。"我绝不会满心喜欢地道谢，可能会祝他万寿无疆。

喋喋不休地讲述万年以后可能发生的事情很有意思吗？

不管怎么说，我们要记住以下这残酷的事实：

迄今为止，在太阳系外，人类还没有发现一颗满足前述两个最基本移民条件的可移民星球！

向太阳系外移民是人类需要尽快实现却看不到实现希望的梦想

悲剧的是，人类还不得不面对需要向太阳系外行星移民的现实问题，这是关系到人类能够长远地存在与否的大问题。

图6.2是网易新闻截图。在这篇标题为"外星移民不是梦？"的文章中，需要特别请读者关注的是标题中的问号"？"。这与图6.1中以肯定的口气告诉人们"外星移民不是梦"完全不同。这个问号，把人类移民太阳系外星球的时间放在了以万年为单位的时间以后，实际上基本否定了人类移民太阳系外星球的可能。

图示文章中讨论了包括以下几个方面外星移民的问题：

1. 移居外星一直是人类的梦想

著名天体物理学家霍金曾指出，人类必须移民外星以摆脱灭亡的命运。小行星撞击地球以及核战争等威胁迟早会将人类毁灭。而太阳系又离地球太近，因此人类必须在太阳系外寻找宜居行星。

美国航空航天局（美国宇航局）局长格里芬曾表示，从理论上讲，一颗行星上的物种是不可能永久生存下去的。"我们有确凿的证据表明，平均每3000万年，地球物种就会遭遇一次大规模毁灭。有一天我们一定要移民外星，但我不知道那一天会是什么时候。"

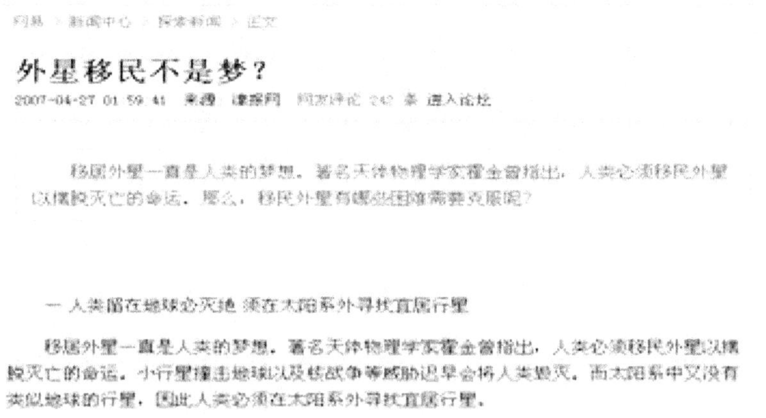

图 6.2 外星移民不是梦？

2. 移居外星有哪些困难需要克服？

第一关：确定宜居行星标准，找到符合宜居标准的行星；

第二关：如何到达宜居行星。如果按照航天飞机目前的速度，前往距地球 4 光年左右的星球需要大约 15 万年时间。人类要想移民外星必须造出和光速一样快的交通工具。上图的报道中说："**据悉**，美国空军和美国宇航局目前正在秘密研究一种'空间发动机'飞行器，并有望在 5 年内造出样机进行测试。一旦测试成功，那么从地球前往火星只需 3 个小时，前往距地球 11 光年的星球只需 80 天。"（那就是说这个飞行器的速度是光速的 50 倍。吹牛有点谱好不好？）

第三关：移民外星后人类如何解决生命保障问题。目前，美俄等国已在国际空间站里培育了 100 多种农作物，果蝇、蜘蛛、鱼类等动物在失重状态下也可以生长、繁殖。如果这种技术能应用到宜居行星上，人类的生存问题就容易解决了。此外，移民外星后人类能否繁衍也是一个问题。一位法国科学家发现，在失重状态下，活细胞的重要结构不能正常成形，这就意味着人类不能在接近失重状态下长期生活和繁衍。

看到以上描述，给人的感觉会是什么？难道没有"外星移民不是梦"的不带问号的感觉吗？

可是，事实是这是个很有可能在万年内不可实现的梦！

第二关中叙述了一个很恶心的"据悉"：5年内造出和光速一样快的样机并进行测试？前往距地球11光年的星球只需80天？一个人如果能跑得像光一样快，他需要11年才能到达11光年远的地方。有没有点基本的常识或知识？

图示报道发出的时间是2007年4月，现在是2015年6月，8年过去了，美国的宇宙飞船现在的速度，和8年前并没有什么两样。从技术的角度来说，从科学进步的速度的角度来推测，"造出和光速一样快的交通工具"还只是可想而不可及的梦！确切来说是不可能办到的事情，因为根据爱因斯坦的质能转换定律，物质在光速就会转化成能量不再存在！

当然，随着时间的流逝和科技的进步，人类宇宙飞船的速度会得到提高。但这又会与相对论理论冲突。这个问题我们留在后面具体讨论。

文章最后提到：从目前的情况看，人类想要移民外星似乎希望渺茫，不过可不可以换一种思路呢？美国普林斯顿大学的奥尼尔博士认为，目前最好的办法是在太空中建造一个太空城，让人类全部移居到太空城中居住。几百年甚至上千年后，地球会在没有人类破坏的情况下，重新变得风调雨顺，人类到时还可以重返地球。

请注意被大段文字和办法淹没的一句大实话："从目前的情况看，人类想要移民外星似乎希望渺茫。"

这就是我们面临的残酷的事实真象：

人类迫切需要向太阳系外星球移民，但人类在太阳系外还没有找到一颗真正可移民星球。

人类真正可移民星球可能在哪里？

宇宙学不应该给人予无限的希望，再把它落实于缥缈在数万年后的画饼上，还不明确告诉我们这只是一幅要用万年单位来描绘的图画。

按照我们现在的思维方式、宇宙学相关理论和科学发展速度，人类想要移民外星确实希望渺茫。

但是，天无绝人之路。

如果我们变换自己的思维方式，拓宽我们关注宇宙的目光，更新我们的宇宙理论，我们会发现，真正的宜居的可移民星球，就可能在宇宙中不远的某个我们可以到达的地方！

这个地方就在我们下面要提出的隐藏天体中。

寻找之二：如果有外星人，他们的基地在哪里？

我们知道有些人不相信有外星人，有些人则相信；有些人称自己见过外星人，还有些人称自己和外星人打过交道。

加州首府三块馒头市（Sacramento）有一个关于外星人的不定期聚会小组，里面有好几个自称和外星人打过交道的人。

我的朋友近距离看见过很奇异的不明飞行物，但没有看到外星人，我在后面会转述一下。

让我们姑且假设外星人是存在的，那么随之有一个问题自然地立刻就出来了：

外星人的基地或老家在那儿？

外星人的飞行器从哪儿起飞？

外星人的飞行器离开地球后飞回到什么地方去了？

这个问题其实牵扯到许多问题，也包括外星人是否存在的问题。如果对外星人的基地或老家在哪里都没有一个合理的解释，那么也就间接否定了外星人的存在。

相反，对外星人基地在哪里的问题如果我们能给出一个合理的解释，则大大增强了外星人存在的可能。

通常人们会说：我们的望远镜，包括强大如哈勃望远镜那样的太空望远镜，可以观测到数亿光年以外的星体，都没有发现外星人的基地，那么外星人基地不存在；或者即使存在，也是在很遥远的地方，比如百、千、万光年以外，所以我们的望远镜看不到。下面关于隐藏天体的讨论会告诉我们这是一种完全错误的想法。

在古埃及金字塔的经文中，我们经常可以见到大量的天文数字，告诉我们外星人来自宇宙遥远的地方。例如，太阳神曾经在黑暗而无空气的宇宙中作了"好几百万年"旅行才来到地球；在太空中清点星星的数目、在地上进行测量的智慧之神索斯，拥有一种神奇的力量，可以让已经死亡的法老王再次拥有好几百年的寿命；永远的神祇欧西里斯用在旅行上的岁月有数百万年之久。此外，在经文中多次出现了"好几百万年的岁月"以及"一百万年的百万年"之类令人费解的说法，等等。这些都告诉人们，古埃及的外星人从遥远的星球而来。

但是，从另一个角度考虑，如果在地球上经常出没的外星人的基地在遥远的地方，那么外星人的飞行器要用什么样的速度，才能自如地出没地球呢？

我们已经知道，一光年的距离，用地球上现有的最快的宇宙飞船，需要三万多年才能走完。如果外星人基地是在上百光年以外的地方，那么即使外星人的飞行器以光速飞行，访问地球一次也得上百年，超过人的一辈子的寿命。

有些人可能会假设：外星人的寿命很长，我们的一百年相当于外星人的一年。这种可能会有，但我们的推论，不会建立在这样的过于神话的基础上。我们以人类为基准来做假设。假设外星人的基本生理条件与地球人不会差得那么离谱。那么，百年时间就比较长了。

还有人会说，外星人通过黑洞啊、虫洞啊什么的，穿越到了地球。

我在此郑重声明：本书不使用任何此类貌似"科学"、实际并无科学根据、也从来未经科学实验或事实证明过的、只存在于当代宇宙学家理论中、好莱坞大片中或穿越幻想故事中的所谓"理论"。这类理论和假设外星人存在是截然不同的。

具体到本章中，经过虫洞或黑洞的穿越，只存在于宇宙学家的想象理论中，没有任何令人信服的科学实验或观测事实做支持。甚至虫洞或黑洞本身的存在都还没有坚实的观测结果或任何科学实验作支撑，只是通过一些观测到的现象间接大胆推测的结果。这我们在后面描述隐藏天体时会详细讨论。

相反，外星人的飞行器是有从古到今无数目击者所见证的、有历年观测记录证明的一种可能存在。可以说研究外星人存在与否这个课题，是有坚实的观测记录做基础因而值得作进一步工作的一个科学研究项目。

本书中正在叙述和将要叙述的一切，都建立在实证科学实验或观测事实的基础上，不是毫无根据的推测想象，不是纯粹的理论推测，而是理论和事实相结合的产物。

事实上，根据现有的物理学理论，以光速飞行的飞行器是不存在的，因为在光速时，物质将会转变成能量，飞行器和宇航员会化作能量消逝。在后面讨论相对论时会说到，接近光速是一个丑陋的概念。正统天文学界不承认光速可以变慢，却又在需要时用接近光速来述说许多话题。

所以，如果外星人基地真的都在遥远的空间，那几乎相当于外星人基本不存在。因为他们要到地球来访问一趟所需要的时间太长了。地球上应该只会偶尔有遥远基地的外星飞船光顾，每次光顾后停留的时间可能会比较长。

但历史和现在记录的事实是：外星飞行器出没地球频繁，飞行器的种类也有很多种。这些飞行器有的很常见，比如飞碟这样的圆盘状的；有的较少见，像方的或梭形的。

由此得出的结论是，不仅有从非常遥远的太空深处偶然来到地球的客人，更有住在我们附近的太空邻居。

也就是说，根据人类对不明飞行器的历史记录分析得到的结论是：如果外星人存在，那么外星人基地有的离地球很远，但有些也许就在我们附近并不算遥远的地方，甚至有可能近在太阳系内，或者太阳系附近。

这是一种推翻公众和专家常识的论点。

一般认为，我们的望远镜基本已经看清了离我们很近的范围内（例如几光年或几十光年内）的状况，只有很遥远空间的天体强大如哈勃望远镜才有可能看不到。

不幸的是，这种认知是完全错误的。实际上，人类最强大的望远镜，完全有可能连距离我们十分近的空间中的天体也看不到。

幸运的是，如果我们及时认识到这一点，那么，不仅仅是有可能解决寻找到可能的外星人基地的问题，更重要的是，在这种新的思路下，对我们在前面讨论过的寻找适宜地球人居住可移民星球的渺茫梦想，将变成有可能实现的巨大希望。

本章中将通俗地阐明这种观点，具体的数学证明论文则附在书后面的附录中。

通过这个寻找可能的外星人基地的过程，以及与之相关的寻找人类可移民星球的过程，可以看出，在关于宇宙的问题上，即使是常识性的认识，即使是宇宙学专家，也很容易发生认知上的偏差。纠正这些偏差，可以给人类带来巨大的利益。

估计外星人基地存在的可能范围

让我们从估计外星人基地存在的合理范围开始，来更深入一些地探讨寻找外星人基地这个问题。

首先，我们可以通过比较历史的记录、地球现有太空科技、科技进步的发展速度等，对外星人的现有科技水平作一个粗略估计，比如说外星人的宇宙飞船大概有多先进，速度有多快。

从历史与现在对外星人飞行器目击记录的对比来看，从地球科技进步的速度来推测，外星人飞行器速度大概是现在人类最快宇宙飞船速度的百倍、千倍或万倍，这种大范围的猜测估计，应该有几分合理性，

从历史纪录来看，从几千年前开始，就不断有外星飞碟登陆地球的记录。不过那时候它们的技术还不是那么先进，因此他们的早期飞行器会造成巨大的响动，声音巨大，光芒四射。

而从近年来各种飞碟出现的报告来看，外星飞碟从外貌、声响等方面都有了很大的提高。像我的朋友亲眼见到的飞碟，外形变得小巧，飞行时

几乎没有声音。

历史的记录有很多。就在中国,从秦朝到现在,不明物体来到地球的事情,各种报道记录就没有间断过。摘录几则如下:

晋朝的志怪名著《拾遗记》卷一的唐尧中有一段这样的记录:尧帝位三十年的时候,一只巨大的船出现在西海,夜晚船上有光,当时海边的人们将之称为贯月槎,船上有身披白羽会飞的仙人。这是发生在公元前2327年、距今4000多年前的故事。

宋朝司马光所撰的编年史书《资治通鉴》中,有17则疑似与外星人活动有关的天象记录。例如:西汉武帝建元二年,夏四月,有星如日,夜出。这是晚上在空中出现的亮如太阳的物体的记录。

宋朝科学家沈括所著的《梦溪笔谈》中也记载了不明飞行物的故事。扬州地区的湖泊中有一个奇怪的大珠,形状犹如蚌壳,典型的飞碟形状。它发射强烈的光芒,在当地逗留时间长达十几年,先后在三个湖泊中驻留过,许多居民亲眼目击。这可能是从遥远空间来的访客,来一次不容易,所以呆的时间较长。

清代画家吴有如晚年1892年作品《赤焰腾空》图6.3被认为是一篇详细生动的UFO目击报告。

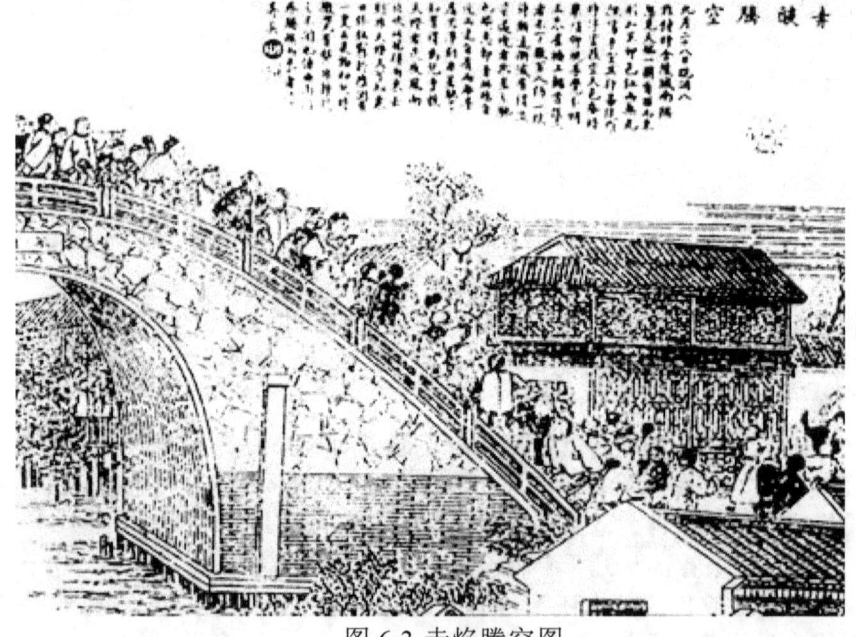

图6.3 赤焰腾空图

《赤焰腾空》图的画面描绘当时南京朱雀桥上行人如云,皆在仰目天空，争相观看一团熠熠火焰。画家在画面上方题记写道："九月二十八日，晚间八点钟时，金陵(今南京市)城南，偶忽见火毯一团，自西向东，形如巨卵，色红而无光，飘荡半空，其行甚缓。维时浮云蔽空，天色昏暗。举头仰视，甚觉分明，立朱雀桥上，翘首踮足者不下数百人。约一炊许渐远渐减。有谓流星过境者，然星之驰也，瞬息即杳。此球自近而远，自有而无，甚属濡滞，则非星驰可知。有谓儿童放天灯者，是夜风暴向北吹，此球转向东去，则非天灯又可知。众口纷纷，穷于推测。有一叟云，是物初起时微觉有声，非静听不觉也，系由南门外腾越而来者。嘻，异矣！"

在这篇详细生动图文并茂的目击报告中，火球掠过南京城的时间、地点、目击人数、火球大小、颜色、发光强度、飞行速度皆有明确记述，是一篇合格的学术观测报告。

而近年来，书报杂志、电视广播及媒体网络，也是充斥着源源不断的目击、甚至遭遇外星人和外星飞行器的报道。

我的朋友告诉我他亲眼看见的不明飞行物是这样的：

那是在1997年9月9日星期二晚7点半，送儿子学钢琴回家，在离家几百米的交通灯前，忽然看见前方约四五百米的山脚下屋顶上，有大风把一张平铺的报纸刮得顺着一排排屋顶漂飞。朋友甚觉奇怪：今晚风怎么这么大？转过弯来，将要驶入家中停车道，就见那张飘忽的报纸，停留在屋前道旁的大约8米高的电线杆上方。朋友急忙下车，趋前细观：但见一物似一面旗帜大小，平铺在电线杆顶，其身周有淡淡的黄光流转，使得该物看来更像一面被风吹动的暗黄色旗帜。朋友大惊，才意识到自己遭遇UFO，急忙回屋取摄像机出来，该物已经从平铺状转成升旗状，无声无息地向上空升起，向西方天空轻盈飞去。虽然其光淡然不可摄，但良久后在空中仍可将其与晴空中其他星辰分辨开来。

朋友看到的飞碟，则既小巧又无声无息。如果假设数千年前外星人的飞碟和我们地球上现有的飞船外形、速度都差不多，那么进化数千年以后，飞行器的速度提高了百倍千倍就是顺理成章的事情了。

按这种大概的飞行器速度估计来测算，经常出没地球的外星人基地应该在离地球近则不到一光年、远则几十光年的地方，这样按照我们估计的外星飞行器可能的速度，外星人就可以比较不那么困难地从基地出发时常拜访地球了。

他们的基地也不可能离地球很近，那样的话，外星人应该成群结队地时常来地球逛大街。

非洲马里的多贡人是一个尚处于原始社会的部族。但部落却传说，他们是来自于天狼星的第三颗星，是天狼星的行星，是由水覆盖的行星，距离地球 8 到 9 光年。这和我们对外星人基地所在地的估计比较接近。因此那里也许是外星人的一个基地或故乡。

在这相对外星飞船的速度来说不算太远的距离内，为什么人类强大如哈勃望远镜那样的观测仪，都没有发现外星人基地所在的星球呢？也没有发现在天狼星附近多贡人的祖居天体呢？

更广泛一点来说，在离地球比较近的地方，有可能存在连哈勃望远镜都看不到的星球吗？

是的。

这样的星球是确确实实地存在着的。

而且这种连最强大的望远镜也看不到的星球，数量还相当的多，他们或远或近，存在于宇宙空间的各个地方，数量多到无法想象。

这可能推翻了人们的固有概念。但这是毫无疑问的事实，我们在稍后将证明这一点。

而人们没有看到它们，主要原因是它们中的绝大多数，我们真的看不见。还有一些本来我们可以看见的，但由于种种原因而没有发现。

这种应该看见而迄今没有发现的很小的可能情况之一是，外星人基地被外星人用隐形技术对我们屏蔽了，我们看不到。

另一种可能是，在望远镜发明后的岁月里，人们慢慢地越来越将自己的目光关注愈来愈远的空间，并没有把最先进的望远镜聚焦于自己的身旁，以至于一些本来早就可以看到的在我们附近的天体却被忽视了。

更大的可能却是，那些隐藏的天体，确确实实就在我们附近，但我们却看不到，隐藏在我们目前的望远镜的视觉之外。

所以，当我们把最强大的望远镜聚焦于地球附近的空间进行搜索时，是有可能发现某些近在咫尺而我们还没有发现的天体的。对此，我持非常乐观的态度。因为这些天体，很多可能并没有外星人居住，也就没有被屏蔽。只是由于自身的原因，我们忽视了自己附近的邻居。

但是，必然还有很多，它们或远或近地存在着，却属于游离于我们的视觉之外的天体。我们需要更进一步的方法去发现它们。

我命名这些存在着的、我们却暂时地或永远地看不见的天体为"**隐藏天体**"，英文叫 **Hidden Celestial Objects**。具体的科学证明描述请参考附录论文。

出没地球的那些外星人的基地，应该就在某些离地球相对比较近的隐藏天体上。

那么，隐藏天体是个什么东西呢？

隐藏天体概述

概述意思是后面会有精确的定义,这里只是介绍一下。

顾名思义,隐藏天体就是普通的、但却存在于我们的视觉之外我们看不见的天体。

但是,不需要太明亮的慧眼,只需要稍微动动脑筋推理一下,我们就有可能"看"见他们。

隐藏天体无处不在,近在地球的身旁,远在百亿、千、万亿光年外。

隐藏天体不是神秘的、至今仍然虚无缥缈、未经任何具体实例或实验证实的暗物质(Dark Matter)。相反,暗物质属于隐藏天体中的一小类。

隐藏天体的数量,远远超过已发现的天体。

人类的目光,即使加持了任何可以想象出来的先进望远镜的魔法,仍然会被包括"距离"在内的几道天堑阻挡在真相的大门外。

弄清楚隐藏天体的来源和应用意义重大。通过他们,可以用来检验关于宇宙膨胀的哈勃定律,也许还能找到宇宙微波背景辐射的真正来源。这些,在我们的后续章节中都会陆续讨论到。

隐藏天体的概念让我们的视界飞出美国宇航局给我们划定的因大爆炸而产生的小小宇宙,穿过大爆炸的硝烟迷雾,"看"到更广阔壮丽的宇宙真面目。

让我们通过下面几小节,来初步认识一下隐藏天体的真面目。

周期访问的彗星是典型的隐藏天体

比如我们用肉眼观看了几千年的哈雷彗星。每次当它从远处向地球运动中,被人们看到以前,它就是一颗隐藏天体;在它被人们眼睛看到以后,它就不是隐藏天体了;而当它离开地球远去到一定距离后,人们的眼睛再也看不到它了,那时相对于人们的眼睛,它又变成了隐藏天体。

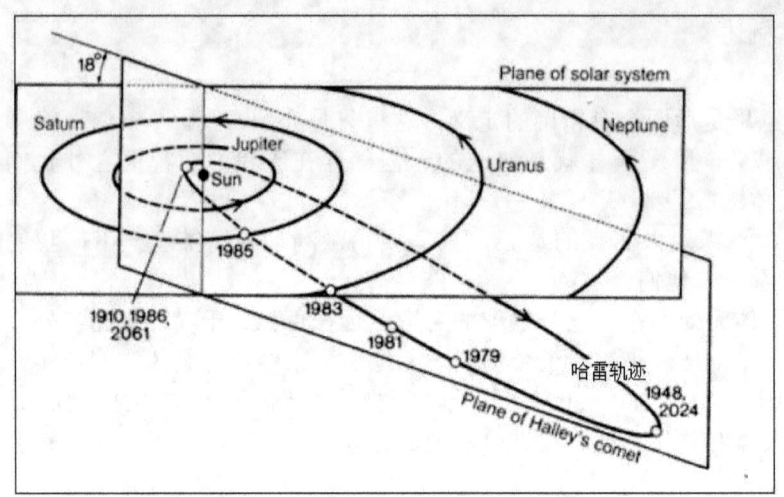

图 6.4 哈雷彗星轨迹

这实际就是说：一颗普通的天体，当观看它的条件发生变化时，它就有可能从看不见变成可看见，也可能从原来看得见变成看不见。

肉眼看仙女座星系，呈暗弱而模糊的椭圆光斑。一个有趣的值得注意的现象是，我们的肉眼能看到 254 万光年外的仙女座星系，却看不到近在 4.2 光年外的比邻星。为什么呢？普通的解释是这样的：说一个观测仪器能看多远是没有意义的，只能说看多明亮的光。这个解释很不完整。

我们需要仔细研究相关因素的种种变化，并从中找出其中的变化规律来。

分析观看彗星涉及到的几个方面：眼睛看到的光，彗星照射来的光，以及眼睛和彗星之间的距离。仔细研究三者间各种可能的变化，我们会发现一些很有趣的规律。

影响我们看到天体的几个基本因素

这个基本的规律就是我们在预备知识中用简洁的数学表达过的（2）式，我们再把它抄录在此：

$$\text{观测器得到的光} = \frac{\text{物体发出的光}}{4\pi \text{距离}^2} \qquad (2)$$

把我们要讨论的对象代换到上式中，就得到：

$$\text{眼睛看到的光} = \frac{\text{彗星照射来的光}}{4\pi \text{距离}^2}$$

看到这个数学式，首先注意到的就是：眼睛看到的光，会随着距离的增加而以与距离的平方成反比的速度减少，根据我们在预备知识中讨论过的极限定律，最后眼睛看到的光为零。

就是说，在不同的距离上，哈雷彗星照射在眼睛上的光是不一样的。距离小的时候眼睛看到的光就强，距离大的时候眼睛看到的光就弱，距离足够远，眼睛看到的光就没有了。

假设哈雷彗星照射来的光的强度是基本确定的，没有大的变动。那么，影响我们在相同距离看到哈雷彗星与否的重要因素就是观测器 —— 在此就是眼睛了。

眼睛好，当然看得更清楚，这是毫无疑问的。

那么，对同一双眼睛，在什么情况下看不到哈雷彗星照射过来的光呢？我们首先来看看眼睛是怎样看东西的。

眼睛的观看极限

微信上有这么个段子，说有个文盲进到一个博士圈，看见博士们在讨论为什么雨打不死人。博士们引经据典、公式推理，最后文盲问了一句：你们有谁没淋过雨？于是圈里顿时冷清下来。文盲很得意，认为博士们很傻逼。

其实呢，圈子里正在讨论的是为什么雨打不死在雨中飞的蚊子？

有些问题，看似简单，其实还真包含很深奥的道理。不过如果没站在那个高度的山峰上，就看不见山那边的风景就是了。

现在就有个傻气的问题：眼睛能看到一个光子吗？

这里的问题其实分两个方面：首先是眼睛能接受一个光子吗？

回答是显然的：能。光子跑到眼睛里，眼睛还能不接受？

那么，眼睛接受了一个光子后，我们的视觉神经系统会处理这一个光子带来的信息吗？我们最终会感觉到、也就是"看"到这个光子吗？

一个光子进入眼睛后，眼睛里的视网膜上的传感器会对这个光子做出反应，但是，我们的神经过滤系统会把这一个光子的信号过滤掉，不会把它传给中枢神经系统去处理。我们的眼睛，需要在 100 毫秒内接收 9 个或更多的光子后，这些光子引起的信号才会满足神经系统要求的强度，从而这个信号才会启动我们的意识反应，我们才能看到这些光子带来的信息。

也就是说，我们的眼睛对照射到眼睛里的光，要看到其中的信息，是需要这光有一定的强度的。

实际上，从抗干扰的角度来看，如果眼睛对每个光子带来的信息都作处理，那么我们的眼前会持续有乱七八糟的形象，眼神经也会很快疲劳。因此，这种对输入光强度的最低要求，不能说是眼睛的一个弱点，而是非常聪明的系统处理方法。这种处理方法就是噪波过滤。

现在就可以清楚了，对哈雷彗星照射过来的光，我们根据公式（2）就可以很容易地计算出距离为多远以后，某一双眼睛就看不到哈雷彗星了。

当然，眼睛也有视力的不同。1.5 的眼睛当然比 0.5 的看得更远。所以眼睛本身视力的好坏也是影响观测结果的重要因素。这就是后面要详细讨论的、重要的、有限度的、可观测半径的概念。

哈雷彗星对眼睛的有限可观测半径

有限可观测半径是我们在本章中定义并在以后多次使用的一个重要的概念。

这里以用眼睛观测哈雷彗星为例做一个大概的解释。

如果用一双最好的眼睛，在离哈雷彗星某个半径距离以内可以看到哈雷彗星，而再远一点点都看不到，我们就把这个半径距离叫做哈雷彗星对这双眼睛的有限可观测半径。

同样，对一台望远镜来说，可以看到哈雷彗星的最远距离就是这台望远镜对哈雷彗星的有限可观测半径。

望远镜是可以不断改进的，那么相应的有限可观测半径所代表的距离就会不断增加。这样来说，我们前面提到的有限可观测半径，严格来说应该命名为**相对有限可观测半径**。

那么，相对有限可观测半径的增加是永无止境的吗？

不是的。

随着不同的观测器----从眼睛，到望远镜，到太空望远镜…的变化，和各种观测器本身的改良，对某一个像哈雷彗星那样的天体的相对有限可观测半径，虽然在不断地增加，但这个增加是有限度的。到一定的时候，无论怎样改良望远镜，相对有限可观测半径也不会变大。这就是对某个天体的**绝对可观测半径**的概念。

上面我们讨论到的有限可观测半径涉及的三个物体是：观测仪器（眼睛或望远镜等）、被观察目标（哈雷彗星等）和这两者之间的距离。

对于相对有限可观测半径（英文名 Relative Limited Observable Radius RLOR），这三个物体的性质的改变都影响可观测半径的大小，而对于绝对有限可观测半径（英文名 Absolute Limited Observable Radius ALOR）来说，望远镜本身并不重要了，更重要的是我们还没有讨论到的人类无法控制的那一部分噪波。

噪波分析

我们知道，在观测器观测过程中，会有各种各样的噪波来进行干扰的。

噪波的中文官方译名是噪声，即使是专门描述天文望远镜的专业书籍，例如我手头在使用的一本很好的中文书《天文可见光探测器》。但在我们现在讨论的范围内，用噪声我就感到特别别扭，于是就把它写成了噪波。

有各种各样作用在观测仪器上的噪波。噪波的来源，则既有来自于自然界环境的，也有来自观测仪器本身的。

这些噪波总的来说我们把它分成两类：

一类是人类通过种种手段可以进行控制的**可控噪波**，指的是一些因素，如大气干扰，就可以通过把观测仪搬到高山或送到卫星上去来克服，太阳光的干扰可以遮挡掉，等等。

另一类是**不可控噪波**，主要有两部分，

一是来源于自然界的不可控噪波，例如观测某个星球时从其他天体漫射过来的光，天空的背景光，黄道光、极光等。光子本身的统计特性，也使得接收到的信息会有起伏。

二是来自非自然界的不可控制的噪波，是观测仪器优化到无可优化时仍然不可克服的因素。例如望远镜镜面的大小，由于材料、工艺等等的限制，很难做出直径为一公里的大镜面，而即使是一公里大口径的望远镜，也不能可靠地收集每十平方公里才一颗光子的信息；又如观测仪收集到的光子分析过程中，光子有可能被吸收和反射，或由于到达光子本身的能量不够而不能产生可记录事件，并不是望远镜收集到的所有的光子都能被利用到的，必定有一部分会损耗掉。

我们在这里笼统地把噪波分成可控和不可控两大类。凡是人类对之无能为力的就是不可控噪波；那些在现在或将来有望能优化以降低其对观测结果的影响、从而提高观测结果的输出的，就归于可控噪波一类。

人类对望远镜的优化，到达不可控噪波水平时，再优化望远镜，也没有作用了。具体举例来说，如果我们把一台望远镜的接收光子的灵敏度提

高到了每平方厘米 10 个光子，可是不可控噪波是每平方厘米 20 个光子，那么望远镜的接收水平就只能停留在每平方厘米 20 个光子，再改进望远镜它的接收水平也不能提高到每平方厘米 15 或 10 个光子，也就是不能超过不可控噪波的水平。

再拿我们的眼睛来说，如果把眼睛锻炼得可以看到 4 个光子的水平，可是进到我们眼睛的噪波水平是 8 个光子，那我们看不到 4 个光子的信息，我们最多只能看到 8 个光子以上的信息。

也就是说，由于不可控噪波的限制，对任何特定光源进行观测，选用人类最好的观测仪器，能观测到的最大半径距离，就由不可控噪波来决定了。这是人的任何努力也改变不了！

天体的有限可观测半径的数学抽象定义

我们定义的天体的**有限可观测半径**是一个非常重要的概念，它又分为**相对有限可观测半径**与**绝对有限可观测半径**。也可以简单称为对**相对可观测半径**与**绝对可观测半径**。

天体的绝对有限可观测半径是由天体的发光强度、不可控噪波决定的。

天体的相对有限可观测半径是由天体的发光强度、不可控噪波加上可控噪波及观测器可优化程度决定的。

可以看出，**相对有限可观测半径中的'相对'**是因为有了人可以起作用的因素在内。

前面已经对概念介绍得很多了。下面用数学准确地定义一下：

相对有限可观测半径 **RLOR** 的数学抽象定性的定义是这样的：

$$RLOR(C, NOISE_{natural} + NOISE_{control}, SEN_{inst})$$

这个抽象定性的式子是说，相对有限可观测半径 RLOR 是由天体 C 的发光强度 L_c、不可控噪波 $NOISE_{natural}$、可控噪波 $NOISE_{control}$、以及观测仪器的灵敏度 SEN_{inst} 共同决定的。

经过我们的研究（请看附件相关论文），RLOR 的更具体的定性公式是：

$$RLOR(L_C, NOISE_{natural} + NOISE_{control}, SEN_{inst})$$

$$= \sqrt{\frac{L_C}{4\pi f(\text{NOISE}natural + \text{NOISE}contral, \text{SEN}inst)}} \quad (3)$$

如何找出定量的公式是下一步的研究任务，希望寄托在读者中。

当我们考虑极端优化的情况，即可控噪波 $\text{NOISE}_{control}$ 以及观测仪器的灵敏度SEN_{inst} in RLOR 被人们降低到最低水平，零，那么，相对有限可观测半径RLOR就成为绝对有限可观测半径ALOR：

$$\text{ALOR}(C) = \text{RLOR}(L_C, \text{NOISE}_{natural} + 0, 0)$$

通常我们把 ALOR 写成 LOR，那就是：

$$LOR(C) = \sqrt{\frac{L_c}{4\pi f\,(\text{NOISE})}}$$

绝对可观测半径的概念告诉我们：人类一味努力制造更大更好的望远镜，在一定的时候后，就没有什么意义了。至于具体的数据，则是需要进行更深入研究的课题了。

这是一个会令一些人很不喜欢的话题，就此别过。

所以，望远镜也不见得是越大越先进越好，好到一定程度就可以，要具体情况具体分析。

隐藏天体（HCO）的定义

现在我们来看一下从数学的角度确定隐藏天体的最重要的两个简单公式。

隐藏天体(HCO) 正式定义由下式给出。当天体C与地球的距离 D(C, Earth) 大于天体C的相对可观测半径时，亦即满足

$$\text{RLOR}(L_C, \text{NOISE}_{natural} + \text{NOISE}_{control}, \text{SEN}_{inst}) < D(C, \text{Earth})$$

时，天体C就是相对于该望远镜的隐藏天体。

可以看出，决定隐藏天体的因素与决定相对有限可观测半径 RLOR 的因素完全相同，即天体 C 的发光强度 L_c、不可控噪波 $\text{NOISE}_{natural}$、可控噪波 $\text{NOISE}_{control}$、以及观测仪器望远镜的灵敏度 SEN_{inst}。

仔细分析上式中各参数的变化，即对每个自变量做敏感性分析，可以

得到在后面列出的隐藏天体的各种分类。

不管怎样高级的望远镜，对于处在它的绝对可观测半径范围外的天体来说，这些天体都是隐藏天体。

我们把处于相对可观测半径以外的天体，称为**暂隐藏天体**，一般简称为**隐藏天体**。

由不可控噪波的水平，可以计算出对应的对某个天体的绝对可观测半径。处于绝对可观测半径以外的天体，我们可能永远看不到。我们把处于绝对可观测半径以外的天体，称为**恒隐藏天体**。

请注意某个天体是否暂隐藏天体是相对于某一台观测仪器而言的。可能一个天体对某些望远镜是暂隐藏天体，对另外一些望远镜来说就不是暂隐藏天体了。

而恒隐藏天体是相对所有的观测仪器而言的，某个时代最先进的观测仪都看不到的天体，就是恒隐藏天体。

相对可观测半径是我们通过提高观测器的质量来扩大这个半径、从而将暂隐藏天体转化为可见天体的理论基础。

隐藏天体小结

隐藏天体虽然看不见，却是容易证明的存在。

在我们的身边有无数的隐藏天体的实实在在的例子。

使用好的望远镜和差的望远镜观测结果之间的差别，那些差的望远镜观测不到的、却在好望远镜镜头前出现的星体，对差望远镜来说，都是暂隐藏天体。

所有的彗星，对我们用肉眼或者不是使用超级天文望远镜的观测者们来说，都是周期性出没的暂隐藏天体。著名的哈雷彗星，是两类暂隐藏天体的具体实例。他周期性的出没，给暂隐藏天体的概念写下了很清楚的注脚。

但最简单的是我们用望远镜观看夜空，再把眼睛从望远镜上挪开，用自己的肉眼看看同样的夜空。那些望远镜看得见而我们的肉眼看不见的天体，对我们的肉眼来说就是暂隐藏天体，并被所使用的望远镜证实。就这么简单。这种情况最显著的例子就是用肉眼看河外星系，我们的肉眼只能看到仙女座星系(M31)。这个星系距地球254万光年，是我们用肉眼能看见的最远的天体。

也就是说，我们今天已知的无数星系，除了我们自己身在的银河系，和用肉眼能看到仙女座星系，所有的其他星系对于肉眼来说都是被望远镜证实了的隐藏天体。

再延伸一步猜想，所有现在人类拥有的最好的望远镜都看不到的星体，都是隐藏天体，它们有多少呢？它们中的多少，是暂隐藏天体、因而将来因为人类对观测系统的改进而被发现呢？

在望远镜所能看到的最远处，望远镜至今只能看到很少量的超星等亮度特别大的天体。但在那个地方，根据宇宙大结构定律，那里的天体分布应该大体和我们这星系的周边空间的分布差不多。就是说那里的空间也分布着许许多多星团、星系、星星及行星，这些都只是正常的天体，只是我们看不到而已。这些看不见的天体就是隐藏天体。

上面的叙述中定义了太多新概念，我们来系统地做一个小小的总结：

不但要弄清楚这些概念，更要搞清楚为什么能定义出这些概念来。

没有觉得这些概念的定义完全是自然地、行云流水地得到的吗？与其说是我定义了它们，不如说是在因势利导之下它们自己自然地流淌出来的。

思路是这样的：

1. 为什么肉眼能看到遥远的仙女座，却看不到最近的比邻星？或者说为什么有时候能看到哈雷彗星，有时候看不到 -〉
2. 什么因素影响天体观测的结果，这些因素的变化极限在哪里？ -〉
3. 我们的观测有极限吗？ -> 有限可观测半径
4. 有两种极限变化的情况，极端因素和相对因素分析 -〉
5. 对非极端变化情况，下一个定义描述一下，起个名 -〉 **相对有限可观测半径**
6. 对极端变化，也下一个定义描述一下，起个名 -〉 **绝对有限可观测半径**
7. 对应非极端变化的观测结果是什么？下个定义描述 -〉 **暂隐藏天体**
8. 对应极端变化的观测结果是什么？下个定义描述 -〉 **恒隐藏天体**

于是我们就得到了前述定义。从而得到下面这个简单的图 6.5，从中可以更清晰地看出思考的脉络：

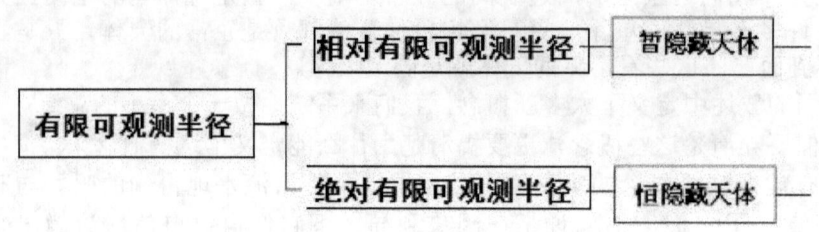

图 6.5 从有限可观测半径引申出来的隐藏天体定义

通常我在科学研究中,喜欢首先对复杂的现象尽量地抽象化、一般化。分析最普遍情况下的变化;再分析极限情况下的可能变化。希望这种简单的科研方法对大家有所启发。

科学研究的一般思路

脱离天文主题在这里唠叨一下。目的是想把自己做科研的一点心得与读者—特别是年轻的朋友们交流一下。

上节是做科研的一般思路,可以从纷纭复杂的实际中抽象出自己所要的东西来,其结果也许就是很有科学意义的成果。这就是抽象和总结,一般的科学方法。

还有一点比较重要的:从接收到的特殊信息中发现新思路。

讲一个我自己做硕士论文的例子。

我的专业是矿井优化设计,偏向计算机模拟。我连同在大学实习期间、研究生调研期间,总共也只真正到过两次采煤工作面。可是我却把教科书上综合机械化的采煤工作面的最优长度改写了。那篇论文作为"采煤工艺技术"发表在《煤炭科学技术》杂志上。

这篇改写教课书的论文的思路却是从一则新闻报道得来的。报道说,徐州大屯煤矿综采队在 96 米长的工作面创全国综采产量的最高纪录。

我一看,这个不对头了:采煤学教科书上明明白白地写着,综采工作面的最佳长度在 180 米左右,不能低于 120 米。否则生产效率随工作面长度降低而下降。也就是说,综采工作面要有足够的长度,才能有让采煤机械发挥效率。而受地质条件的制约,许多矿不能布置长的工作面。因此,如果短工作面能够取得高效率,那么对于地质条件不够好的煤矿有重大意义。

而现在大屯煤矿里这个长度几乎只有教科书上规定的最佳工作面一半长

度的工作面，按道理效率应该很低，怎么能创全国最高产纪录啊？

于是我就从北京跑到这个煤矿去调查到底是怎么回事，顺便也收集一些做计算机模拟需要的数据。

结果发现他们用的是中部进刀方式，很适合地质条件不够好采煤工作面不能布置太长的煤矿。

我把它写成了硕士论文中的一章。

有意思的是，在我的硕士论文答辩时，当时的采矿研究室的主任对这个部分提出了严重的质疑和争论，但后来论文在煤炭科学技术杂志发表后，他又找到我道歉。在现在这年头，这种老师向学生道歉的事情还有吗？很幸运我有个好老师。也可见要改变一种教科书论定的结论是多么不容易。

我写这段小故事的意思有两点，一是搞科研要有敏感性，对于一些看似不相干的特殊信息、反常信息，要动脑筋用基本的科学道理去深入分析思考，不要急于质疑或否认，更不要漠不关心无动于衷，那样可能就错过了新发现的契机；二是权威就是用来打破的，搞科研不打破权威哪能搞出什么大名堂？

这个，当然也适用于惯用"大胆揣测"方式的宇宙学。不过我们要更小心地"大胆"并且谨慎细致地思考求证。

年轻的朋友们，希望寄托在你们身上。但愿我的这本书，能给您播下一棵不畏权威的种子，为您多掌握一点正确的科学方法增加一点启迪，在将来长成顶天的大树。

隐藏天体不是暗物质

据 NASA 一项最新研究(2015 年 11 月 24 日)报道，地球可能被暗物质"毛发"环绕：根部最密集。地球周围可能环绕着密集的暗物质纤丝。暗物质是一种看不见的神秘物质，组成了宇宙中大约27%的物质和能量。这是人类对暗物质认识的新进展。

我们知道的暗物质的定义是：不发射任何光波，也不反射任何光波，却又有引力场的这样一种神奇物质。这样的物质，它们会有什么样的分子和原子结构？以至于漠然地与外部世界隔绝、除引力外没有丝毫的与外部世界的交流通道？在地球人的科学知识库里，好像还没有这么一种自我放逐东西。这种"暗物质"除地球的"毛发"外，至今为止并未发现任何实体，仍然只存在于宇宙物理学家的推理之中。

新的地球的"毛发"发现，可能又要更改暗物质的定义了吧？否则，"毛发"能有什么引力？也不知道看不见的东西怎么能连"毛发"也能用照片呈现出来。相信NASA专家能把这理论修圆满了。

图6.6 NASA发布的地球周围"毛发"状的暗物质

宇宙学家却又称暗物质及暗能量充斥宇宙，宇宙间百分之九十六的物质是暗物质及暗能量。

但如果只凭天体的"毛发"状的暗物质，数量还是太少了。而且，人们可能只能在行星周围看到这种疑似暗物质的"毛发"状东西，在发光的恒星周围可能看不到。那么总计起来，暗物质的数量会是宇宙间物质的多少呢？

过去对这种暗物质的唯一发现途径，就是利用其引力场。

现在"毛发"状的暗物质靠什么发现呢？总不会是照片吧？能对暗物质拍照？暂时还不知道，也就不在此作评论了。

利用引力场的方式发现暗物质，无非就是对暗物质的引力场进行直接测量，这个好像到目前为止还没有什么进展；另外就是像发现天狼星B影响天狼星的运行轨道那样，观测暗物质对其附近的可观测发光天体的影响，从而推测它的存在。但通过这种情况而发现的暗物质对象最后全部都被证实是普通的隐藏天体。没有例外！

没有例外！我不明白为什么宇宙学家仍坚持有神秘的暗物质，而非不能直接看到的正常的天体！

近年来天文学界花费了巨大精力一直在寻找暗物质。但实际上到目前为止全部已经发现的、曾经认为是暗物质的天体，都错误地把隐藏天体标记成暗物质。在发现错误后却又悄悄地一笔带过，再不提起曾经被错误地贴上过"暗物质"的标签这回事。

这里面最著名的例子是天狼星的伴星天狼星B的发现过程。图6.7是相关报道的截图。这也是通过引力场对别的星体运行轨道的影响而发现"暗物质"（实际却是隐藏天体）的第一个著名实例。

EXISTENCE AND NATURE OF DARK MATTER IN THE UNIVERSE

Virginia Trimble

Astronomy Program, University of Maryland, College Park, Maryland 20742, and Department of Physics, University of California, Irvine, California 92717

1. HISTORICAL INTRODUCTION AND THE SCOPE OF THE PROBLEM

The first detection of nonluminous matter from its gravitational effects occurred in 1844, when Friedrich Wilhelm Bessel announced that several decades of positional measurements of Sirius and Procyon implied that each was in orbit with an invisible companion of mass comparable to its own. The companions ceased to be invisible in 1862, when Alvan G. Clark turned his newly-ground $18\frac{1}{2}''$ objective toward Sirius and resolved the 10^{-4} of the photons from the system emitted by the white dwarf Sirius B. Studies of astrometric and single-line spectroscopic binaries are the modern descendants of Bessel's work.

图6.7 天狼星的伴星Sirius B的发现故事，首例"暗物质"的发现报道截图，当然这类"暗物质"是假的，实际曾是隐藏天体。

1987年对Sirius B的发现，任职加州大学Irvine分校及马里兰大学的Virginia Trimble 以"宇宙中**暗物质**的存在及其性质"为标题（图6.7），回顾说："1844年首次通过引力影响探测到不发光物质，那年Friedrich Wilhelm Bessel宣布对Sirius和Procyon几十年的位置测量意味着它们各自的运行轨迹都受到与它们自己可比拟的不可见物质的影响。"因为那时候人类的望远镜比较落后，在望远镜中还看不到天狼星B，于是就把它定义为报道标题中的暗物质。但是随着望远镜的改进，人们后来就能通过望远镜看到天狼星B了，当然它也就不是神秘的暗物质了。

从天狼星B开始，人们通过引力场影响发现的所谓暗物质全部最后都成了暂隐藏天体。

由于天文界普遍认为宇宙间百分之九十六的物质是暗物质，如果这种断言是对的，则如此巨大的暗物质大部分就只能是隐藏的星球或星系了。因为所有历史上被认作暗物质的星球后来都被证实并非暗物质而是第 4 类暂隐藏天体，随着观测仪器的改变而从隐秘的幕后曝光于我们的视界。于是我们可不可以做这样一个假设：绝大部分，甚至所有的暗物质，其实都是隐藏天体！

还有一个理论依据支持这样的推断，就是使用美国宇航局用于推断出微波背景全天图的神奇逻辑，即宇宙定律或大结构定律。详细讨论留在讨论全天图时进行。

隐藏天体概念比暗物质概念更具说服力

隐藏天体是实实在在的存在。既可以通过种种历史事件看到暂隐藏天体暴露后的曾经隐藏的面目，也可以看到它们暴露后又从我们视觉消失的顽皮模样，还可以看到它们周期性的时装表演。

暗物质迄今为止仍然存在于推理和想象之中。而且暗物质的定义还是除了引力效应外没有办法探测的奇怪物质，属于需要人们去"特殊理解"的那一类物质，没有那么强大的说服力。

加上宇宙间百分之九十六都是暗物质的断言。在下面一节的讨论中，我们可以通过应用美国宇航局的数据看到：宇宙间绝大多数的物质都是非暗物质类的恒隐藏天体。**可以说宇宙间百分之九十六都是隐藏天体。那么，百分之九十六的暗物质和暗能量在哪里呢？**

所有这些不都示意我们：绝大部分暗物质其实就是正常的、普通的、会发光或反射光的隐藏天体吗？暗物质的存在不但奇特、而且可疑、并且迄今为止除还未证实的"毛发"外没有更多具体的实例。因此，宇宙间即使有这种奇怪的东西存在，也只是极少数的一点点。

隐藏天体的分类

这个分类按照图 6.5 中的概念、分析隐藏天体定义的公式中的各种相关因素之间的关系、并考虑这些因素之间的增加或减少引起的变化，从而得到下面的图 6.8。

相关的详细分析和各类隐藏天体的具体实例，请参考后面所附论文。

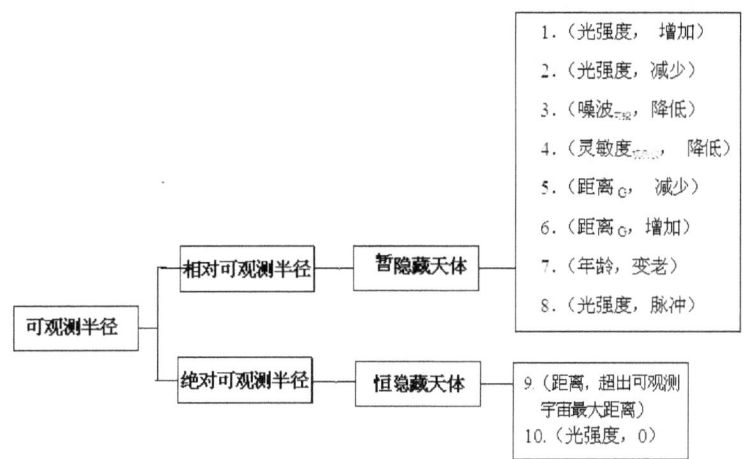

图6.8 隐藏天体理论体系示意

我在这里要特别讨论一下图6.8中右下角的第10类光强度为0的恒隐藏天体。

这种情况描绘的一类现象就是"暗物质"。暗物质的官方定义是不发射任何光波的天体。在其定义下暗物质的光强度为零，则相对可观测距离为零，这个暗物质对任何观测器在任何距离都是隐藏天体。

类似行星的一些天体也属于不发光的天体，像月亮，地球等。但它们却会吸收光，反射光，因而会发热，会发射出不算强烈的光。他们中的一部分在离地球适当距离内时，就可能是已观测到天体或者暂隐藏天体。当他们在一定距离以外，由于反射的光微弱，就很难被观测到。因此，随着望远镜的改进，或者我们用空间探测器把望远镜送到宇宙更深处去观测，那么即使在我们身边发现了新的行星，也用不着大惊小怪。

而这，就是我们发现可能的外星人基地，或者发现可移民星球的基础。

新概念宇宙想象图

我们应用美国宇航局提供的天体数据，结合隐藏天体理论，来构造一张新的宇宙空间尺寸的天体分布示意图6.9。

图6.9中使用了美国宇航局提供的天体数据。IC1101是迄今为止所发现的最大的天体，我们可以计算出它的光的有限可传播半径为4770亿光年，这就意味着IC1101的光基本可能传播到4770亿光年。我们用它作为理论上的人类现阶段能观测到的最大距离画出图6.9。

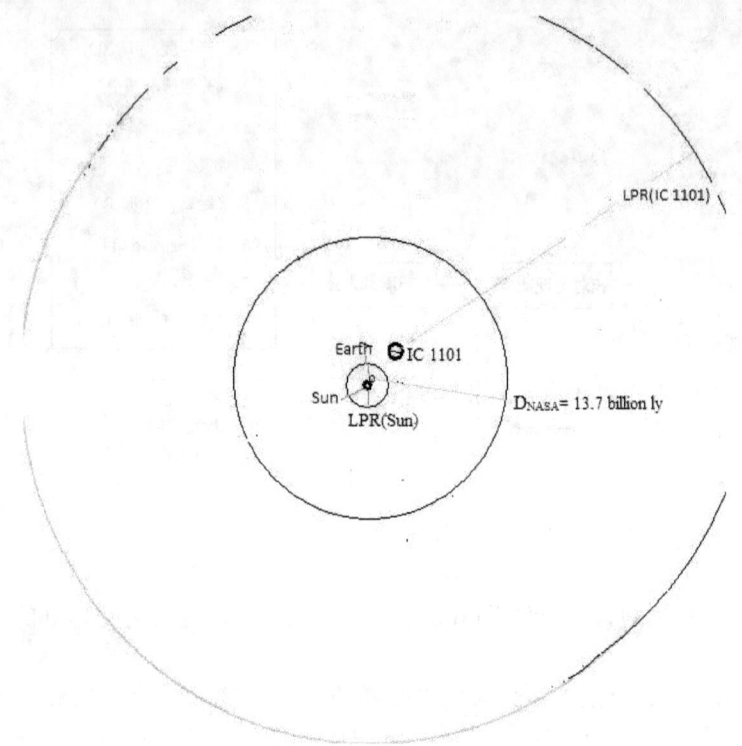

图 6.9 新概念宇宙想象图

于是可以看到，图中 D_{NASA} 是美国宇航局大爆炸模型确定的宇宙尺寸 137 亿光年，而 IC1101 光可以到达的是 4770 亿光年。也就是说，根据美国宇航局观测数据推断，至少在距离地球 137 亿光年到 4770 亿光年之间的巨大空间内的所有天体，对地球人来说，现在全部都是隐藏天体！

没有看到有文章解释大爆炸的屏障可以怎样阻挡 IC1101 的光在越过这个屏障时会发生什么。不知道现在的天文学宇宙学界有什么相关的思想或解释？

同样地，根据宇宙大尺度理论，在大爆炸确定的边缘地区也应该有许多类似银河系的星系、类似太阳的恒星等天体，不知道所有这些天体的光照耀到大爆炸的边缘屏障时，又会发生什么？

相比之下，宇宙专家们按照大爆炸理论给出的宇宙尺寸 137 亿光年的大小就太微不足道了，那还不到 IC1101 的光可以照耀到的最远距离的 0.03。

现在可以大致描绘一下我脑海中的宇宙全貌的概括图像了：

宇宙是巨大的、无边无际的，我们永远不知道它的边界在哪里。在我们能够以光速旅行、并且能够把生命延长到以万岁为单位计算以前，任何努力试图完全揭开宇宙的神秘面纱都是徒劳的。也许只有神仙能！

我们所能了解的宇宙目前被局限在相对有限可传播半径这个小范围内、也就是美国宇航局官方认证的137亿光年以内，而且这也不能完全确定，但基本到达人类认识宇宙的极限。请注意不是像霍金所说的那样，宇宙被人类认识得差不多了、达到极限了；恰恰相反，是人类认识宇宙的能力基本达到极限了，在这极限能力下人类也只能认识宇宙的一小小部分。

人类被禁足在不到一光年的范围内；人类的视线看不穿距离的厚重面纱。

我们能最大限度地感知的宇宙是根据最大发光天体的相对可观测半径所决定的。目前所知道的是由图6.9中IC1101的数据来界定的。这个是可以更改的，但时至今日，可能不会有太大的突破。而就以IC1101的数据来计算，人类声称已知道的宇宙尺寸和IC1101光传播的极限范围之比也是非常微小的。人类被局限在一个相对宇宙来说微不足道的区域。人类号称认识的宇宙和真正的宇宙尺寸之比例，那是一个小于百分之零点零零零...的比例。而且那些看不见的天体都是隐藏天体（我们看不见却存在着的天体），因此没有大比例的'暗物质'存在的余地！

宇宙间的天体可能是按照我们现在所了解的模式按照天体间不同的距离分布的，但我们并不确定这点。我们不知道在人类可感知的范围之外，宇宙会不会变换它存在的形式和面貌。

宇宙间隐藏天体分布构想图

我们利用上面的宇宙间天体的分布示意图来构造一张宇宙间隐藏天体的分布示意图6.10。

美国宇航局发布的观测到的宇宙数据、全天图等等，都说明美国宇航局把地球放在了宇宙的中心。但是根据美国宇航局的数据来说，地球的年纪是四十多亿年，而宇宙的年纪是137亿年，即使是大爆炸理论，也无法把地球安置在宇宙的中心。

但是从另一个角度、从天体的有限可观测半径理论来说，地球正是在可观测的宇宙中心。因为用观测器向四周探测，只能看到以观测器为中心的有限宇宙！这又从另一个侧面证明了隐藏天体理论体系的正确。

用隐藏天体概念在地球附近寻找可移民星球和可能的外星人基地

从图6.10的隐藏天体分布示意可以看到，地球附近也分布着大量的隐藏行星。在这些隐藏行星中，有很大的可能会存在既适宜人类居住、距离又让地球人在可见的将来将飞行器改进后，可以移民到那里去的隐藏天体。

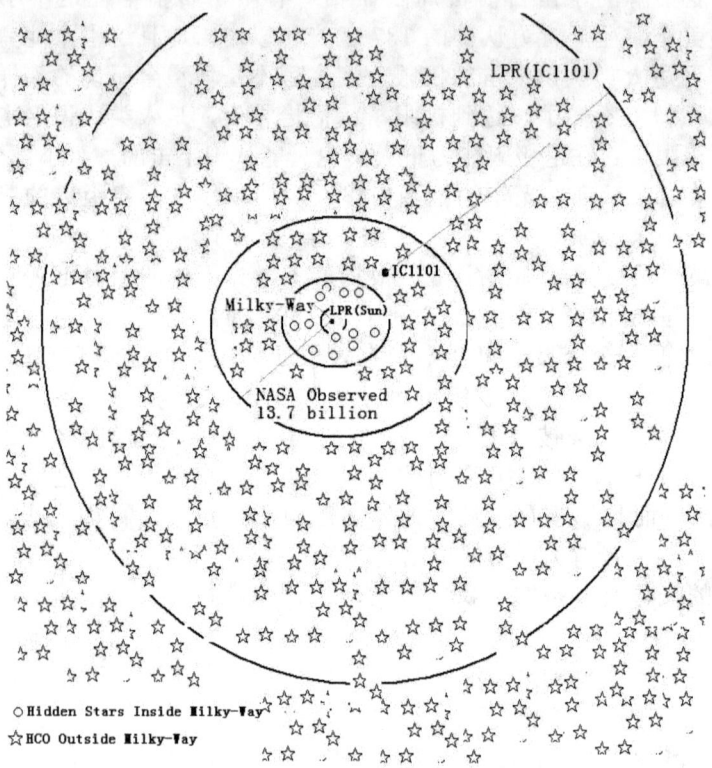

图 6.10 宇宙间隐藏天体的分布示意图

这些地球附近的隐藏天体，可以通过应用先进的、改造过的新型望远镜来密集搜索。因为现在要搜索的地域比较小，只是在地球附近几光年的范围内；同时使用的望远镜又足够强大，是有希望发现以前没有注意到或者没有看到的隐藏天体的。而这些新发现的天体中，就有可能是可移民星球，或者是可能的外星人基地。从本质上来说，如果外星人和地球人相差不大的话，那么它们这些外星人居住的星球所需要的可居住条件，就应该和地球人的要求相差不多。也就是说，找到了外星人基地，实际也是找到了地球人可移民星球。

隐藏天体是宇宙微波背景的可能来源

隐藏天体有机会成为宇宙微波背景的真正来源。也许是几颗，也许是几群天体，但是有这种可能性的。

因为在地球附近探测到了不明来源的微波，因为找不到这点微波的源头，就把它归结为大爆炸的遗留物。因为用卫星在地球附近探测了几年，就说百亿光年大的宇宙处处都是几乎同样的微波，还加个名词"背景"，有点不讲基本的科学原理。

这个问题留待在讨论微波背景全天图时详细叙述。

本章结语

暗物质是宇宙学界目前最热门最需要解决的课题之一。

暗物质也是最奇特的物质之一。用已知的原子、分子理论，不知道要怎样才能构造出不发光、不反射光还能吸收光的神奇物质？

在科学探索中，对于"奇特"的东西，我们需要持怀疑态度。对于违反科学基本原理的东西，我们更要谨慎对待。

外星人基地的话题只是一个引子，由此引申出隐藏天体的概念。但是，隐藏天体概念可以解决地球附近太空存在外星人基地的悬疑，也给我们寻找真正可移民星球提供了新的可行的思路。

隐藏天体隐于我们的视觉之外，却在我们的彗眼下无所遁形。

我们的彗眼是由基本的科学定理支撑的，没有神秘，不须奇谈怪论，不须"玄妙科学"。

坚实地沿着基本的用实验验证过的科学道理来分析、推理，我们的彗眼带给我们的，是坚实的无可挑剔的宇宙的更真实的面目和遥不可及的隐约背影。

第七章

声色变幻的频率－哈勃定律的真正奥妙

－天体观测图像速度、哈勃定律的新解释[4]

    声、色变化的本质是波频率的变化。

    波频率渐高，则声调渐高，色调渐蓝；波频率越低，则声调越低，色调转红。

    波频率的变化与波的强弱无关。

    如果不深入思考的话，我们的认识将止步于此。在解释某些物理现象时我们可能因此误入歧途，看到的是问题的表象而非本质。

    在某种条件下，波的强弱变化却又出人意料地起到改变波频率的奇妙作用。

    在探讨引起天体红移的原因时，我们注意到以下几点：

    波的本质决定：波的强弱改变不会引起波的频率改变。

    由此我们就不能不注意到：在天体观测中得到的与多普勒红移值密切相关的哈勃常数值表现出来的奇怪现象了。那就是：在地球上同时接收同样天体的光波时，只是由于观测仪器的不同，竟然会产生得到的值相差一倍到多达十倍的现象！这完全违背了波的性质。观测仪器的不同只能导致接收到的光波的强弱不同，而不能改变光波的频率！

    本来在这种长年累月争执不下的情况下，终究会有人想到需要从另外的角度或理论来解释这种现象。但是 NASA 持太空望远镜强势加入，以唯

---

[4] 请参考附录中《Speed of Observed Image and the Observer Caused Redshift of a Celestial Object》及文中所附参考文献

望远镜论的无敌姿态，镇压了所有的不同观测结果，以胜利者的声音告诉天文学界：我的望远镜最好，所以我最正确！于是把所有不同争论的声音压制，当然也就扼杀了人们在争执的最终有可能去寻找真正原因的可能。NASA把发现真理的可能性用先进的仪器抹杀掉了。

可是先进的仪器自己没有脑子不会思考。分歧和异常依然存在，NASA用天文数字的纳税人的钱堆出来的望远镜并不能消除或解释这些。

当我们注意到主要因为观测仪器的不同而导致频率的巨大差异时，自然地要去探究这种现象，从而把观测仪器的性能纳入对观测结果的理论分析之中。而不是用各种诸如校准、纠正理论等等修补手段来处理。

从这里出发，就会发现可以分析归纳各种不同观测结果的科学理论来，没有必要争论谁正确谁错误。

我们将掌握打开哈勃定律真正奥秘之门的金钥匙。

声色频率变换

闭上眼，声声入耳；睁开眼，色色撩人。声色二相，是人与生俱来的本能。稍有暇思，则声色菲菲，有"君王不为娱声色，无用辛勤学舞腰。" 心存妙悟，则绘声绘色，"必使山情水性，因绘声绘色而曲得其真；"

声与色虽截然不同，实则几如一对孪生兄妹，有许多相似之处：它们都是波，声色的变幻都因为频率的变换所致。如若频率单一，则音无腔调婉约，色失五彩烂漫。故极尽频率更换之纤巧，便得声色变幻之华美。

人们也就把它们之间的许多特性自然地从此及彼地拓展，如果掌握了某种声波相关的特征，就自然地推广应用到光波。

这种非常自然的转换，当然不会、也貌似不须经过严格的证明。

但问题恰恰出在这个"自然"上！

简单的公式，因为不须思考，有时候却让人不假思索地滑入陷阱，后面要讨论的爱因斯坦建立相对性概念时不假思索地应用到的小学数学公式便是一例；"自然"的推理，惯于由此及彼，也经常使人自觉顺利地误入歧途。现在讨论的声波运动改变频率特性向光波的自然推广又是一桩。

所以声色不光让高僧栗惕，也可使科学研究丧失光彩。

从声波到光波－从多普勒效应到哈勃定律

这一章讨论了两个大问题：

首先是遥远天体的光经过长途跋涉、并转化成有用信息后，实际传递到观测者所用的真正时间，这是一个被天文界忽略了的重要问题。这个问题要从望远镜对信息的处理方式、天体光强度随传播距离而衰减的规律、对望远镜处理信息的时间的影响、以及所有这些因素综合产生的结果来分析，并总结出其中的变化规律来。

然后是用上面得到的结果来重新解释天体红移现象和规律。

先简单了解一下有关知识。

以下基本从"百度百科"的"哈勃定律"条抄来的：

宇宙中所有天体都在运动，天文学上把天体空间运动速度在观测者视线方向上的分量称为天体的视向速度。***视向速度测定的基础是物理学上的多普勒效应***，它由奥地利物理学家多普勒（J.C.Doppler）于1842年首先发现。该效应指出，运动中声源发出的声音（如高速运动中火车的汽笛声），在静止观测者听来是变化的。若以 c 表示声速，v 为声源的运动速度，则静止观测者实际听到的运动中声源所发出声音的波长 λ，与声源静止时声音波长 λ_0 之间的关系符合数学表达式（$\lambda-\lambda_0$）/λ_0=v/c，称为多普勒效应。因为声速 c 和静止波长 λ_0 是已知的，λ 可通过实测加以确定，所以可以利用多普勒效应测出声源的运动速度 v。声源的运动速度越高，声波波长的变化越显著。

光是一种电磁波，如果把多普勒效应同样应用于天体光线的传播上，公式中的 c 就是光速，v 就是天体的视向速度。以恒星为例，通常在恒星光谱中会有一些吸收谱线，这是恒星表面发出的光辐射被恒星大气中各种元素吸收所造成的，且特定的元素严格对应着特定波长的若干条吸收线。只要把实测恒星光谱中某种元素的吸收谱线位置（即运动光源的波长 λ），与实验室中同种元素的标准谱线位置（即静止波长 λ_0）加以比较，就可以发现两者之间会产生一定的位移 $\Delta\lambda=\lambda-\lambda_0$，即多普勒位移。$\lambda_0$ 是已知的，而 $\Delta\lambda$ 又可以通过观测得到，所以通过多普勒效应即可推算出恒星的视向速度 v，这就是确定天体视向速度的基本原理。

从上面的叙述可知，因为"光是一种电磁波"，所以天文学界自然地把"多普勒效应同样应用于天体光线的传播上"，一点都不带思考和怀疑的。

这种未加证明的推广，正是可能错误的根源。

声色是有区别的－为什么需要重新解释天体红移现象？

天体红移（本书中以后简称红移）是望远镜观测天体的光谱的谱线朝

红端移动现象。

一直以来都公认红移由多普勒效应造成。

尽管历史上有许多人寻求红移机制的非多普勒解释，但还没有人注意到：不同仪器上接收到的、在同一地点的、同样天体的、星光的红移值，随着观测仪器的不同而不同，红移值随仪器的变化而变化；灵敏度越高的仪器（例如哈勃望远镜）观测到的红移值越小。

哈勃常数值曾是个长久而激烈的争议主题。在二十世纪后半，哈勃常数 H0 的值被估计约在 50 至 90(km/s)/Mpc 之间。Gérard de Vaucouleurs 主张其值应为 80 而 Allan Sandage 则认为应为 40。

1996 年，由 JohnBahcall 主持，包括 Gustav Tammann 及 Sidney van den Bergh 的辩论举行，主题针对上述两个哈勃常数的竞争数值。

在 2003 年，利用 WMAP 所得出最高精度的宇宙微波背景辐射测定值为 71±4 (km/s)/Mpc，而直到 2006 年，皆以 70.4 (km/s)/Mpc, +1.3/-1.4 作为测定值。

哈勃常数的历史数值显示，20 年代测得的数据和 80 年代后测得的值相差达十倍（图 7.1）。直到 1996 年，还在为哈勃常数是 80 还是 40 激烈辩论，这无论如何不应该在多普勒红移中出现的，也显然不能简单地用仪器或理论误差来解释。

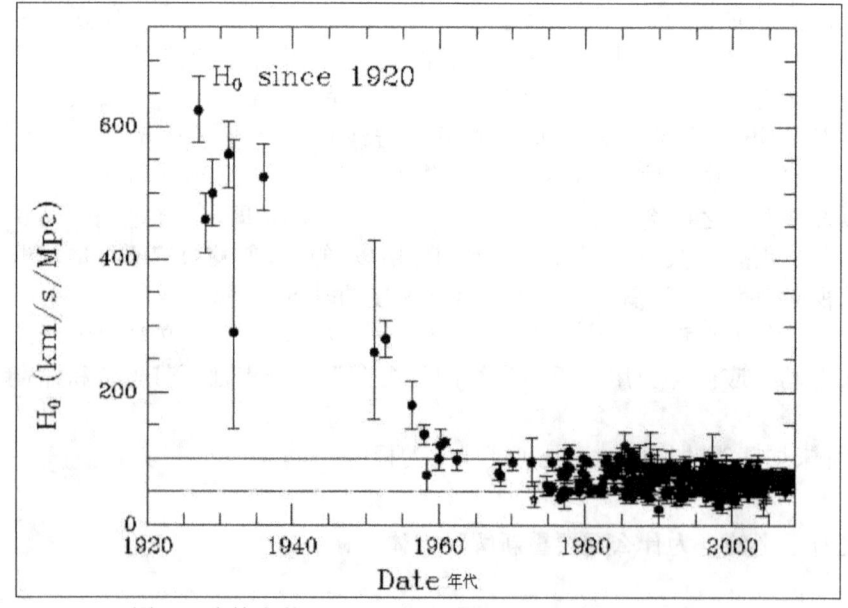

图 7.1 哈勃常数 H0 在不同年代测得的不同值 (摘自：https://www.cfa.harvard.edu/~dfabricant/huchra/hubble/)

我们相信，进行观测的科学家，无论是谁，他们的科学素质都是毋庸置疑的。而在分成两个流派的长期集体争论中，每个人、辩论的每一边，必然都做了充分的准备，进行了最认真科学的观测。只是由于使用的观测仪器不同、解释接收到的信息的方法不同，就导致一倍多的差异，这是一件不可思议的事情。

让我们转换一下思维方向。

如果大家的观测都是对的呢？有没有这种可能呢？
如果大家的观测都是对的，只是用来解释这些结果的理论错了呢？

如果以前从没人从这方面考虑过，那现在是请您想一想的时候了。

一方面按照哈勃定律，运动中的波会改变频率、导致天体的红移现象。另一方面，同一天体的到达地球的光波，对任何人类使用的、任意一台接收天体光波的望远镜来说都是同样的，那么因为接收仪器本身的好坏而导致光频率的改变，就是一件不符合科学原理的事情了。

最简单的例子：在剧院听歌剧，用手捂住耳朵听微弱的歌声，这歌声会变调吗？在同一地点用非常好的带天线的收音机和不灵敏的没有天线接收同一首歌，会出现收到的歌声音量相差很大的现象，但不会出现歌声变调到不成样子的现象。不可能会出现两台质量不同等收音机接收到的歌走调到相差达十余倍的情况。用最差和最好的接收器在同一地点听火车驶过的汽笛声，收到的音量大小会有显著不同，但仪器之间收到的汽笛音频率不可能有显著差别。

而天体的哈勃常数，反映的正是天体光波频率的改变。这样，按照上述的声波特性，就使我们开始考虑：如果不是宇宙天体膨胀运动导致的红移，那么导致天体观测红移现象的真正原因是什么？

历史上一直有科学家提出与多普勒红移不同的观点，比较有名的有 Fritz Zwicky 1929 年提出的"疲倦之光"理论。Zwicky 认为光子在稳态空间的巨大距离传输过程中，由于持续不断地与旅途中的物质或其它光子相互作用，或者由于某种不明物理机制的作用下，慢慢失去了它的能量，因为光子失去能量对应于光的波长增加，这种作用就会使得红移随光子传输距离的增加而增加。

但是以此为代表的这些观点都没有得到主流科学界的认可，他们被统称为非标准宇宙学。

那么我们现在为什么要提出解释红移的新机制呢？

主要有以下几点没有人提出过的原因：

- 多普勒红移值不应该在不同灵敏度的仪器之间产生巨大差异。有时候听远处传来的歌声，即使微弱到断断续续，但听到的部分仍然是基本同样的音调。音调不会有以倍数计的差别。而哈勃常数历史上的巨大差异，却证明随着仪器或观测方法的不同，接收到的光频率发生了巨大变化。特别是历史上为哈勃数值的巨大差异举行的辩论，两派的哈勃常数值为80：40，相差一倍。这不能不令人怀疑红移究竟是否多普勒效应造成的。而这些都正好可以用我们的观测图像速度变化的理论圆满解释。
- 这么多的科学家，在这么长的时间里都确信自己的观测结果是正确的，那么谁错了？谁都没错！是解释这些观测结果的理论错了！正确的理论应该是可以解释所有这些来自不同观测仪器的不同观测结果的理论！
- 所有的红移值都是由观测仪器产生的。从图7.1可以看出，早期越是用不够好的望远镜观测，得到的哈勃常数的数值越大，这说明哈勃常数与望远镜的好坏有一定关系，是随不同仪器灵敏度的不同而变化的，是仪器灵敏度的函数。迄今为止没有理论在分析和计算红移时将仪器的因素考虑进去。但是，哪一个天文数据不需要通过观测仪器（望远镜，或人眼等）来获得呢？至少应该把它们考虑进去作为对哈勃常数的影响因素之一进行一些研究吧？如果简单地只从消除仪器噪声的角度考虑，那么红移数据的观测结果就不应因为仪器的不同而产生巨大的偏差。而所有这些又都可以用我们的观测图像速度变化的理论圆满解释。
- Bond et el 2013年3月的研究结果称，年纪约在130亿年的HD140283距离太阳只有190光年。如果按照哈勃定律，在不断膨胀的宇宙中，HD140283怎么能停留在距离太阳只有190光年处呢？
- 按照哈勃理论，非常近距离的天体不会有红移现象。但实际上包括太阳在内的所有近距离恒星都有红移。哈勃理论解释不了这种现象，于是又用重力红移等理论来修补。可是用我们的观测图像速度变化的理论可以圆满解释所有的现象。
- 在使用滤色镜时，会导致红移值的改变的现象。这实际上是进入望远镜的光被滤色镜削弱、因而光强度降低后引起的红移值的变化。这个现象完全与光频率的变化无关，而只与光强度的变化有关。我们的理论可以圆满解释该现象。
- 用观测历史数据和现代数据进行对比检验：对比历史数据检验

有无曾经存在而后来消失了的天体。人类用望远镜观测记录天体已经有 300 多年的历史了。使用多年前的同样望远镜在同样的条件下，观察对比看是否有大批曾经在数百年前存在、而现在消失了的天体。如果没有这种情况发生，说明宇宙膨胀理论并不正确。因为在宇宙膨胀条件下，按照哈勃定律，遥远天体远离地球的速度非常大，经过几百年的运动，必定有天体从可观察天体变成隐藏天体。这个实验做起来不困难，只需投入人力物力和时间。

以上就是促使我们提出天体红移成因的新理论——基于天体图像速度的新理论，来重新解释天体红移的主要理由。

我们尝试用新理论从新的角度来解释天体红移现象后也得到了更好结果，因为我们提出的解释将原有理论中所有出现的矛盾都解决了。特别是对所有应用不同观测仪器因而得到的不同观测结果，都能够进行合理解释，而不是被 NASA 的号称最先进的卫星望远镜一锤定音，别的望远镜观测得到的数据都失去了意义。

在用经典物理方法研究包括被观测天体、天体光的传播特征和距离，以及观测仪器的灵敏度和响应时间或时间积分，这三者组成的系统性效应后，我们确定观测图像速度变化的系统效应才是天体的光红移的主要机制。

我们最后还设计了一个证明我们的新理论的测试实验。通过简单的观测，可以判定哪一个理论更正确。希望有条件的天文观测站有意来做这个测试。这是一个有可能带来重大理论突破的测试。

光速、天体光速及天体图像速度

关于光速的一些定义，及由爱因斯坦定义的宇宙最高速度等，暂不予以讨论。

那么，天体的光速呢？

通常人们把星星的光速与在地球上实验室里测到的光速混为一谈。

但实际上仔细探讨，天体光速与我们现在普遍使用的光速有很大的不同。

十年前，2006 年，我发表过一篇题为"光子的速度和星光的观测速度（The Speed of Photons and the Observed Light Speed from a Star）"的论文，那里面首次提到了从发光天体发出的光的整体统计速度，与单个光子的速度是不一样的。

单个光子的速度，是爱因斯坦讨论过的实验室中可以精确测定的光速，大概每秒 30 万公里左右。这是人们通常使用的、被科技界承认的唯一光速。

　　而星光在经过远距离的传输到达该星星对望远镜的相对有限可观测半径附近后（请参考"隐藏天体"一章中定义的天体的光相对观测器的有限可观测半径及本章后面"分批光子的不同作用区域"一节），由于天体同一批发出的光子不足以维持在该距离上由这批光子形成的光波波面，需要后发的不同批次的光子来补充，因此就使得星光的光速在传播到了相对可观测半径附近后，整体速度变慢。也就是从遥远距离外传过来的星光的速度，变得比实验室里测到的光速更慢！

　　难道可能是爱因斯坦的光速理论有问题？上述文章发表后，我还是在思考这个问题，总觉得这中间少了一点关键的东西。近十年时间的思考，又得益于与吴绿的讨论，以上想法又有了一些新的突破性的进展。

　　2014 年暑假，我们带着刚考上加州大学伯克利分校的吴绿，一起从北欧到中欧平均两天一个国家地旅行了 2 个星期，以庆祝他的高中生活的结束，也就是让我们头痛的青春反叛期的结束，让他精神抖擞地做好准备飞往更大的世界。

　　有一天在荷兰的阿姆斯特丹逛街吃饭时，我给他讲到十年前写的"光子的速度和星光的观测速度"这篇文章的观点，吴绿听了后立即回答说："那不是星光（photon）的速度改变了，而是观测图像（image）的速度改变了。爱因斯坦没有错，但计算观测结果的图像速度算错了！"

　　他的话引起了我的一番深思，使我得以跳出自己既定思维的陷阱，从一个新的角度来重新审视思考这个问题。

　　我们在热闹的阿姆斯特丹大街上讨论着这个问题。阿姆斯特丹的异国风光，变成了一种漫不经心的浮光掠影。

　　我和吴绿经常讨论我在考虑的一些问题，那个时候的想法主要是借此而把他的一部分过剩的青春期精力引导到科研上来。后来他在连续的两个暑假中，都和我一起把想法深化并写成论文。他的很多见解使我惊讶。隐藏天体概念就是在他的帮助下我们一起完成的。那篇文章的英文以及后面的论文，是由他执笔写的。

　　我还和他讨论到本书后面章节中的关于对爱因斯坦的引力场理论的看法，如果引力场使天体发出的光线偏转的话，满天的星星就应该狂舞。

　　他的评论是：爱因斯坦的广义相对论不应该过于涉及细节。

　　这是出乎我意料之外的评论。我就不知道他这颗年轻的脑袋里怎么能想得出来。这应该是活了六、七十岁的老人才有可能领悟得出来的道理。

　　这是我第一次从这个角度去思索：道可道，非常道。老子的云山雾罩的五千言道德经，天花乱坠玄之又玄的奥妙高论，就因为论道的不拘泥细节具体因素的高度抽象，从而打开不同的人的不同感悟的众妙之门，甚至是通向永恒的造化之门。

爱因斯坦理论细节留下了种种破绽，以致我这种小人物都可以站在这里指指点点。

可是对老子的高论，凡夫俗子们只是在永远的领悟之中，从一层境界领悟向另一层更高境界，哪里能让人看透了并拿着其中的破绽来说事？

从来就很少有人试图批驳老子，而只是对其理论领悟再领悟，永无止境。

但对爱因斯坦的理论从来就没有缺少过批评，虽然主流科学拒绝这样的批评，但它从来也没有、将来也不可能回答非主流科学界对相对论的批评和诘问。

其实这种原则还可以推广到社会生活之中。

一个国家，如果统治者只管油米柴盐，而把意识形态的精神思想交给只谈论精神、天堂、地狱、来世等等虚无缥缈却又人人需要面对的、死亡后的日子的宗教部门，还有死后永远的上天堂或下地狱的奖罚、希望，那么一般来说这个国家总是比较和谐的。

而当一国之统治者不但管理世俗事务，还包揽管理精神之类的任务时，这个国家的社会和谐度就不容易提高。

如果在精神管理中还排斥今生来世天堂地狱等，那就会导致缺失对民众行为的从心灵深处而来的规范。

仅仅凭借法律是不可能时刻约束人的自私之欲望的。

现代社会是一个资本主宰的社会。资本的本质就是激发人的自私本性去尽最大努力追求利润，没有了天堂地狱的约束，小民的追求利润之心就能达到疯狂的地步。例如毒食品等。钱多了也不见得能变好，可能会更差...

以上是我和吴绿在Amsterdam街头开始讨论的一点题外心得。

以下是我们关于天体的光传播的讨论的结果，写成了现在要呈献给您的这一章。

在把话题转移回来时，请先思考一下几个问题：

用望远镜观测天体时得到的图像，其从天体到望远镜的传播速度，和实验室测定的光的速度是一样的吗？

它们之间有什么区别？

这样的区别会在怎样的程度上影响对观测结果的分析？

这个章节比前面的章节要多出一些初中程度的代数公式，既是内容的需要，也一起来慢慢学习应用数学的简洁明快的方式来表达自己的思想。当然读者朋友可以把数学跳过去，只看文字。

计算天体观测图像传播时间要考虑望远镜处理信息的时间

现代天文观测中，几乎所有河外星系及大多数遥远天体发出的信息，都必须通过各种望远镜接收后，再经过计算机处理，才能得到观测结果。这些结果基本以数字或图像的形式呈现。

观测所得图像是望远镜观测天体并经过处理后得到的有效输出信息。

由于遥远天体发出的光子必须在通过望远镜（本文中用望远镜表示所有观测仪器）后我们才能感知，我们基本上不能直接测到天体图像的速度。因此虽然我们可以在实验室中准确测量单个光子或一组光子从发射到接收的时间，但我们不能直接准确测量天体发出的光到我们用望远镜接收并处理后得到的最终信息所需要的时间。

下图表示，从天体发射的光子到达望远镜被接收并处理后、成为有用的信息或图像输出所需要的时间，与光子从天体传输到望远镜所需要的时间是不相同的。由前者计算而来的是观测图像速度，而由后者计算得到的仅仅是光子传输的运动速度。前者包含了后者。后者并不是观测者使用的信息，而只是我们思想上错误地认为信息已经到达了。

这种情况就好像我们收快递，快递公司把一个包裹从送出去到客户签收，用了 24 小时，在客户签收后包裹的运送事件已经结束，快递公司的工作已经完成。但是客户需要的目的物还在包裹内并没有被客户拿到。这个阶段就相当于光子从天体发射后到达望远镜这一段，同样地，到达光子的信息还未被提取成图像或其他有用的信息存储或使用。要计算图像的信息传输的时间，就还得考虑信息提取的时间。

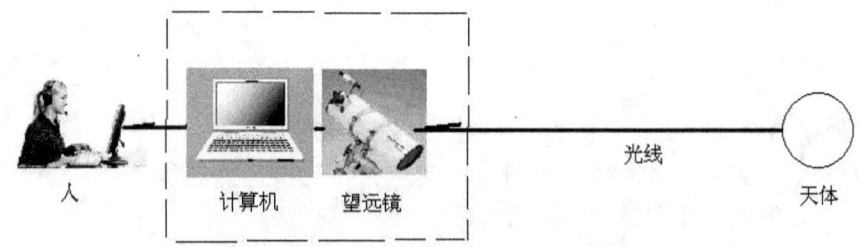

图 7.2 从右到左。光线从天体出发，到达望远镜，作为输入信息到达计算机，最后输出图像或数据（在此均用图像表示）。迄今为止在分析与天体光传播速

度相关信息时,从来没有考虑过望远镜和计算机所耗费的时间。但实际上任何信息必须在转化成被人可以理解的图像后,才是真正"被看见"。虚线框起来的望远镜和计算机耗费的时间,在作天体的光传播速度分析时至关重要。

如果客户接到包裹后马上就拆开,那么这个过程所消耗的时间比较短暂,可能只有短短几秒钟,之后包裹拆开客户就真正得到了他想要的目的物。这个拆包裹的时间对所有的客户来说都是同样需要消耗的。同样地,任何一批到达望远镜的光子,如果数量足够望远镜所要求的达到最低响应所需能量,望远镜就马上以极短的时间处理并输出图像,于是就结束了接收观测图像所需时间的计算。这个望远镜处理信息的时间虽然很短,但并非零时间,是望远镜观测任何天体在获取该天体的有用或可用信息时都会消耗掉的。

但如果客户接到包裹后因为各种原因不能马上就拆开包裹,那他真正得到目的物的时间就拖长了。这个拖长的时间是不确定的。

同样的道理,望远镜在处理远道而来的光信息时,也会遇到因为信息太微弱不能立即让望远镜响应分析,而需要花时间等待更多光子的到来、因而得到图像信息时间被不确定延长的情形。

根据我们在隐藏天体一章中的讨论,在接近天体的有限可观测半径时,由于距离对光强度的衰减作用,距离较远的天体某一时刻发出的光,经过长远距离后,必定会衰减到低于望远镜所需的最低响应所需能量,于是光子附带的信息的提取就不确定地延长了,因而观测遥远天体的图像所需时间也随之不确定地延长了。当然这个不确定是相对的,是有可能计算出来的。

我以前在老论文中考虑的仅仅是一批光子从天体发出,经过空间旅行,到达望远镜的时间,就是我在老论文中讨论的传输时间。把这个时间再加上望远镜处理这批到达光子及相关后续光子后、最后输出观测图像的全部时间,才是天体观测图像真正花费的全部时间。由这个时间而算出的速度,才是天体观测图像的真正传播速度。

我们计算天体观测图像的速度时,不仅有光子的旅行时间,还有迄今为止天文观测中没有包括进去的望远镜处理光子形成输出图像的时间。考虑的对象,不仅仅是光子,还有以前计算光速时不考虑的望远镜的响应时间!

在计算公式中加入这个以前从不考虑的形成输出图像的时间,带来令人意想不到的结论,十分重要。

把光子的旅行时间和望远镜形成输出图像的时间归纳进来一起考虑,是必须而且也是合理的,因为如果要算一算天体发射的图像的速度,就必须在有了图像后才能计算,而有了图像后,这两个时间因素就已经存在了。

现代的天文观测中,任意使用观测积分时间,却在处理结果时不包含使用过的积分时间,而把这些直接归入红移值。实际上,天体越遥远,传送到望远镜的光强度越微弱,望远镜所需的观测积分时间就越大,同时红移值就越大。

在现实观测中,例如哈勃用望远镜测量遥远距离的天体的红移,他就没有考虑望远镜处理接收到的光子的时间。这就导致了对红移理论的极大疑问,并给了我们从全新的角度来解释天体红移的成因的机会。

有没有一种可能:红移是由于望远镜所需积分时间而造成的?哈勃没有考虑望远镜所需积分时间,我们是否可以对其得出的结果和结论重新考虑?也许哈勃红移定律的原因不是宇宙膨胀导致大规模天体作远离运动而引起的,只是望远镜自身在处理微弱输入信息时的一种响应现象。

我们在后面将继续详细讨论和这个问题相关的所有细节,并设计证明此论点的实验。

望远镜的响应时间

一个直径几米的天文望远镜,当然不会像实验室里面的仪器,有一个光子到来,也会立刻做出响应。

就像在隐藏天体一章中讨论过的,眼睛的神经系统对光子的处理,必须是在进入眼睛的光子数达到一定的数量后才会发生。否则就会出现被噪波过分干扰的结果。望远镜对输入光子的要求,至少要达到其相比不可控噪波数量更多的要求,这样才能谈到克服不可控噪波后对数据进行分析。

所以任何天文望远镜,都需要在一定数量的光子输入后,才会对这些光子进行处理,然后计算机输出信息、清理光子储存器并重新开始积聚光子准备输出新的图像。

从望远镜专业的角度来说,可以浅显地解释如下:

用来取得天体图像的现代天文望远镜,都有一个存储到达光子的缓冲器,这个缓冲器就像一个三维矩阵,其中的二维平面对应观测天体的观测区域,与平面上的每个点对应的第三维则用来记录在观测期间进入该点的光子数。望远镜在接收到达它的光子后,来一个光子就按照它的位置存储在相应的矩阵的对应的第三维记录器中,按先后顺序排队。经过一定时间矩阵填充到一定程度后,就把所有的光子一次性都送给计算机去处理。

如果短时间内到达望远镜的光子非常多(意味着天体发出的光比较强、

或者距离不是特别大),那么计数器矩阵一下子就被填满了,输入信息马上就被送给计算机去处理了。

但当距离遥远到接近天体的相对有限观测半径时,到达的光子数就非常少了,需要等待很长时间,才能够把收到的足够强度的信息发送给计算机。距离越远,等待的时间就越长。

分析用来取得天体图像的现代望远镜,以装备 CCD 相机的望远镜为例,其工作原理大致如下:在曝光(Exposure)或集成(Integration) 过程中,当天体发射的光子照射到感应器时,就产生响应的电子。电子储存于势能井(Potential Well)中,直到曝光或集成过程结束,才送到计算机去产生相应的图像。

其实构成本章的整篇论文就是把上面的叙述用数学的形式精确地描绘出来,再抽象出其中的物理规律。

我们现在来看下面是怎样把上面的叙述抽象成科学论文的。如果你不喜欢数学符号,你可以跳过数学不看。但我建议如果你是学生的话,最好耐心地看一下。首先这些都很简单,99%涉及到的只是初中数学知识;更重要的是这里在展示给你怎样灵活应用从书本上学到的知识,你将终生受益。如果你想把数学看下去,那么拿一张纸一管笔,把重要符号和它代表的意义像学单词一样记下来,最后什么都会清清楚楚的。我的几个作家朋友,都是纯文科出身的六、七十岁的老人家了,也能把这些内容搞得明明白白,只是稍微多花点时间而已。

假设任意一台望远镜 TEL 至少需要每单位面积 Q (TEL)个光子的强度才能产生响应。如果当前到达的这一批次的光子总数 N_{FULL} 满足光子每单位面积上的光子数即光强度 $I_{FULL} \geq Q$ (TEL),我们定义该望远镜的**满光强响应时间** FLIRT (TEL) (Full Light Intensity Responding Time) 为:

$$\text{FLIRT (TEL)} = T_{FULL} (TEL, N_{FULL}), \quad I_{FULL} \geq Q (TEL) \quad (1)$$

T_{FULL} 为 TEL 处理信息 I_{FULL} 所需全部时间。在此我们把到达信息强度等于或超过 Q(TEL) 条件下,该信息从进入望远镜到输出信息(一般为图像)后所需要的全部时间定义为满光强响应时间 FLIRT(TEL)。它只与望远镜有关。

在实验室条件下,光子接收器的满光强响应时间 FLIRT(TEL)可以无限趋近于零。但对天文望远镜来说,当需要处理的输入光强度十分微弱时,往往需要积累或说积分(integrate)一段时间后才能形成有效信息,满光强响应时间 FLIRT(TEL)通常比较小,但总有 FLIRT(TEL)> 0。

通俗来说：高级的电子天文望远镜对照射到它的镜头上的光，并不是马上能够向使用望远镜的人传递它接收到的信息的。像人的眼睛一样，望远镜需要接收到足够多的光子以后才能做出反应，对进入的光子进行处理。我们要考虑的就是望远镜需要多久才能够做出反应的时间。

当光很强烈时，光一旦照射到望远镜上，就达到了望远镜需要的光子数量，于是望远镜就马上做出反应，对这些光进行处理，然后输出图像。完成这些虽然很快，但还是需要一定的时间的。这种情况的具体例子之一就是将望远镜对向太阳。

我们做科学研究，就是把这些细微之处给定性或最好是定量地给找出规律来。而这种找出规律，就是首先用一个科学名词表示这种现象，再联系其他相关因素找出抽象的相关规律 f 和具体的相关规律 f（相关因素）-- 请回忆一下在前言之后的预备知识。这里，对望远镜由于有了足够的光照而马上就做出反应的情况，取一个名字叫"满光强响应时间"来描述。

这只是其中一种简单的情况，还有更复杂点的情况，下面逐个分析。

计算天体观测图像时间要考虑距离的衰减效应

上面是从望远镜的角度来考虑的。还要进一步考虑，如果光很微弱呢？那望远镜就不能马上做出反应了。而导致天体光微弱的原因是什么呢？当然是它离望远镜的距离和天体的光强度了。

为了计算图像的天文观测所需的时间，需要考虑一批天体发射的光子的统计速度的距离衰减效应的影响。

于是，我们就开始分析不同天体的光在通常漫长的传播过程中光强度衰减的规律，并且和望远镜的观测能力联系起来分析，以达到我们最终研究的目的。

当望远镜的位置靠近我们在隐藏天体一章中定义的天体的相对有限可观测半径时，由于从天体传来的信息逐渐变得非常微弱直到不能分辨，加上现代电子望远镜的工作方式，使得观测图像的总体接收速度会发生很大变化，而这种变化在宇宙学理论分析中迄今还没有合理地考虑过，没有看到有文献考虑天体发射的光强度随距离的衰减、及望远镜接收信息的灵敏度的变化、对光信息的总体传播速度的影响。而正确区分实验室光速和观测图像统计速度将改变很多理论分析所得到的结论。

距离的衰减效应对正确分析观测图像速度是一个不可忽略的重要因素。

天体分批发射的批量光波

天体发射光波时，很显然在极短的时刻内只能发出有限数量的光子，因为即使把天体本身全部变成光子发射出去，也只是一批数量比较大的光子而已。这种情形可以用图7.3表示。

图7.3中天体持续不断地发射着光子。为了研究的方便，我们可以把连续的时间人为地划分成相同的极小的时间间隔，用Δt_i来表示任意一个时间间隔。图中天体每隔极小的时间间隔Δt_i就向观测仪器发送每单位面积为N_i的光子。

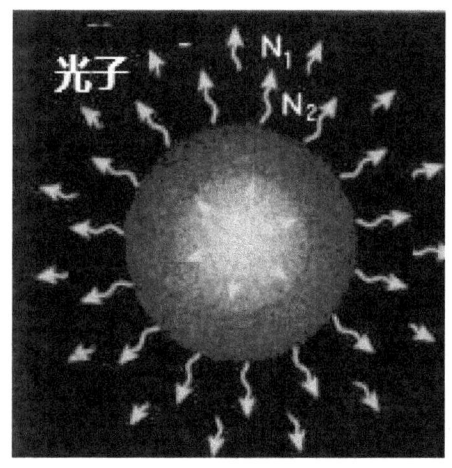

图7.3 恒星分批发射光子示意图

下标"i"表示"任意一个"，i = 1 就代表第一个时间间隔t_1，或是第一批光子N_1。注意为以后计算简便，这里的批量光子数是"每单位面积"，这样以后在写公式时，就可以把"4π"省略不写了。

数学中表示"任意"或"很多中的随便哪一个"常常像上面那样用一个带下标的字母来（例如i）表示，再说明这个字母是代表变化的众多中的任意一个（例如i=1, 2,...）。

我们一定要熟练掌握这种对"无穷""很多"的表达方式，这是从初等数学的确定性分析的思想方法向高等数学的动态的不确定分析方法转变的关键知识点。

分批光子的不同作用区域

我们还是同样，先用简洁的数学来表示，再用语言做些说明。

假设我们用 C 表示观测中发光天体，TEL 表示望远镜，P 表示任意一点，P_{TEL} 表示望远镜 TEL 位于 P 点，N_i 表示在 i 时刻天体 C 发出的全部光子的数目，$D(C, P_{TEL})$ 是位于 P 点的望远镜 TEL 与 C 之间的距离，$I(P_{TRL}, N_i)$ 是 C 发出的 N_i 个光子照射到位于 P 点的望远镜 TEL 的单位面积光强度。同时我们用 RLOR 表示天体的相对有限可观测半径（RLOR 是 Relative Limited Observerable Radius 的缩写）。

表 7.1 编一张表以便查找：

符号	意义	备注
$D(C, P_{TEL})$	位于 P 点的望远镜 TEL 与天体 C 之间的距离	
C	观测中的发光天体	
$I(P_{TRL}, N_i)$	C 发出的 N_i 个光子照射到位于 P 点的望远镜 TEL 上的单位面积光强度	
RLOR	天体的相对有限可观测半径	
N_i	是 C 发出的 N_i 个光子	
P	表示任意一点	
P_{TEL}	P_{TEL} 表示望远镜 TEL 位于 P 点	
TEL	表示望远镜	

根据普通的光强度随距离变化的物理常识我们有：

$$I(P_{TEL}, N_0) = \frac{N_0}{4\pi D^2(C, P_{TEL})}$$

简单的数学极限告诉我们

$$\lim_{D(C,P_{TEL}) \to \infty} \frac{N_0}{4\pi D^2(C, P_{TEL})} = 0$$

因此，当 C 发出的光强度足够大时，我们总能在光传播的途径上找到这么一点，我们把这点命名为 P_{CRIT}，使得从 C 到 P_{CRIT} 这一点所在光波的强度满足下式：

$$I(P_{CRIT}, N_0) = \frac{N_0}{4\pi D^2(C, P_{CRIT})} = Q(TEL)$$

我们称 P_{CRIT} 为**饱和响应点**。

我们称 RLOR 所在点为**相对可观测终点**。

由此，如下面图 7.4 所示，沿着 C 同一时刻发出的同批量中的所有光子 N_0 传播的途径，把从 C 到 P_{CRIT} 区间命名为**饱和区**；从 P_{CRIT} 到 RLOR(C) 的相对可观测终点之间的区间命名为**距离滞后区**；相对可观测终点以外是**隐藏区**。

上面的推导，其基础是星光随距离衰减，而望远镜的能力有限，不能处理无限微弱的光。这样，就可以找到一个这样的分界点，在这个点靠近望远镜的距离内，星光虽然随距离衰减，但还是有足够的强度可以使望远镜立即响应，而望远镜的响应时间也就是最短的满光强响应时间，这个点就叫做**饱和响应点**，这个区域就叫做**饱和区**。

而在 P_{CRIT} 点以外远离望远镜的区域，则需要等待后续光子到来的叠加来满足启动望远镜响应的需要，也就是需要更多的时间来使望远镜积累足够的光强度，望远镜的响应时间也就拉长滞后了，这个区域就叫做**距离滞后区**。

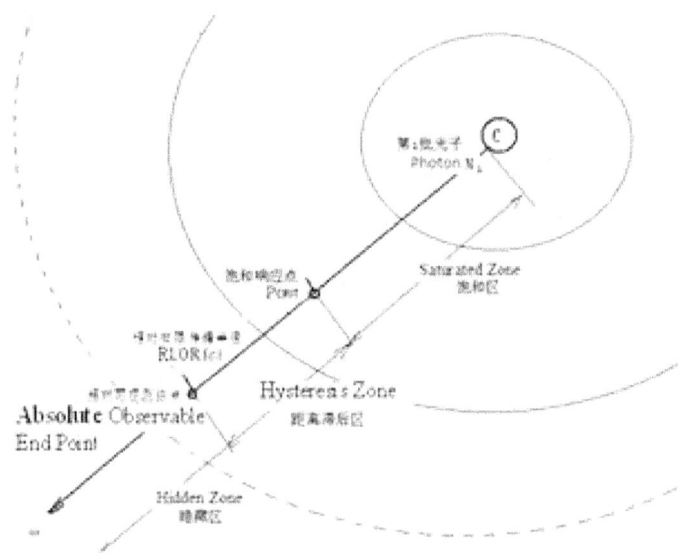

图 7.4 距离衰减作用使得天体 C 发出的光子随望远镜之间不同距离而产生不同效果，从而划分成饱和区(Saturated Zone)、距离滞后区(Distance Shifted Zone)及隐藏区(Hidden Zone)

随着距离的增加，距离滞后区滞后的时间越来越长，直到到达望远镜的星光微弱到再怎么积累也无法使望远镜产生响应了，即望远镜从这点起再也看不到这颗星星了，这个点就叫该星光对该望远镜的**相对可观测终点**，从 C 到相对可观测终点之间的距离就是在隐藏天体一章中定义过的 C 的相对有限可观测半径。

越过这个点更远的距离,望远镜再也见不到这颗星星了,所以这个区域就叫做**天体隐藏区**。

我们根据图 7.4 来具体分析一下两个点(饱和响应点,相对可观测终点)和被它们分割出来的三个区域(饱和区,距离滞后区,天体隐藏区)。

饱和区

假设天体 C 以 V_{EMIT} 的速度在 T_0 时刻发射 N_0 光子,经过距离 $D(C, P_{TEL})$ 以后在 T_1 时刻到达坐落在饱和区内的望远镜所在地 P_{TEL}。在饱和区内,总有 $I(P_{TEL}, N_0) > Q(TEL)$,于是在该区域内的望远镜总能够在 FLIRT(TEL) 时间内做出响应。因此天体 C 照射在望远镜上的光强度 $I(P_{TEL}, N_0)$ 为:

$$I(P_{TEL}, N_0) = \frac{N_0}{4\pi D^2(C, P_{TEL})} \geq Q(TEL),$$

$$\text{当 } 0 < D(C, P_{TEL}) \leq D(C, P_{CRIT})$$

注意到上式中就离是限定在饱和区内的,就知道上面实际计算的是满光强度,所对应的时间就是满光强响应时间。

在暂时不考虑其它因素的情况下,从 T_0 时刻 N_0 由 C 发射,到 T_1 时刻到达 TEL 的时间为 $T(C, P_{TEL}) = (T_1 - T_0)$,并且有,其中 V_{EMIT} 是 C 发射第 N_0 批光子时的速度,即爱因斯坦定义的光速。

但是在 T_1 时刻我们还不能感知到 N_0 产生的观测图像 OI,必须等到经过望远镜的处理后得到输出图像 OI 后,我们才知道接收到了 N_0,而这段时间正是满光强响应时间 FLIRT(TEL)。所以如果定义 N_0 从 C 出发到达 TEL 并被我们接受到其信息的总时间为 **TOI**(Time of OI),那么在饱和区内:

$$TOI(C, P_{TEL}) = FLIRT(TEL) + T(C, P_{TEL}),$$

$$\text{当 } D(C, P_{CRIT}) \geq D(C, P_{TEL}) > 0$$

相应地可以简单计算出输出图像速度 **SOI**(Speed of Observed Image):

$$SOI(C, P_{TEL}) = D(C, P_{TEL}) / (T(C, P_{TEL}) + FLIRT(TEL))$$
$$= D(C, P_{TEL}) / [T(C, P_{TEL})(1 + FLIRT(TEL) / T(C, P_{TEL}))];$$
$$\text{当 } 0 < D(C, P_{TEL}) \leq D(C, P_{CRIT})$$

令 $Z_0 = FLIRT(TEL) / T(C, P_{TEL})$,称 Z_0 为 OI 的**满光强滞后参**

数。这样上式可写为

$$SOI(C, P_{TEL}) = D(C, P_{TEL}) / [T(C, P_{TEL})(1 + Z_0)]$$

令 V_{EMIT} 为光子的发射速度，因为

$$V_{EMIT} = D(C, P_{TEL}) / T(C, P_{TEL})$$

上式亦即
$$SOI(C, P_{TEL}) = V_{EMIT} / (1 + Z_0)$$
当 $Z_0 = FLIRT(TEL) / T(C, P_{TEL})$, $0 < D(C, P_{TEL}) \leq D(C, P_{CRIT})$

当 $D(C, P_{TEL})$ 很小、就像太阳到望远镜的距离，Z_0 比较重要；当 $D(C, P_{TEL})$ 很大，则 Z_0 可以忽略不计。

上面的公式推导看起来很复杂，其实都是初等代数，不难但是比较烦琐，只需要点耐心而已。这里用非数学到语言小结一下：

假设接受到天体信息的总时间为 TOI, 而望远镜到天体之间的距离 $D(C, P_{TEL})$ 是已知的, 那么就可以计算出天体输出图像速度 SOI。这个假设的总时间在饱和区内实际包含两个部分，一个是光从天体发出并到达望远镜的时间，这个用距离除以光速就可以了，因为我们总是用大家都使用的单个光子速度不变的光速；另一个是望远镜用于处理收到足够多信息后处理信息的时间。

我们把图像速度 $SOI(C, P_{TEL})$ 变换成含有 Z 的形式，是为后面将它与同等形式下的多普勒红移公式的形式作对比。

这里用到的数学技巧是，把连续不断的星光划分成无限小的间隔（用 Δ 表示），想象望远镜逐个接收这些小间隔的光，直到在接收到某一个（用下标 i 表示）间隔时（用 Δ_i 表示），望远镜接收到的光达到饱和状态，那么它前面那个间隔（用 Δ_{i-1} 表示）还没有使得望远镜接收的光子达到饱和状态。

距离滞后区

现在要讨论的是，图 7.4 中望远镜处在饱和响应点和相对可观测终点之间时观测 C 的情形。在这个区间，从饱和响应点 P_{CRIT} 开始，随着距离的增加，天体发出的光照射到望远镜上的强度减少、望远镜需要等待的时间加长后才会做出响应。也就是说随着距离的增加，望远镜输出信息所需时间越来越长，就好像距离的增加使得望远镜输出信息滞后了一样，所以这个区域就命名为'**距离滞后区**'。

在该区域内，我们有

$$I(P_{TEL}, N_0) = \frac{N_0}{4\pi D^2(C, P_{TEL})} < Q(TEL),$$

当 $RLOR(C) > D(C, P_{TEL}) \geq D(C, P_{CRIT})$

在非满光强度的情况下，望远镜将延长其曝光时间或集成时间（Integration Time），直到收集积累了足够的光子后，才会将这些累积信息转换成输出图像。

由于 C 不断发射光子，可以把时间间隔成无数微小区间 Δt_i，在此区间发射的光子数为 N_i。那么，在我们观测的起始时间间隔 Δt_0 发射的光子 N_0。由于距离的衰减，在到达距离滞后区时，$I(P_{TEL}, N_0) < Q(TEL)$，不能让望远镜立刻产生响应。于是望远镜将接收到的 N_0 的到达光子储存起来。随之 N_1 批光子到达，如果 $I(P_{TEL}, N_0 + N_1) > Q(TEL)$，望远镜开始响应并在 FLIRT(TEL) 后输出图像 OI；否则就继续等候并储存下一批光子。

这种情况可以用改进了的惠更斯波峰前进图 7.5 来表示。

图 7.5 左边的图像中，A-B 和 C-D 表示相继到来的两道波峰，而 C-D 是观测仪器所在之处，白色的 6 个方形点表示光子与观测仪器接触面。在右边的图像中，波峰 C-D 已经越过观测仪器所在的面 C1-D1，而波峰 A-B 则刚到达 C1-D1，于是在 C1-D1 上不仅有 A-B 在观测仪器 C1-D1 的 6 个方形表示的光子，还有 C-D 留在 C1-D1 上的残余用白色的圆点表示的光子，这样经过 Δt 以后，波峰 A-B 和 C-D 在观测仪器上完成光子的叠加。

一般来说，我们有：

$$SOI(C, P_{TEL}) = D(C, P_{TEL}) / (FLIRT(TEL) + T(C, P_{TEL}) + \sum_{i=0}^{j} \Delta t_i)$$

当：$\sum_{i=0}^{j-1} N_i / 4\pi P_{TEL}^2 < Q(TEL)$,

$\sum_{i=0}^{j} N_i / 4\pi P_{TEL}^2 \geq Q(TEL)$,

$LPR(C) \geq D(C, P_{TEL}) > D(C, P_{CRIT})$
$RLOR(C) \geq D(C, P_{TEL}) > D(C, P_{CRIT})$

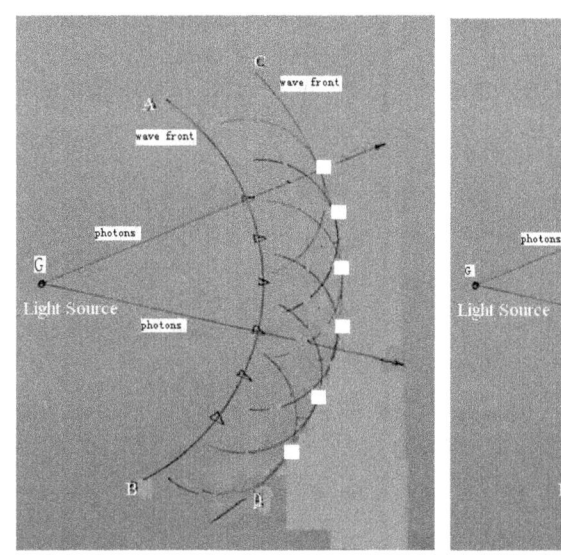
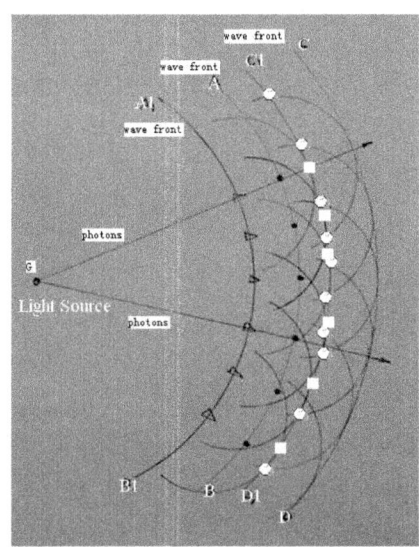

图 7.5 波峰前进叠加图

在上式中令 $Z_1 = \sum_{i=0}^{j} \Delta t_i / T(C, P_{TEL})$ 为输出图像的**距离滞后参数**，则上式可写成：

SOI (C, P_{TEL}) = D(C, P_{TEL}) / [T(C, P_{TEL}) (1 + Z_0 + Z_1)]

亦即：

SOI (C, P_{TEL}) = V_{EMIT} / (1 + Z_0 + Z_1),
V_{EMIT} = D(C, P_{TEL}) / T(C, P_{TEL})

令 $Z = Z_0 + Z_1$ 为输出图像的**滞后参数**，最后可得：

SOI (C, P_{TEL}) = V_{EMIT} / (1 + Z)

上面的推导，主要是为了计算滞后参数。依据的原理是前面批量的光子到达望远镜后，不能激发望远镜输出图像，于是要等待后续一批或多批次的光子的到来（这里又要处理不确定的概念）。把所有这些批次光子到达所用去的时间全部加起来，就得到了分批光子的总时间。这个总时间和光正常从天体传输到望远镜所要用去的时间之比，就是我们所要寻求的距离滞后参数。

不可见区

在望远镜与天体的距离超过望远镜和相对可观测终点之间的距离后,该望远镜再也看不到这颗天体了,那就是'不可见区'了。

如果 $D(C, P_{TEL}) > RLOR(C)$,那么 C 成为不可见天体,SOI (C, P_{TEL}) 不再存在。即:

$$SOI(C, P_{TEL}) = NA,当 D(C, P_{TEL}) > RLOR(C)$$

总结

归纳以上分析,可以得到用位于 P_{TEL} 的望远镜 TEL 观测距离为 $D(C, P_{TEL})$ 的天体 C 所得的观测输出图像 OI 的传输速度 SOI 如表 7.2。该表看起来很复杂,其实只是把我们前面讨论计算的图像传播速度 SOI 随距离而变化得到的三种不同结果表示出来。因为要对每一个符号的定义、不同的条件都要做清楚的说明,全部放在一起看起来就很烦琐。

表 7.2 天体观测图像在不同区域的传输速度:

SOI =	饱和区 $V_{EMIT} / (1 + Z_0)$	当 $Z_0 = FLIRT(TEL) / T(C, P_{TEL})$, $D(C, P_{CRIT}) \geq D(C, P_{TEL}) > 0$, $V_{EMIT} = D(C, P_{TEL}) / T(C, P_{TEL})$	(5.1)
	距离滞后区 $V_{EMIT} / (1 + Z)$	当 $LPR(C) > D(C, P_{TEL}) \geq D(C, P_{CRIT})$ $Z = Z_0 + Z_1 + Z_2$ $Z_0 = FLIRT(TEL) / T(C, P_{TEL})$, $Z_1 = \sum_{i=0}^{j} \Delta t_i / T(C, P_{TEL})$, $\sum_{i=0}^{j-1} N_i / 4\pi P_{TEL}^2 < Q(TEL)$, $\sum_{i=0}^{j} N_i / 4\pi P_{TEL}^2 \geq Q(TEL)$。	(5.2)
	不可见区 N/A	当 $D(C, P_{TEL}) > RLOR(C)$	(5.3)
Note:			
SOI	观测输出图像速度		
V_{EMIT}	光子的发射速度,$V_{EMIT} = D(C, P_{TEL}) / T(C, P_{TEL})$		
Q (TEL)	望远镜 TEL 的激发响应所需最小光子数		
P_{CRIT}	饱和响应点,坐落在此点的望远镜满足		

	$N_0 / 4\pi D^2 (C, P_{CRIT}) = Q (TEL)$	
P_{TEL}	望远镜 TEL 所在之点	
FLIRT(TEL)	满光强响应时间，在输入单位面积光子数满足 $I(C, N) \geq Q (TEL)$ 时望远镜的响应时间	
N_i	天体在 $\triangle t_i$ 时间间隔内发射的第 i 批光子数	
RLOR(C)	天体 C 的信息的相对有限可观测半径	
Z	天体的输出图像的滞后参数，$Z = Z_0 + Z_1$	
Z_0	天体输出图像的满光强滞后参，$Z_0 = $ FLIRT(TEL) / $T(C, P_{TEL})$	
Z_1	输出图像的距离滞后参数，$Z_1 = Z_1 = \sum_{i=0}^{j} \triangle t_i / T(C, P_{TEL})$	

下面用数学模型对以上讨论做一个总结，亦即我们对宇宙红移的新解释，是由多种滞后参数而组成的天体观测图像的滞后红移。

时间滞后红移与位移偏移

如果位于 P_{TEL} 的望远镜 TEL 与被观测天体 C 之间有明显的相对运动，即 $D(C, P_{TEL})$ 的值有较大的变化，那么称由此引起的变化为**位移偏移**，用 Z_2 来表示。注意位移偏移有可能是蓝移，在望远镜 TEL 与被观测天体 C 做接近运动时发生。由于我们在此集中讨论的是与大爆炸理论相关的红移，这种蓝移就不在此做进一步的讨论。

这样未考虑位移引起蓝移的输出图像的**红移滞后参数**为：

$$Z = Z_0 + Z_1 + Z_2$$

原先天文学中用速度定义红移如下式

$$Z = \frac{V_{EMIT} - V_{TEL}}{V_{TEL}}$$

其中 V_{EMIT} 是光子的发射速度，V_{TEL} 是望远镜观测的光速
因此我们有：

$$V_{TEL}(1 + Z) = V_{EMIT}$$

但上式中未考虑任何滞后参数的影响，把红移 Z 的成因简单地全部归于发射天体与接收望远镜之间的相对运动；在天文观测理论中，天体的红移完全由天体对望远镜的远离运动而产生，不考虑任何我们提出并在上

面讨论过的除位移滞后外的其他各种滞后参数的影响。

我们认为，正确的做法是将所有能够引起望远镜呈现天体红移的因素考虑进去，因此，（5.2）式中有，

$$Z = Z_0 + Z_1 + Z_2$$

其中 $Z_0 + Z_1$ 称作**时间滞后红移**，Z_2 是由于天体与望远镜之间的位移所产生的**位移偏移**。

多普勒红移理论认为天体的红移只有在天体与望远镜之间的距离足够大、通常要在百万光年外时，才能测量到。而我们认为，由于望远镜处理天体信息的特征，在靠近天体的饱和区内，也有满光强滞后参数 Z_0 引起的红移。大量的天文观测数据证明了这一点。例如太阳，距离在地球上的望远镜只有 490 光秒的距离，可是也能测到其红移值，这就是前面讨论过的满光强滞后所引起的红移，其他邻近的恒星也都能测到满光强滞后红移。

试验设计一：从同一波源接收不同强度声波的可行性试验设计

这是关于接收到的声波强弱不改变声波频率的最简单的原始试验，以确定我们大规模天体红移不是因为多普勒运动而引起的想法是否可行。

1. 初始试验：

让汽车以固定的 100 公里/小时的速度反复从试验员前面的路程驶过，用同样的声源发出同样强度和同样频率的声波。试验员用不堵塞耳朵、不同程度地堵塞耳朵反复倾听，看各次接收到的不同强弱（不堵耳朵很响、对比几乎完全堵塞耳朵很弱）的音量情况下，是否音调有所改变？如果在音量变化显著的情况下，音调没有显著的改变，那就说明以声波为代表的波，不会因为音量的改变而改变其频率。推及光波（正如多普勒做过的），也就是说在地球上用不同灵敏度同时接收天体的光波，接收到的光强弱随接收仪器的灵敏度不同而发生变化，但其频率不会发生大变化，亦即测得的红移值不会发生大变化。

我做了一点上述实验，结果正如我推测的，声波音量的改变不会引起频率的大改变。

这样的实验是粗糙的，相当于一个可行性研究。还要继续作更精确的、可以留下精确科学实验记录的、别人可以重复的实验。

2p;/. 精确可以重复试验

需要把上面的试验按科学试验的步骤精确重复并记录。

需要记录的大概如下：

时间，地点，风力，风向，参与的车型号等各项参数，参与的人及职责，路况，声源的参数，原始声波；每次调整的音量数据和原始波形，接

收地点距离等参数,每次接收到的波形。最后的归纳报告及结论。

如果这个试验也成功了,那就可以正式上天文台去做观测实验了。这个应该可以申请相关的科研资金,并找到有兴趣合作的天文台。

试验设计二:天体观测图像滞后红移参数 Z 的观测实验设计

在地球上用类似 Michelson-Morley 所作的实验是没有办法正确地测试观测图像的速度的,因为没有办法模拟天体光经过许多光年的散发以后的衰减效果。但是我们可以利用现代望远镜来模拟测试观测图像的速度。可以用望远镜作实验中的接收器,遮挡掉发射向望远镜的光子,从数个光子开始逐渐增加望远镜接收到的光子数量,观测每次从开始发射光子到计算机输出图像的精确时间,从而可以确定 Z_0,Z_1。也可以模拟正常望远镜观测的光子数和红移值进行对比,从而确定相关数值。

对于天体观测图像滞后红移的观测实验可以利用望远镜观测太阳来进行。全面地、逐渐增加地遮挡掉太阳射来的光,并观测由此而引起并逐渐增加的红移值、找出其中的规律即可。通过与其他标准天体的对比,有可能把 Z_0,Z_1 与 Z_2 从 $Z_0 + Z_1 + Z_2$ 区分开来。

这个实验的成功把握是很大的,理由是天文观测中用到的过滤器(Filter)及相关的 K Correction 理论,

我们知道过滤器过滤掉部分输入光能量以后,红移值会相应增加。假设一个天体的光谱红移值为 $Z = 1$,由于过滤器过滤掉的光强度的减少,该天体的红移值将会变成两个要素,即 $Z+1$。因此在光度(photometric)测量中由于过滤器的使用会增加红移值。

我们现在就是利用同样的原理来做实验。我们要做的实验,只是把单色过滤器换成能过滤掉各种不同光波、全部光波、不同光强度的过滤器,尽量模拟从遥远天体接收到的不同光信息,从中找出相应的规律来,并用一种标准的方法把 Z_0、Z_1 与 Z_2 区分开来。各种不同相应时间的望远镜会得到不同的观测结果,要注意不要在校准望远镜时把有用的信息"校准"掉了。

结论

天体观测图像的速度把天体发出的信息,从单纯考虑天体运行的过程这一单一因素,扩展到同时也系统地考虑由于距离对光波的衰减、在距离超过饱和区后望远镜需要等待更长的时间使得好像是光速"变慢"引起的效应、在人们接收到有效信息前仪器的处理时间、以及包括天体相对运动所引起的位移红移。这就使得我们可以从一个全新的角度更全面地去考虑计算天体观测图像的速度,从而增加了引起天体红移的主要因素,并找到引起天体观测红移的主要原因。

我们设计的简单有效的实验将进一步证明本文中提出的天体观测图像的速度及天体观测红移原因的相关理论。

　　红移理论是大爆炸理论的基础支撑。没有了宇宙膨胀而来的红移，大爆炸宇宙就失去了其膨胀的动力，精心设计了几十年的大爆炸宇宙框架就要坍塌。

　　这将是现代宇宙学的一大灾难！

第八章

芝麻上的舞蹈

—评美国宇航局的宇宙"全天图"

—论遥远宇宙的图片的虚幻性

    把从一粒芝麻上研究测量出来的地形地貌结果，推广到全地球的山山水水，会有什么结果？

    如果我们要调查观测全国范围雾霾的分布状况，当然需要在全国部署成千上万个观测点，根据各点观测的数据来描绘雾霾的全国分布图。

    现在有个著名的专家，跑到宜春市区内外、郊县农村、山区等等地方，布上千百个点，精确收集各点的雾霾数据，然后画出雾霾全国图——注意不是宜春图，而是全国图——甚至还用各种数学模型，根据数据在某些方向的发展趋势，画出雾霾的变化全国图。大家说这个专家是不是超级聪明？

    又假设有个专家，在海南岛周边几百公里的范围内，在水面、大大小小的岛屿上，布上许许多多的观测点，把从这些点收集的数据都分析计算，据此描绘出水域全球图，会有任何一位船长敢在这张图指引下横穿太平洋？

    即使在观测中，用了世界最先进的仪器，做出了最好的数学模型，得到了不可思议的结果，因为观测模型的可笑，这所谓的全国图、世界图，也就只能沦为笑料！

    可是，如果有著名权威专家出来用数学模型论证这些模型的合理性，大家信不信？

    仔细想想，不要那么快回答啊。

    如果大家不同意上面的雾霾全国图及水域全球图的话，那就请继续阅读本章。因为这后面的叙述，批评的模型，都是与上面同样的模式。

    美国宇航局近十多年来不断发布的各种宇宙全天图，其观测模型和数据来源与上面的模式没有本质的区别,甚至还有过之而无不及。雾霾全国图,以一个市区代表一个国家,从面积上来讲不会超过一比一百万。水域全球图,以南海局部的周边水域代表全球,从面积上来讲也不会超过一比一百万。

可是对比美国宇航局的宇宙全天图,从面积的比例来讲,各种卫星探测的范围与 NASA 确定的宇宙空间之比例,要超过一比一百万亿!难道不应该仔细研究一番这些神奇的宇宙全天图吗?

科学观测中,观测仪器很重要,数据分析很重要,但是,最最重要的却不是这些!科学观测中,最最重要的是观测模型要设计科学、合理。否则的话,也只是"垃圾进垃圾出",仪器越精巧,数据越完美,越有欺骗性,离真相越远。而美国宇航局的全天图观测描绘,从开始的观测设计,就完全违反了自然规律!

那么,美国宇航局的宇宙专家们,就敢那么肆无忌惮地进行这种不科学的研究吗?

当然不是!

美国宇航局宇宙微波背景全天图简介

在我写关于宇宙问题的书之前,有时候偶尔看到新闻里面美国宇航局发布的微波背景全天图,脑子里就会出现几个问题:

这个'全天'是什么呀?是地球周围的天还是全宇宙的天?如果是全宇宙,那怎么能观测到全宇宙呢?这么微弱的波,从何处传播来?往哪里传送去?来处的波的强度怎样?去处波的强度如何?

在我开始思考宇宙问题的以后,还是想不明白这些问题。我假设自己拥有超过科幻片里面的最高级最先进的超出想象的观测仪器,自己是 Superman 超人,可是我还是想不出有什么办法可以跨越这无比巨大的距离天堑而得到足够多的测试数据描画全天图。

我去 NASA 的网站上寻求答案,去看专业的文献。看了一些,终于似乎有些明白了。

他们有高妙的理论,有从地面到卫星的大量的观测,有钱,有权威,有美国宇航局的大力支持。

可是,他们的理论,经不起推敲;他们的观测,从开始设计如何观测的模型本身就有问题。

归纳起来说,问题大致有以下几点:

• 人类对宇宙微波背景的接收,从接收空间来说被限定在一地球这个

- '点'的范围内。
- 人类对宇宙微波背景的接收，从持续时间来说是一个极其短暂的时间片段。
- 有什么办法能够测量到遥远星系之间、恒星之间的微波呢？那么微弱的微波，能够传输百万光年计的距离吗？因为 NASA 认为宇宙背景微波的强度只有不到 3k，而且全宇宙处处基本一样。可是，一切波总是运动着的、从光源向周围空间散发，决没有停留在原地的波。一切运动的波都必须遵从预备知识中（2）式一节描述的波随距离的衰减规律。运动的微波到达地球时被测量到 3k 左右，正说明这个波在其来路上的强度要越来越大于 3k，而在其离去的路上的强度要越来越小。假设这个变化，有可能是以每光年、或成百上千光年为单位而变化的，在几光秒的范围内，可能基本是一个常数值。那么在地球周边空间的许多点测量到的基本稳定的数值，有什么意义？这不是就像把比芝麻还小的空间内反复测量得到的数据推广到全天全宇宙吗？NASA 专家们又能怎样否认这点呢？
- 各个恒星、超新星等等，它们周围空间的微波可能只是 3k 左右吗？怎么敢说"全天"？本书第一章"光明与黑暗之争"中讨论过的黑暗空间与光明空间之间的关系，难道在黑暗空间与光明空间中微波的分布都是一样的吗？
- 光波是流动的，空间是膨胀的，微波的'各向同性'与大爆炸理论相矛盾。
- 大爆炸导致的空间膨胀的速度与光速相比引出的互不相容的矛盾。
- 不应该随意使用哥白尼的宇宙定律。
- 如果断定微波背景是大爆炸的产物，那就是先确定了有大爆炸，再衍生出微波背景，在逻辑上来说，微波背景就不可以再反过来作为大爆炸理论的证据。因为从一点上测量到的数据，并无任何根据可以推广到全宇宙，只有在大爆炸的假设前提下才有可能。因此把微波背景作为大爆炸理论的支持证据，陷入了自我循环论证的怪圈。

最后一点用下表中例子对照说明一下其中的有迷惑性的逻辑关系：

我假设"车祸全都是醉酒造成的"，	天文学家假设"微波全都是大爆炸造成的，"
我到路上找到好多个醉酒车祸的人，	天文学家在地球附近测量到了很多不明来源的微波，
就推而广之用它作为"车祸全都是醉酒造成的"证据！	就推而广之用它作为"微波全都是大爆炸造成的"证据！

其中的逻辑还不足够荒谬吗？

在逐条详细阐述我们的看法以前，让我们先来仔细研究一下，理论、专家、卫星这些当代最强大的组合，是怎样化腐朽为神奇，把不可能变为可能，把从地球这么一个与全宇宙对比起来小得不能再小的一小点上收集到的数据，进化成全宇宙的全天图的。

美国宇航局宇宙微波背景全天图简介

美国宇航局描绘宇宙微波背景全天图所持续的时间之长、动用的资源之广泛持久（据说 五十多年用了一万多亿）、观测模型之不可思议，都是难以想象的。

宇宙背景辐射的发现在近代天文学上具有非常重要的意义，它给了大爆炸理论一个有力的证据，并且与类星体、脉冲星、星际有机分子一道，并称为 20 世纪 60 年代天文学"四大发现"。彭齐亚斯和威尔逊也因发现了宇宙微波背景辐射而获得 1978 年的诺贝尔物理学奖。

下方的图 8.1 并列了研究宇宙微波背景不同时期的设备与成果。由上往下依序是彭齐亚斯和威尔逊时期，COBE 时期、WMPA 时期以及 Plank 时期。

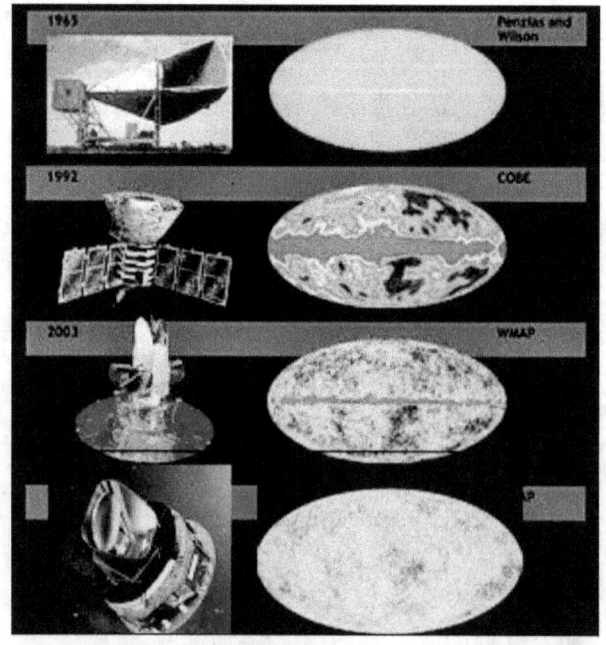

图 8.1 微波背景不同时期的设备与成果

我们来看一下简单归纳汇总后的宇宙微波背景理论及观测的历史。表 8.1 是宇宙微波背景从理论到观测的大事纪年。

表 4.1　宇宙微波背景观测的时间表　重要人物和日期

年份	事件
1941	安德鲁·麦凯勒试图测量星际介质的平均温度,并提出依据星际吸收线的观测研究,辐射热平均温度为 2.3 K
1946	罗伯特·迪克预测「…辐射来自宇宙物质」,约为 20 K,但未提及背景辐射
1948	伽莫夫计算温度为 50 K(假设为 3 亿岁的宇宙)评论「…这是对星际空间实际温度合理的认同」,但未提及背景辐射
1948	拉尔夫·阿尔菲和罗伯特·赫尔曼估计「宇宙中的温度」为 5 K。即使他们未具体提出微波背景辐射,但可由此推断。
1950	拉尔夫·阿尔菲和罗伯特·赫尔曼重新估算的温度在 28 K
1953	伽莫夫估计为 7 K。
1955	埃米尔·勒鲁的南塞放射天文台,在天空对 λ = 33 公分搜寻,发现接近各向同性的背景辐射为 3 开尔文,加减 2。
1956	伽莫夫估计为 6 K。
1957	迪格兰夏玛诺夫(Tigran Shmaonov)报告说,「绝对有效的辐射放射背景温度为 4±3K」,值得注意的是,「测量结果表明,辐射强度与时间或观测方向独立显然夏玛诺夫在波长 3.2 公分处观测宇宙微波背景」
1960s	罗伯特·迪克重新估计 MBR(微波背景辐射)温度为 40 K。
1964	AG Doroshkevich 和伊戈尔·诺维科夫发表简短的论文,他们将宇宙微波背景辐射现象命名为可侦测的。
1964-65	阿诺·彭齐亚斯和罗伯特·威尔逊测量温度约为 3 K。罗伯特·迪克,PJ E.皮布尔斯,P.G.Roll 及威尔金森解释这种辐射是大爆炸的印记。
1983	苏联的宇宙微波背景各向异性实验 RELIKT-1 升空。
1990	FIRAS 在宇宙背景探测者上以高精密度测量由宇宙微波背景光谱的黑体辐射。
1992	科学家由宇宙背景探测者(COBE)DMR 分析数据,发现主要温度的各向异性。
1999	首次由 TOCO, BOOMERANG, 和 Maxima Experiments 的宇宙微波背景各向异性角功率谱中测量声学振荡。
2002	DASI 发现偏振
2004	E 模式偏振能谱包含在宇宙背景影像中。
2005	拉尔夫 A 阿尔菲因他在核融合和预测宇宙的膨胀留下背景辐射,提供给宇宙大爆炸理论一个模型,如此开创性的工作,被授与美国国家科学奖章。
2006	在 2006 年,因 COBE 的两个主要调查,乔治·斯穆特和约翰·马瑟,获得诺贝尔物理奖,以表扬他们精密测量宇宙微波背景的工作。
2014	对 BICEP2 实验合作研究人员于 3 月 17 日公布第一个检测到宇宙膨胀的直接证据。可是,同样团队于 6 月 19 日在《物理评论快报》正式发布的论文承认,由于仍旧有重要问题尚未解决,对于这结果的正确性持保留态度。

而用得最多的是威尔金森微波各向异性探测器（WMAP），由其探测得到多批宇宙微波背景海量数据，再据此写出天量论文、画出全天图。下面是一张典型的全天图：

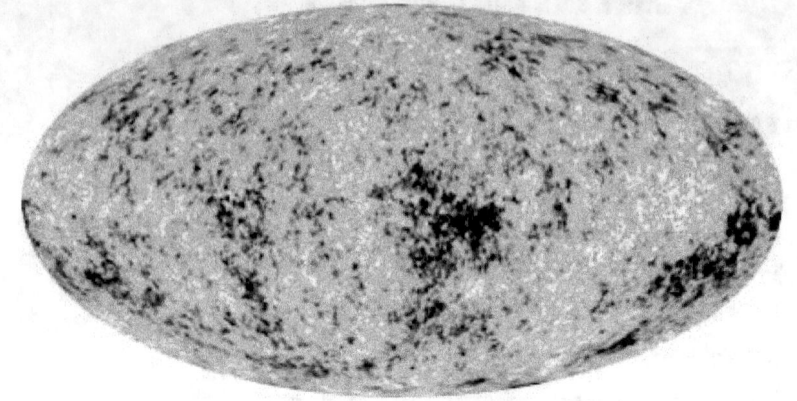

图 8.2 由微波背景探测器探测到的数据画出的宇宙微波背景全天图

随着美国的卫星发射，世界其它各有能力的国家，例如苏联欧洲，也纷纷发射卫星，仿照美国的方法步美国宇航局的后尘。后来还进一步拓展开来，把全天图描绘对象从宇宙微波背景辐射推广到其它的射线波段，例如红外线宇宙全天图等。

NASA 大爆炸理论的自我循环论证

宇宙微波背景是证明宇宙大爆炸理论的关键的依据之一。综合以上叙述，大概地可以把用宇宙微波背景证明宇宙大爆炸理论的过程用下图来概括：

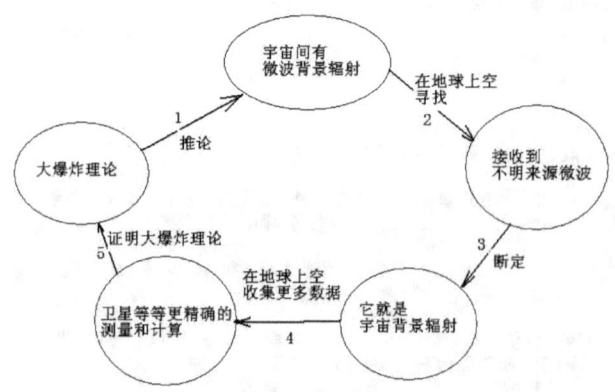

图 8.3 微波背景证明大爆炸理论的过程

第 1 步：从大爆炸理论推论出宇宙间有微波背景辐射，然后

第 2 步：在地球上空寻找到了宇宙微波辐射；然后

第 3 步：断定它就是宇宙微波背景；于是

第 4 步：卫星携带精密仪器在地球大气层外接收了十几年的数据；

第 5 步：计算这些数据的结果证明了大爆炸理论。

这真是一个很完美的自我循环论证过程！

问题是所有的观测，可以说都没有离开地球！

宇宙有多大？暂以 NASA 承认的 137 亿光年计算。

微波背景卫星探测器的轨道有多大？Plank 卫星的轨道为 5 光秒左右，大约相当于十万分之一光年。

微波背景卫星探测器的轨道，是宇宙半径 70 亿光年（假设地球在中央）的 **7 千万亿分之一**！

地球在赤道的圆周长 40075 公里，一粒芝麻的直径放大了来说假设为 1 厘米，芝麻的尺寸是相对地球的最大周长的 **4 亿分之一**！

就是说，放大了的芝麻相对地球最大圆周的比例还远远、远远、、、、、、、、、、没有达到微波背景卫星探测器的轨道相对宇宙半径的比例（7 千万亿分之一比 4 亿分之一等于 17500000：1）。

大家现在拿一粒芝麻，走到门外面去，看看阳光下或风雨中的地球，想象一下人们拿着精密仪器在芝麻上量啊量，然后做出许多数学模型，再宣布量出的结果可以代表全地球！这是一幅用什么词可以形容的图画？

有人会说：从另外的角度来看，比如一个人根据某种风水理论预言某座山里面有金矿，然后真在这座山里面找到了金矿，当然这个风水理论就是正确的了！因为在没有进行勘探以前，没有别的理论能够解释能找到金矿，只有风水理论解释了并实际找到了，所以就只能是接受风水理论的解释了！我们在前面已经用酒驾车祸的对比表驳斥了这种说法。

现在，我们更详细地用基本物理定律来解剖一下宇宙微波背景的相关主要论点。

经过宇宙空间任意一点 P 的光波

作为预备知识，我们先来讨论一个问题：在没有天体的宇宙空间任意一点 P 上，有些什么东西存在？

其实在我的 2005 年出版的《谁有权谈论宇宙》中，已经很详细地回答

了这个问题。读者可以参考第二章'肉眼看宇宙'其中第71页'光的叠加'这一小节和现在讨论的直接相关。这里我们把它深入一点来讨论。

在没有天体的宇宙空间任意一点P上，有无数的从不同天体发出的各种各样的光波经过该点！是的，无数光波！

任何天体，如果它的以年计算的年纪、比它与P点的距离的光年的数值更大，它的光波就会到达该点！例如，一个恒星的年龄是10000岁，而它与地球之间的距离是12000光年，它发的光就不能照耀在地球上；而如果它的年龄是15000岁，它发的光就能到达地球。但这里有一个条件需要满足：这个天体发出的光强度经过距离的衰减后不会衰减到零，也不会衰减到在P点的仪器接收不到的水平之下。

如果在P这一点放一个接收器，比如Plank卫星上的接收器，它收到的**全部信息**就只能是这些从宇宙或远或近各处跋涉而来的路过P点的光波！而且这所有在虚空中经过的光波都是流动的！

宇宙间没有不流动的光波！流动的光波只有一个方向：从光源向周围发射。流动的光波从光源发散开始随距离的增加光的强度降低。

可是看来，美国宇航局卫星上的接收器收到的信息却是静止的不流动的！

天体的光从光源出发，以越来越大的圆球及越来越微弱的能量向空间不停地传播。如果观测的目标在A光年外，那么观测器所在的地方接收到的是从观测目标而来的A年前的光波。无数天体的光波经过P点，于是无数的光波在P点叠加。望远镜仅仅是一个接收器和分辨器，把所有的光波都接收下来，再把不需要观察的天体的光波过滤掉，剩下那些我们需要对其进行观测的天体的光波。

我们把经过P点的这无数光波大致归类，就得到了图8.4。这个图是从《谁有权谈论宇宙》书中抄来的，但增加了k6和k7这两类光。

而这些光波中，包含有令人抓狂的几种看不见光源的情况。让我们想想有哪几种测到了光波却看不到光源的情形呢？

天体A、B、D、F是以圆圈o代表的正常天体。A与B的光波正常地经过设在任意一点P的望远镜。D就不同了，它的年纪太轻，其光（由k4表示）还没有到达P。实际上D只存在于我们的推理之中。F比较讨厌，它的光在传输一段距离后，超过了它的饱和响应点（请参阅第六章中图7.4）。由于其光波衰减得很厉害，在观测器上表现出来就是不连续的光波，所以用虚线表示。它的光波处于可观测半径附近。

天体G非常遥远，它的光波K7是衰减得非常微弱的光波。K7的光源G虽然存在，望远镜却无从鉴别出来。这是一类隐藏天体，它的光波非常微弱，但并非不存在，只是低于在P点的望远镜能够将其从噪波中鉴别出来的水平。可是如果有多个这样的隐藏天体的残余波迭加的话，这些迭加在一起的能量达到一个可观的水平还是可能的。

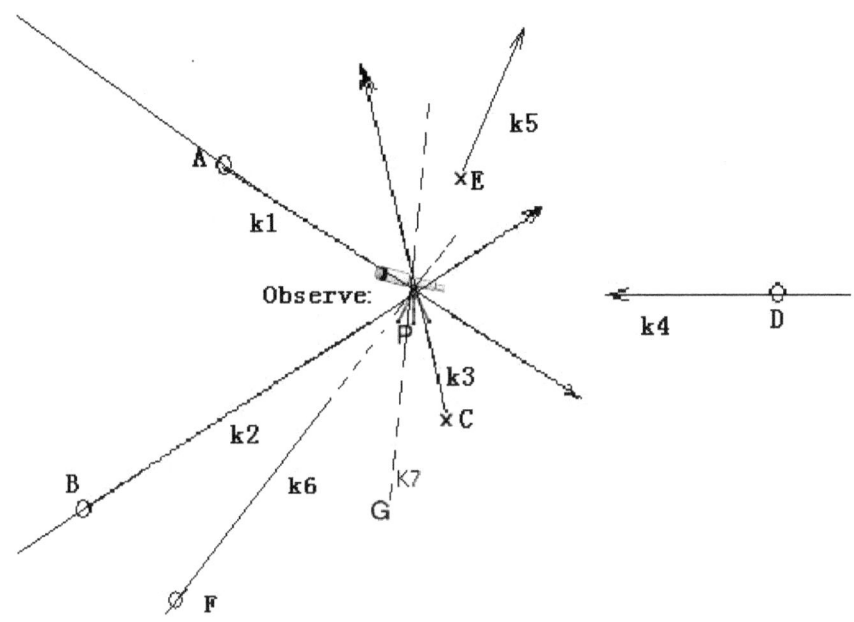

图 8.4　经过 P 点的各种类型的光波及其光源。请注意每种类型都代表了数量庞大的同类天体。

用 x 表示的天体 C 和 E，是光源已经不存在的光波。E 只存在于我们的推理之中，而 C 在《谁有权谈论宇宙》第 73 页'眼见不为实——真实的虚无飘渺'这一小节讨论过。是这么一种情况：假设 k3 表示 P 和 C 点的距离的光年值。因为 C 在 k3 年以前就已经消亡而不存在了，但是它的光却在继续经过 P 点传播，而且还要向 P 点传播 k3 年！用数字编一个例子来说明：k3 = 300 万光年，C 比如说 500 万年前诞生于离地球 400 万光年的地方，然后 C 在 100 万年前毁灭了，可是它已经发出去的在路上行走的光并不会消失，还要继续光顾地球 300 万年！这个描述是根据霍金的太阳熄灭后，地球上的人要在 8 分钟以后才能知道而来的。

于是从图 8.4 我们可以看到，宇宙中有 F，G 和 C 代表的三大类天体，所有众多属于这三大类的天体，它们的大量光波，经过了 P 点而它们的光源却不能观测到。

用看不到来源的波讨论微波背景的各向同性

图 8.4 告诉我们，人类不可能探测到 F，G 和 C 这三大类型的大量天体发出的经过 P 点的光波的光源。而这些大量不可知光源的光波中，就有很大可能含有所谓的宇宙微波辐射背景波。我记得看过 NASA 有一篇文章谈及，宇宙微波辐射就好像从两个遥远不存在天体发射过来的，这就很符合这里谈的情况。我只是现在没工夫去找这篇文章了。希望有读者愿意帮助找到这篇出自 NASA 的论文。不胜感谢！

总之，用天线或卫星在地球上空接收到的微弱的微波，因为一直找不到其来源，就把它断定为大爆炸后的宇宙残留的背景波，是一种不符合逻辑的、没有充分科学根据的说法！图 8.3 中微波背景证明大爆炸理论的循环证明过程中的链条，在第 3 步发生了问题！

图 8.5 是美国四大实验室之一的劳伦斯伯克利（Lawrence Berkeley Lab.）标题为"宇宙微波背景辐射 (The Cosmic Microwave Background Radiation)"的网页截图。

图 8.5 中最下面的黑体字说的是：**由于所有的企图解释在地球上空接收到的各向同性的微波辐射的来源都失败了，"因此，仅有的令人满意的对 CMB（宇宙微波背景）的解释只能存在于早期宇宙中。"** 根据上面图 8.4 中的三大类有波无源的天体来看，这个"仅有"的论断是不正确的，因为宇宙微波背景辐射很有可能从这三大类有波无源的天体而来。

因为找不到…，所以…。这似乎已经成为了当今宇宙专家们的推理公式了。可是这种推理逻辑能成立吗？

因为找不到微波辐射的来源，所以那是宇宙微波辐射背景波，是大爆炸的残余物。

因为找不到对红移现象的其他解释，所以红移是宇宙膨胀造成的。至于爆炸以前的情形和爆炸后现在的宇宙外面是什么，就不管了。

因为找不到隐藏天体，所以隐藏天体是暗物质。其实已经找到很多，举起望远镜能看到的、放下望远镜看不到的那些天体，都是隐藏天体。有时候专家们就视而不见，奇怪！

因为不能测量一个基本粒子的几千分之一或万分之一的尺寸重量，就把光子定义为没有重量，可是如果光子就真的只有一个基本粒子的几千分之一或几万分之一那么一点点重量呢？人类有能力测量出来吗？

因为没想到引力场是永久存在的而非即时传播的，于是就定义出弯曲时空来。可是时空为什么是弯曲的呢？根据是什么呢？

……

如果从光波传播的角度来描绘图 8.4，那我们看到的是经过 P 点的无数光波，这些光波相对卫星观测轨道却都巨大无比，是比卫星观测轨道宏大百万、千万、亿万倍的光波迭加在 P 点。这些光波的波面曲率是如此巨大，因此在 P 点看来就像是无数平坦的光墙经过 P 点向各个不同方向远去。我们可以自己拿根笔描绘一下这种情景，就不继续再在此画蛇足了。

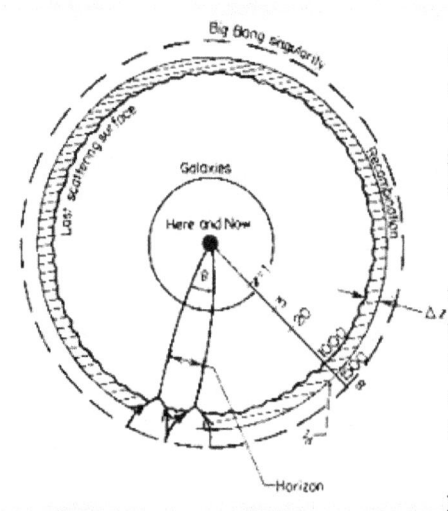

This diagram, centered on the observer (you), shows a representation of the universe where the angle represents the angle of view and the distance (radius) from the center measures both distance and time since light travels at a finite speed.

……

The surface z=1000 is sometimes called the cosmic photosphere, in comparison with the photosphere (apparent surface) of the Sun. **It is the surface from which the cosmic background photons last scattered before coming to us.**

The light coming from this cosmic photosphere (surface of last scattering) can be used to make an image of the early Universe……

However at the time, cosmologists, having very little data, fell back on the Cosmological Principle: which states that the universe, on the average, looks the same from any point. It is motivated by the Copernican argument that the Earth is not in a central, preferred position. If the universe is locally isotropic, as viewed from any point, it is also uniform. So the cosmological principle states that the universe is approximately isotropic and homogeneous, as viewed by any observer at local rest…

Given this qualification checked in limited regions by small angular scale observations, **any attempt to interpret the origin of the CMB as due to present astrophysical phenomena (i.e. stars, radio galaxies, etc.) is discredited. Therefore, the only satisfactory explanation for the existence of the CMB lies in the physics of the early Universe.**

图 8.5 美国四大实验室只一的劳伦斯伯克利（Lawrence Berkeley Lab.）标题为"宇宙微波背景辐射 The Cosmic Microwave Background Radiation"的网页截图（文字只截取了相关的一部分 http://aether.lbl.gov/www/science/cmb.html）黑体是作者加上的。感兴趣的读者请直接到该网页浏览原文（2015-7-12）

如果有许多天体，每个天体的微波从四面八方传播到地球时只剩余很小的一点光强度。但所有这些巨大的但微弱的微波叠加起来，就成为了看起来各向同性的、没有来源的背景波了。

反之，观测到的微波辐射背景的各向同性正是否定大爆炸理论的有力证据，那就是大爆炸以后的微波背景必定不是各向同性的，从正常的思维来看微波背景是从大爆炸的中心发射，那么地球附近的微波也就是从大爆炸中心发射后向外膨胀经过地球的。我们看到过任何爆炸后的烟尘总是均匀分布--意味着这些烟尘永不消失、宇宙也不膨胀的吗？

大爆炸理论本身与微波背景辐射之间的悖论

现在再来看图8.5中第二段上面的一段黑体文字。

图中 $z = 1000$ 的光球表面，"宇宙微波背景的光子在到达我们之前，就是最后从这个表面散发出来。"这段话的意思不是那么明确。谨慎起见，我又参考了一些文档，确定它的意思就是：美国宇航局测量到的宇宙微波，是从在大爆炸开辟的宇宙空间几乎最外层的光圈、图中标有1000的那个光圈，经过了某些变化，最后到达地球上空，被天线和卫星上的仪器接收到。

这是一个令人瞠目结舌的描述。

我们知道，任何望远镜或观测器，都只能被动地等待天体光的到来。这些光，来自分布在至少137亿光年范围内(当代宇宙专家们公认的尺度)的大部分天体。而这只是天体发出的光。全天图可不是全天星图，它描述的是整个宇宙所有空间中微波背景的分布。有什么办法能够测量到星系之间、恒星之间的微波呢？那么微弱的微波，能够传输百万光年计的距离吗？请记住，一切波都是运动的、从光源向周围空间散发，没有停留在原地的波。

难道微波传播就不服从光的传播定律了？或者从热力学的角度来看，不需要服从热量的传播定律？那么这些微波服从什么样的传播定律？美国宇航局微波背景观测器观测到的微波不超过3K，而且说整个宇宙空间的微波温度分布差异不到1K。从热传播的角度来看，这个3K的温度能在多大的范围内传播？不谈亿万光年外吧，1光年外的不到3K的温度怎么个流动法就溜到微波背景观测器这儿来了？请让我们知道其中违背基本物理规律的深奥道理。

从图8.5中 $z = 1000$ 的光球表面到地球的距离要超过60亿光年吧？根据第一章中波的传播公式（2），用在地球上空测得的微波强度数据，我们可以算出离地球仅仅1光年外的地方的微波强度，应该是 $2.73k * 4\pi (1光年)^2 = 300000$ 亿 k。这些微波也必须遵守我在《谁有权谈论宇宙》中讨论过的从强到弱的"梯度分布"的。从波传播的角度来看，从普通的物理知识来看，从不同距离外传播到观测器的波源那个地方来看，距离美国宇航局微波背景观测器 1 光年外、或 10 光年外…那些地方的微波强度会是多大？那个地方的温度应该是多少？

微波能够静止地住在某个地方吗？不能！所有的波都是流逝的，经过空间任意一点 P 的每一片波都是 P 点的匆匆过客，没有丝毫的停留。难道能把这些行色匆匆的过客用某种奇葩的方法把它们冻结在某一点？在 P 点量到的微波从何处而来？往何处而去？必须有发射它们的源泉。

那么微波怎么流动？根据波流动的普遍规律，热力学的定律或光的传播定律，从高到低，从热量高往热量低处流动，从光强度更大向光强度更弱处传播。既然在地球这个点测得的热量数据是 2.37k，那么从它传输过来的方向的微波必定随着离接收点距离的增加而逐渐增大，而远离其传输过来的方向的微波必定随着离接收点距离的增加而逐渐减小。

除非 NASA 的科学家能证明微波是不流动的。我不能想象出正常的光波在正常的普通空间有什么办法可以使光波不运动。也不能想象出运动的微波能不衰减不增加地传遍全宇宙！即使是核爆炸或任何普通爆炸，也是中心温度比外围高。请做个简单的实验证明我的想法错了。还有怎么处理无数恒星超新星等发出的巨大热能对微波热量分布的干扰、对测量的干扰？

所以从光或能量传播的角度来看，说地球上空接收到的各向均匀的微波就是在全宇宙间均匀分布的宇宙背景波，显然是很荒谬的违背科学道理的。

专家们还有更深奥的理由：大爆炸后宇宙冷却下来了，所有的强大的波都消失了，只剩下 2.73k 那么一点点了。但是，大爆炸后宇宙不是一直在膨胀的吗？这个膨胀是不均匀的，是随离开地球的距离越远而越快的。难道这个不均匀的空间膨胀不影响微波的热量、强度的分布吗？根据普通的物理常识，我们知道这是有影响的。既然有影响，怎么可能有全宇宙微波均匀分布的现象？

于是，我们在 NASA 证明大爆炸理论最有力的宇宙微波背景观测结果、与大爆炸理论本身之间，发现了一个互不相容的矛盾如下：如果大爆炸理论成立，宇宙就是一直在不停地膨胀的，那么宇宙背景微波就不可能在这不断膨胀的空间维持均匀分布，所谓的微波背景全天图就是一纸笑话；如果宇宙背景微波是均匀分布的，微波背景全天图是正确的，那么宇宙空间就不可能有不停地膨胀、亦即没有大爆炸。

微波辐射在发光天体周围空间的强度

在解决奥伯斯佯谬时，我们强调恒星周围的空间是明亮的，随着距离的增加而逐渐过渡到黑暗。

宇宙学家好像不太关心这种情况，在解决各种问题时也不太见到考虑这个因素。可是这些恒星周围的空间的微波能够只是 3k 左右吗？

再有，难道不要考虑宇宙间散布的无数发光天体？

我们在前面已经对此讨论了很多。发光天体的周围，微波不可能是均匀分布在 2.73k 左右的。即使是在太阳旁边也不可能。在星系内部的分布与星系之间的空间的分布也不一样，比如星暴星系内部可能就普遍更高，而星系之间的黑暗空间就应该更低。

人类对其他星系内部的了解有多少？那些被看作星云的星系，人类连看都看不清，怎么去判断它们内部的空间都均匀分布着不到 3K 的微波背景？

违背科学道理的信息推广

将从极其有限的空间时间内接收到的一点信息推广到全宇宙违背科学道理。

相对宇宙的尺寸（即使是 NASA 承认的尺寸）来说，在地球上空的卫星覆盖的也只是一个点。而且是一个非常小的点。人类只有在这个点上测试的能力。人类对微波背景的探测，从空间来说被限定在一个'点'的范围内。而因为 NASA 认为这个微波的强度只有不到 3k，而且全宇宙处处一样，他也不能把接收范围扩大出去。

人类对微波背景的探测，从时间来说只有几十年，相对宇宙来说是一个极其短暂的时间片段。

把在这么一个极其微小的空间、时间内接收到的一点信息，推广到全宇宙去，这得要多大的勇气？

把从一个星系内部的一小点上**接收**（注意我一直用"接收"二字而不用探测或测量）到的信息，就用它代表全宇宙，那就是既代表各种不同的星系内部，也代表不同的星系之间的空间，这就像用芝麻上局部精心量出来的数据代表全地球，不但代表沙漠也还代表海洋，这算讲科学的行为吗？

因此，图 8.3 第 5 步中，在地球上空收集更多的数据后来证明大爆炸理论，就没有足以令人信服的科学道理了。

不要随意使用哥白尼的宇宙定律

宇宙专家们还有重要的一点依据。请看图 8.4 中倒数第二段的黑体字，它们叙述了用地球上空接收到的数据来代表全宇宙是因为应用了与伟大的哥白尼有关的宇宙定律：一般来说，宇宙从任意一点看起来都是一样的。哥白尼指出：地球不是处于宇宙中心或任何有利的一点。如果宇宙从任何一点看起来都是各向同性的，那么宇宙本身也是均匀分布的。因此，宇宙定律说，宇宙是近乎各向同性和同质，就像从地球本地的任何地方看到的那样，**所以**宇宙微波背景就应该看起来近乎各向同性的。

这个令人有点棘手了。哥白尼多伟大，他说的话就是真理。还能反驳？

我发现一些宇宙专家特别喜欢随意借用名人来为自己消费。比如霍金吧，把爱因斯坦公式里面无解的奇点随意拿来使用。$\frac{X}{0}$ 无解的东西被他用数学整出一大堆的意义来，又是对应大爆炸又是对应开放的宇宙模型，等等，还说这是从爱因斯坦的方程得来的。但爱因斯坦还没有知道呢。

其实哥白尼说的是宇宙在大结构的层面上来说，从宇宙的任意地方看起来都非常相像。这就如同说地球上的大陆板块，从大结构来说，它们早期应该是由一块大地壳分裂而成。可是如果为了证明这么一个说法，而去找一些吻合得很好的局部的海岸地段来证明，那么从细节上来看，更多的将是不吻合。因为地壳是在运动、变化的。河流带来的冲积层、海浪对海岸的不同侵蚀等等，都会导致地貌的改变、局部海岸的改变。所以，从大结构来看是吻合的，但是一般并不能用局部细节来证明。在地球上各个方向看起来一样，就能推广到全宇宙一样？一粒芝麻般大小的地方精心测量出来的数据，就能用于全地球？

不能把哥白尼这样来消费吧？

说宇宙从大结构的层面来说，也是有一定限度的。

比如说从人类自身相关的角度来说吧。前面的章节中计算过太阳的光辉能照耀到 100 万光年开外。那么，如果有像人类的智慧生物，处于 200 万光年外，他们就看不到太阳、地球，当然也不知道我们在地球上的人类。我们能够说这个大结构理论在宇宙智慧生物互相了解的案例中适合应用吗？

再比如我们的望远镜，对于处于望远镜观测边缘的宇宙空间，只能看到寥寥几颗天体。可是实际上那个地方应该和地球附近的空间一样，分布着各种星星、星系等发光天体。同样，如果在那个空间有外星人在观测太阳，他们也看不到太阳、银河系等大多数不特别明亮的天体。那么，在这样的情况下，大结构理论显然并不适用，因为我们实际看到的和实际存在的宇宙在如此大的结构下并不一致。

伟大的宇宙学家们似乎没有整合他们的假设的习惯。他们讨论一个问题就使用某种相关理论，在另一种情况下，抛弃该理论，并使用相矛盾的理论。例如在讨论奥伯斯佯谬时假设天体均匀分布；在划分星系星团时又不是均匀分布了；在观测遥远的超星系时则完全忘记了在那个遥远的地方按照均匀分布理论也应该分布着数不清的大大小小的人类看不见的天体。看不见的正常天体有如此之多，怎么敢说宇宙间96%是神奇的暗物质？又比如河外星系背景光亮度，他们算啊算，可是最新的结果却让人头晕：每个可见天体按照只贡献一个光子计算，这一个个光子加在一起，得到的宇宙背景光亮度，就要比他们研究了几十年的最新结果大几个数量级。还有既然宇宙专家们说大爆炸后的宇宙一直在膨胀，那怎么又有爆炸冷却后分布均匀的残余物质——微波背景呢？正在膨胀的边缘与爆炸中心的微波分布会是一样的吗？…

好了，到这里我们应该可以打住了。

再说一句：美国宇航局还通过发射卫星画红外线等全天图。难道红外线等也是大爆炸的残留物？否则，怎么画红外线的全天图？能用什么仪器去测量全天？

眼见不为实之一：宇宙图像的时间点阵-对接收到的天体图像进一步认识

以哈勃太空望远镜为代表的形形色色的望远镜，给我们拍下了遥远的宇宙空间无数的照片。人们根据这些照片来认识宇宙、推断宇宙间的事物发展规律。

许多关于宇宙的重大概念，例如黑洞，都是这样主要从获得的宇宙图像中推导而来。

但是，人类这样严重依赖的宇宙照片，真的揭示了宇宙遥远部分的真实面目吗？这里提出宇宙图像的**时间点阵概念**。我们一起来想一想,这个概念有没有道理。

为了方便讨论，我们需要把人类观察得来的宇宙像大致地分成几类。

宇宙图像从距离来说可以分为靠近地球和远离太阳系的图像。人类对于太阳系内空间及星座的研究，已经做得相当详细了。由于距离相对较近，对这类的图像不论粗略的还是精细的，都有比较可信的真实度。不过这也不尽然。近十年记得还有报道说太阳系的行星成员有变动，就是一个有力的证明。连近在咫尺的一光年左右大的太阳系都搞不清楚，谈什么宇宙的边缘啊！

对于远离太阳系的空间图像，又可大致分成两类：一类是非常概略非常遥远的。对于他们的距离的测量就是一个问题，须借助地球绕太阳运动的轨道两极的视差角来大致估计。这样得到的数据，是一种对巨大宇宙物体的粗略感知。由于这图像的粗糙，分析起来也就没有那么精细。同时，也就避免了很多下面要讨论的错误。

另一类是借助哈勃太空望远镜等高级仪器观察拍摄的遥远空间的照片。这些照片非常清晰，人们就从分析这些照片中得到许多前所未知的结论。亦正由于此，先进的望远镜成了人们从事宇宙学研究中一槌定音的重要工具。天文学中的主要成果是由望远镜发现而来。

由于望远镜的强大的能力，人们越来越努力追求制造出更先进看得更"远"的望远镜。而这些实际能力有限的望远镜就变相地把对宇宙的发言权交给了一小部分掌握了最先进望远镜的人们。

然而，先进的望远镜是真的能够在帮助人类对宇宙的认识中起到决定性的作用？

NASA 是这么做的。人们是这样想的。但这完全错了！人们看到的，是一幅幅镜花水月、虚幻的美丽场景。人们永远窥不透距离悬挂起来的宇宙面纱！

动脑筋想一想，会发现粗粗一想理所当然的答案并不是那么理所当然。

例如下面这张图 8.6，先假设它是天上的一团云吧。如果 A 点和 B 点之间的距离是几十或者几百公里，我们可以非常容易在一瞬间把握住它的全貌、它的立体结构和层次结构，并且可以借助仪器把它的大小尺寸测量得清清楚楚。

这团云是呈现在我们眼前的实在，是千真万确地眼见为实的客观存在。我们相信我们的眼睛，我们喜欢那种眼见为实的感觉。宇宙、事物、一切的一切，都在我们的观测和把握之中。这是我们的经验，这是实证的科学。但是，它是不是宇宙空间的真实存在呢？

实际上图 8.6 是一张距离我们 1000 万光年处的某团宇宙星云的图片。这团宇宙星云是如此巨大，比如说从地球看过去，A 点和 B 点之间的纵向距离为 300 万光年。在这种假设下，我们的认识会发生什么样的变化？

首先，一个简单的事实：假设 A 点和 B 点在同一时刻各自发出一团特定光波，当 A 点发出的光经过，譬如说 1000 万年的旅行来到我们眼前时，B 点同时刻发出的光要在这之后 300 万年才能到达我们的望远镜前面！当 B 点发出的光到达我们眼前时，我们在看到 B 点的光的同时，在 A 点看到的是比 B 点的晚 300 万年发出的光！也就是说，如果 B 点的光传递给我们的是这团星云 T 时刻的情形，那么在同一张照片中 A 点传递给我们的是这团星云在 T 时刻的 300 万年以后的信息。注意这是哈勃望远镜拍下的同一张照片中表达的信息。

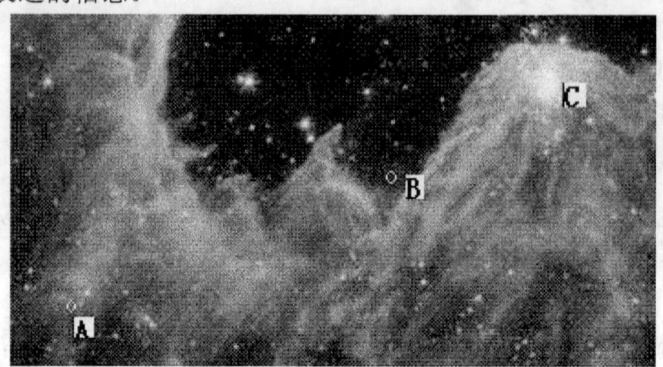

图 8.6 云---日常常见的云或者是宇宙星云 (NASA 图片)

这个可能有点难于理解，因此再做下面的更详细的说明。不过要记住的事情是：任何天文观测器都不可能主动地去探测天体，而是被动地呆在仪器所在的位置等候宇宙信息的到来。

图 8.7 是从观测者的角度画出的示意图。假设观测者的位置在图中'g'所示平面处，这个平面可以是我们眼睛的视网膜，也可以是哈勃望远镜照下的照片。为了方便把被观测的星云整体叫做观测空间区域 G。

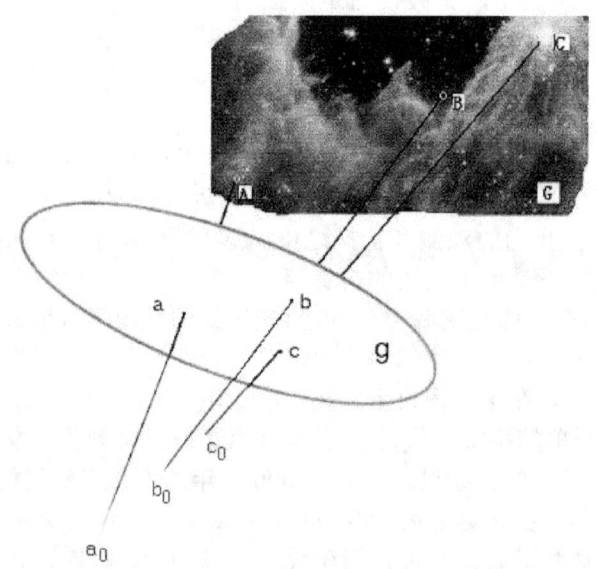

图 8.7 从观测者的角度画出的星云观测示意图

取被观测星云中的任意三点，假设是图中所画的 A 点、B 点和 C 点。

我们知道 A 点和观测者的距离是 1000 万光年，B 点和观测者的距离是 1300 万光年，而 C 点和观测者的距离是 1100 万光年。这三个距离并不是相等的。

考虑最初这团星云在 T 时刻向观察者所处方向发射光波。当 A 点的在 T 时刻发出的光线到达观测者所在的'g'平面的 a 点时，B 点和 C 点在 T 时刻发出的光还在向观测者传播的路上。B 点在 T 时刻发出的光还需要 300 万光年才能到达 'g' 平面，而 C 点在 T 时刻发出的光还需要 200 万光年才能到达。当这团星云在 T 时刻发出的第一缕光线到达'g'平面时，我们从观测者所在 'g' 平面去观测 G 区域，只能看到 A 这一个点而看不到 B 和 C 点。

随着时间的进程，当 B 点在 T 时刻发出的光到达观测者所在的'g'平面后，A 点在 T 时刻发出的光已经经过了'g'平面远去了 300 万年了，但是 A 点从它的第一缕光发出后还在继续不停地在发光，A 点在 T 时刻 300 万年后发出的光，就与 B 点在 T 时刻发出的光同时到达观测者所在的'g'平面。图 8.7 中 'b' 是 B 点在 T 时刻发出的光，而 'a' 是 A 点比 'b' 晚 300 万年发出的光。换句话来说，如果我们看到的 'b' 点是光从星云 G 经过 130 万光年传播后到达我们眼前的 B 处的景象，那么 'a' 点就是相对 B 点来说晚 300 万年的 A 处的景象了。把相差几百万年的信息放在一起在同一张图片中表现，其真实性让人不得不怀疑。

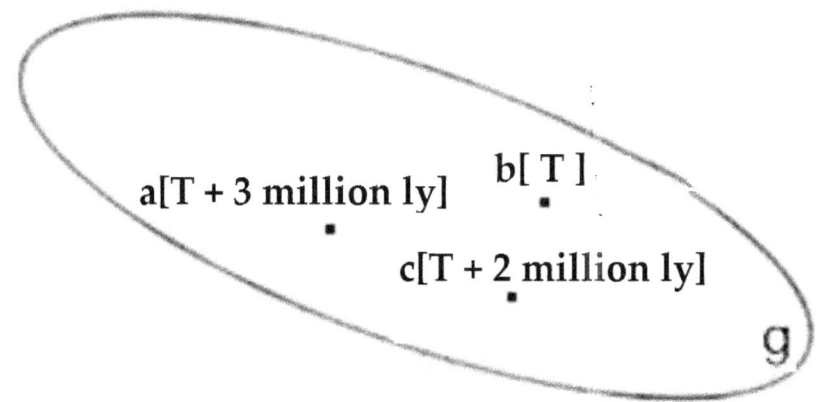

图 8.8 空间 G 在时间 T 开始计算从点 A，B 和 C 向望远镜的接收平面'g'连续不断地发射光波、被望远镜接收后投影在'g'平面上点 a, b 和 c 处的光的时间标记。 在该观察平面中，观察者观察到由不同时间的不同点组成的时间点阵图片。

把 A、B、C 三点在观测者的观测平面图上画下来，就是图 8.8 所示的平面。它是图 8.6 中由椭圆圈出的一个球面状态的二维平面。如果拍张照片，这就是那张照片中的三个点了。

而这就是人们在望远镜中看到的遥远宇宙的大区域图像，它是由带有不同时间烙印的信息点阵组成的，反映的是相差以百万年计的不同时期的该区域的情形，而不是该区域在某一时刻的真实存在。

所以我们看到美国太空总署发出的纵横百万光年的照片时，那些美丽的景象实际上不过是像云彩一样的以万年为单位的不同时代的点组成的虚幻场景而已，可别像当代宇宙学家们那样那么认真地从中又算又推理地演绎出一大串黑洞啊、爆炸啊等等之类的故事来！

眼见不为实之二：是真实的星球还是虚幻的无源之光？

这是《谁有权谈论宇宙》中描述的很多例子之一，摘录如下：

仰首星空，无数星星映入眼帘。世世代代，人们追寻着它们，研究着它们。它们是夜空的主要演员，是令人着迷的梦。

你有没有想过，这些星星中，也许你最喜爱的那些，或者你最熟悉的那些，可能并不是真正的星星？可能只是一些虚幻的光团？

听起来有些玄，却是千真万确的事实。

我们参照图 8.9 来理解它。

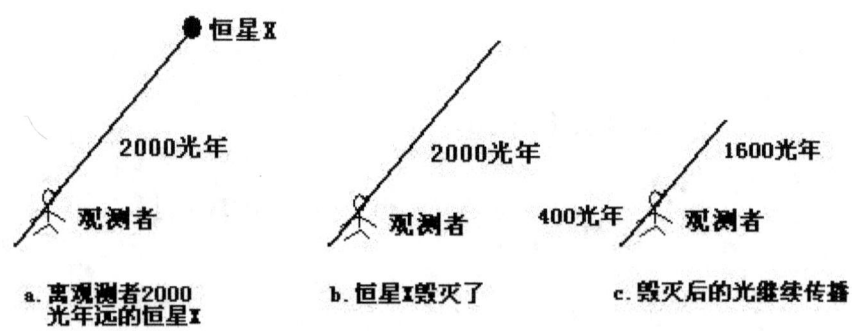

图 8.9 恒星 X 的消亡前后其光线的传播示意

假设在人类发明望远镜后，观察到了一颗距离我们 2000 光年的 X 星，如图中的 a 所示。图中圆圈表示恒星，直线表示恒星到观测者的距离，这里我们假设为 2000 光年。

突然某一天，这颗恒星由于某种原因毁灭了。可是它已经发出的在传播途中的光并没有因为恒星 X 的毁灭而毁灭。这些由恒星 X 在过去 2000 年向观测者发出的光还在继续按照原来的路线和方式传播着。图 3-2 中的 b 部分表示的就是这种情形。由于恒星 X 不存在了，相应的表示它的圆圈也就不再画出来了。

假设，从恒星毁灭到现在我们已经观测了 X 星 400 年之久，这种情况可以用图中的 c 部分来表示。那么，很令人沮丧的情形是，这团没有根源的代表 X 恒星的光我们还可以继续观测 1600 年！

这颗 2000 年前已经毁灭了的恒星 X，这颗我们已经持续观测了 400 年的恒星 X、这颗我们记录了大量数据的恒星 X，竟然自始至终对我们来说只是一团虚无缥缈的光！恒星 X 自始至终在我们的观测中就不曾存在过！可是我们却一直在观测它！而且我们还可以继续观测它千百年！

不再存在的星星我们仍然可以祖祖辈辈观察许多年！恒星 X 离我们的距离是 2000 光年，在天文学上来说，2000 光年的距离是一个很小的数值。大多数的星星都离我们更远。那么，如果那些星星中有毁灭了的，它将在我们的视野中存在更久远的年代。

2000 光年这个数字是我们的假设，实际上它可以是任何数字，而离我们任何距离的恒星，都有可能造成这种亲眼所见很长时期却始终并不存在的眼见不为实现象。

人类有记载的天文知识有多久？几千年吧？也就是说，在人类有记载的天文图上的任何一颗星星，如果和我们的距离超过几千光年，那么从有记载以来到现在，我们从来就不知道它是真的存在着的还是只不过曾经存在过，或者在我们观测期间毁灭了。

和我们距离小于人类观测历史的恒星，我们可以确知它们在人类开始观测时是存在的。这就是比较肉眼和哈勃望远镜谁看得更远时的时间轴上的远近的意义。人的肉眼收集到的资料可以确定的恒星真实的存在的范围比年轻的望远镜可以确定的要大几千年。但是这些被确定在开始时存在过的恒星是否在近年来的某一天已毁灭了呢？我们不能知道。也就是说，此刻我们对着漫天的星斗，竟然不能有把握说任何一颗恒星是确实存在着的实体。

比如太阳，它距离我们只有 8 光分的距离，就是光在空中运行 8 分钟这么远的距离。如果现在是白天，而太阳在此刻熄灭，我们要在 8 分钟后才能知道太阳熄灭了这一事件。我们要在 8 分钟后才开始领略太阳熄灭后所带来的黑暗和寒冷。

看到的是真实的！不存在同时也是真实的！看到的真实同时又是虚无缥缈！我们能相信自己的眼睛吗！

宇宙在我们的眼前，拉上了一块虚幻的距离编织的幕布。而我们自己，好像还没有意识到这块遮掩扭曲宇宙真相的幕布的存在，更别说会想办法来去掉虚幻、透视幕布后面的真相了。

我们依赖的是望远镜，依赖的是眼见为实，可是在宇宙信息传递的漫长岁月里，最不真实的就是眼睛看到的似乎是真实的东西。

越高级的望远镜，传递的可能是越荒唐的新神话！

回头看看 NASA 的千千万万张震撼人心的宇宙照片，其大多只不过是一页页美丽的新故事。

我们过去、现在仍然站在宇宙神秘真相的大门之外，在迷离的虚幻中刻画宇宙的全貌，也看不到将来能有什么改进。巨大的空间、缓慢的速度、遥不可及的距离，把我们隔离在真实之外，我们撩不起宇宙的神秘面纱！我们看不到宇宙的真面目！

宇宙学要改变这种现状的首要条件，还是要回到科学的基本精神方面来，要以事实为根据来说话，要有批判性思维的勇气，更要允许不同意见的发表。这样才能去伪存真，走向研究宇宙的坦途。

本章结束语

经过快一年的干旱，终于下起了大雨。窗外的绿叶被雨水洗得铮亮，在风雨中摇曳。宇宙学术空间，却像被天上的云块堵得结结实实一样，枯燥无味地在美国宇航局的大爆炸烟雾场景中拍摄超想象力的科幻片。我的心也像冬天的云块一样堵得慌。

宇宙科学，看起来也是那样无精打采。

宇宙的真面目，只有天知道！

第九章
大爆炸理论批评 —
与美国宇航局的世纪赌约

世界本来什么都没有，突然"砰"地一声，宇宙星辰，天上地下，所有的东西就在"砰"一声中产生了！

能相信吗？

推开窗户看看外面，远山，近树，蓝天黑土，太阳月亮，怎么就在"砰"一声中能出现呢？

不单如此，宇宙，也就是一切，都起源于这大爆炸的"砰"一声中！

我就是疑惑："砰"一声以前有什么？"宇宙"的意思不就是"一切"吗？没有宇宙不是没有一切吗？

我不喜欢呼吸硝烟，我就不相信宇宙是在大爆炸的"砰"一声中产生的！

我得和大爆炸理论讨个说法。

大爆炸的理论有几根最主要的支柱，让我们看看有哪几根核心柱子在支撑着这座大爆炸理论的碉楼。然后来一根一根地拆掉它们。

大爆炸简介

关于大爆炸的基本概念,我就不在此详细介绍了。读者可以去网上搜索诸如维基百科,就可以得到海量的关于大爆炸的信息。这本书虽是随笔,但也不会拿一些随便敲几下键盘就可以从网上获得的信息来浪费篇幅和占用读者的宝贵时间。

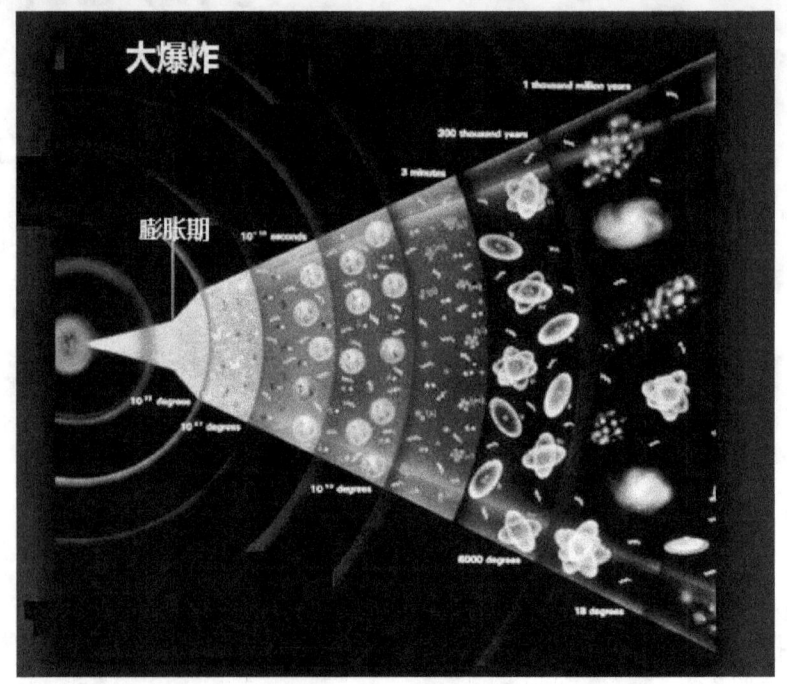

图 9.1 大爆炸纪年

当然,每篇科学论文,都有一段必须的简介,把要讨论的问题的相关历史、背景、前人做过的工作及简短评价、为什么要写这篇论文、论文的意义在何处、准备怎样论证等交代清楚。所以,论文中的简介,实际上可能比我现在写的所花费的笔墨还更多。

中国的盘古开天地,讲述人类的祖先在混沌中开辟出一片新天地,才有了我们今天所存在的宇宙空间。这个古老的神话故事,其实比现代的大爆炸故事还更合理一些,至少它没有这么暴力。它告诉我们现在存身的宇宙,是从混沌中开辟出来的,开辟出来的宇宙之外,当然还是混沌。对比大爆炸理论,本来什么都没有(倒是有点虚无缥缈的高僧的口气),就那么"砰"一声,炸出了诺大的一个宇宙来,这宇宙的外面是什么?这爆炸的动力从何而来?为什么要爆炸？…谁管呢？

　　类似的宇宙起源问题，世界各文明古国的许多先哲都有各种设想，各种关于宇宙起源的神话故事，在文学在人文在人类的历史长河闪闪放光。

　　可是这一切，都在大爆炸的响声中化为虚无。一切美好的故事，都被大爆炸的硝烟抹黑。

　　但是大爆炸理论就是科学的吗？

　　大爆炸的思想是有一条清晰的历史脉络的。其实质性的进展，在天文科学领域始于哈勃通过望远镜观测遥远星体都有的红移量来推测星系与地球之间的距离。他在1929年发现，遥远星系远离地球的速度同它们与地球之间的距离刚好成正比，这就是哈勃得出的宇宙膨胀定律。利用望远镜观测遥远天体时在望远镜上看到的红移，从而奠定的哈勃宇宙膨胀定律。

　　为了解释哈勃定律，出现了多种不同理论。第二次世界大战以后，宇宙膨胀的观点引出了两种互相对立的可能理论：一种理论是由勒梅特提出，乔治·伽莫夫支持和完善的大爆炸理论。伽莫夫提出了太初核合成理论，而他的同事拉尔夫·阿尔菲和罗伯特·赫尔曼则理论上预言了宇宙微波背景辐射的存在。

　　另一种理论则是英国天文学家弗雷德·霍伊尔等人提出的稳态理论。在稳恒态宇宙模型里，新物质在星系远离留下的空间中不断产生，从而宇宙在任何时候看上去都基本不变化。奥伯斯佯谬的历史证明否定了稳态理论，而用宇宙膨胀理论则给出了合理答案，因此奥伯斯佯谬被视为大爆炸理论的有力证据之一。

　　具有讽刺意味的是，大爆炸理论的名称却是来自大爆炸的反对者霍伊尔，是霍伊尔在谈到勒梅特的理论时所用的称呼。在1949年3月的一期BBC广播节目"物质的特性"中，霍伊尔将勒梅特等人的理论称作"这个大爆炸的观点"。

　　二战之后的许多年，这两种理论的较量不分上下。

　　但射电源计数等一系列观测证据使天平逐渐向大爆炸理论倾斜。1965年，宇宙微波背景辐射的发现和确认，成了压倒骆驼的最后一根稻草，更使绝大多数物理学家都相信：大爆炸是能描述宇宙起源和演化最好的理论。现在宇宙物理学的几乎所有公开发表的研究都与宇宙大爆炸理论有关，或者是它的延伸，或者是进一步解释，例如大爆炸理论的框架下星系如何产生，早期和极早期宇宙的物理定律，以及用大爆炸理论解释新观测结果等。

　　二十世纪九十年代后期和二十一世纪初，望远镜技术有了重大发展，哈勃太空望远镜拓展了太空视野。美国宇航局不惜重金，发射了专门为证明大爆炸理论而设计的宇宙背景探测器及威尔金森微波各向异性探测器等一系列空间探测器，收集到的大量数据使大爆炸理论又有了新的大突破。宇宙学家从而可以更为精确地测量大爆炸模型中的各种参数，并从中发现了很多意想不到的结果，比如宇宙的膨胀正在加速。

大爆炸理论发展至今，它的正确性和精确性有赖于很多奇特的物理现象，这些物理现象或者还没有在地面实验中观测到，或者还没被纳入粒子物理学的标准模型中。在这些现象中，暗物质是当前各个实验室所研究的最为活跃的主题。虽然暗物质理论中至今仍然存在一些未得到解决的细节和疑点，诸如星系晕尖点问题和冷暗物质的矮星系问题，但这些疑点的解决只需将来对理论做出进一步的修正，而不会对暗物质这一解释产生颠覆性的影响。暗能量是科学界另一高度关注的领域，但至今仍然不清楚将来是否有可能直接对暗能量进行观测。

大爆炸的最主要理论基础

从上面的介绍中可以看出，大爆炸理论起源于宇宙膨胀的哈勃定律，而哈勃定律又由望远镜观测到的遥远星体的红移与星体的距离成正比的红移计算公式。按照通常的炸弹或核弹爆炸的规律，自然会出现大爆炸的硝烟——宇宙微波背景的预言。

引入宇宙膨胀理论之后，许多宇宙学家认为我们的宇宙是一个平行的空间，而且宇宙总能量密度必定是等于临界值的；与此同时，宇宙学家们也倾向于一个简单的宇宙，其中能量密度都以物质的形式出现，包括4%的普通物质和96%的暗物质与暗能量。这种具有奇特物理现象的"暗物质"，至今并未实际观测到，只存在于天文学家的推测和想象中的、并且占有宇宙物质的百分之九十六以上的奇特物质，也就成了大爆炸理论的支撑理论之一。

在很多大学的天文网站（例如 UCLA，Cornel University 等）都把奥伯斯佯谬列为大爆炸理论的主要证据之一。因为只有用宇宙膨胀才能很好地解释这个困扰人类几百年的佯谬——晚上的天空应该像白天一样明亮，我们看到的却是黑暗的夜空。

还有衍生出来的各种大爆炸证据，但关键的却是以上介绍的四条。

由对大爆炸理论历史的回顾可以看出，大爆炸理论最要害的几根支柱是：
- 望远镜观测遥远天体时在望远镜上看到的红移，从而奠定的哈勃宇宙膨胀定律；
- 奥伯斯佯谬。

- 暗物质理论。
- 宇宙微波背景全天图。

如果以上这些大爆炸的主要支柱坍塌了，大爆炸理论就基本不能成立。我们前面读到的所有章节，都在逐条否定大爆炸理论。本章中以前几章的内容为基层做一个总结。

美国宇航局的反面作用

在历史上科学界曾经分成两派，一派是大爆炸模型的支持者，另一派是其它替代宇宙模型的支持者。在宇宙学的整个发展史中，科学界曾经不断争论着哪个宇宙学模型能够最符合地描述宇宙学的观测结果，大爆炸理论的一些问题也因此浮出水面。

人们为此不断修正和完善大爆炸理论以及获取更佳的观测结果，从而一一获得这些问题的解释。

当今的宇宙学家在宇宙学问题上都普遍更青睐大爆炸模型，支持大爆炸理论是压倒性的共识，那些曾经提出的不同意见和问题都已经成为了历史，很不幸的一件事情是，这里面美国宇航局的功劳不可忽略。美国宇航局用太空望远镜平息了关于哈勃常数值巨大分歧的争议—实质上堵塞了通往正确解答的道路。

在 1965 年彭齐亚斯和罗伯特·威尔逊首次测到不明来源宇宙微波以后，美国宇航局以强势介入，花费大量资金发射专门观测宇宙微波的卫星，并由此制造出证明宇宙大爆炸的全天图。

到了此时，美国宇航局已经没有退路了：大爆炸理论必须成立，否则已经没法向民众交代了。一支庞大的卫星发射及观测、数据处理队伍，前后几十年，如果变成一场无用的闹剧，那可以说是灾难了。

当科研经费、数据收集工具、学术地位等都向大爆炸理论无条件倾斜时，形成这种无争议的学术局面也就很正常了。但这种貌似正常的局面，对科学研究来说一点都不正常。

现在的宇宙学界学者，都是从大爆炸的硝烟中成长起来、并或多或少地为这个理论做过贡献，他们已经习惯了大爆炸的噪声，一门心思只想在大爆炸的迷雾里找出一条金光大道。很少听到、也很不注意听取不同的与大爆炸不和谐的声音，即使听到了，也不会去参与。

美国宇航局已经够不理智了，而且他带着全世界一起不理智。

我们来看一个美国宇航局带领世界一起不理智的一个简单例子。这不是我要挑战美国宇航局的内容，只是一首前奏，一道开胃小菜。但是这很重要，因为美国宇航局能够引领世界潮流的主要原因是拥有获取宇宙数据的先进工具和手段。但是，他们从获得的数据里推导出来的结论，是不是值得人们信赖，却需要打个大问号。

为什么？

首先请回忆上一章中证明的眼见也可能不为实那一小节。

再来看下面的例子就知道了。

忽视简单的道理，疯狂了全世界的数据

这个例子是我在《谁有权谈论宇宙》中提到过的。还能找到很多类似的浅显的例子，我的资料夹里就有收集。不过我也不想花时间再去另写，就用它吧。

2004年9月23日，美国宇航局的网站有这么一篇报道（2014-12-1还在网上可以见到）：

http://www.nasa.gov/centers/goddard/news/topstory/2004/0831galaxymerger.html

这是一则震惊世界的报道，各报刊、媒体纷纷转载，很多至今仍能找到。这篇报道中有这么两段话需要注意（重要的两句话我把它们加黑了）：

"Here before our eyes we see the making of one of the biggest objects in the universe," said team leader Dr. Patrick Henry of the University of Hawaii. "*What was once two distinct but smaller galaxy clusters 300 million years ago is now one massive cluster in turmoil.* The AOL takeover of Time-Warner was peanuts compared to this merger," he added.

……

The observation shows the largest structures in the universe are still forming. *Abell 754 is relatively close to Earth, about 800 million light years away.*

下面是这两段话的翻译：

"就在眼前我们看见了正在诞生的宇宙最大天体之一"，观测队长、夏威夷大学的教授Patrick Henry说，"*3亿年前的两颗互不相干的小星系团现在成了一个动荡的巨大星系团，*"他补充说道。

这次观测展示了正在成形中的宇宙间最大的结构。*Abell754 相对来说靠近地球，大约距离地球8亿光年。*

虽然那时我还没有开始认真考虑宇宙问题，我看到这篇报道的第一眼后的反应就是：这些宇宙学家们太high了！

因为根据基本的常识，要看到任何发生在 8 亿光年外的事件，这事件必须发生在 8 亿年前。3 亿年前发生在距离 8 亿光年外那个地方的天体正在诞生的事情的相关信息或图像，还得经过 5 亿年漫长的旅行后才能看见。

这种错误，决不应该在一**批**专家中发生！考试是要给零分的！

所以，这篇报道就展示了美国宇航局的专家们把看到了的某件事情，收集到了的某些数据，用科学的名义大胆揣测的水平！

这个科学的名义很有分量的啊：20 多位著名的宇宙学家，在高高的山上，用世界最先进的望远镜，观测了两年多时间，经过集体讨论发布出来的东西！

然后全世界的媒体就跟着美国宇航局的新闻发布大力宣传，而且没有一个人提出异议。当然这不能怪大家。普通的民众，经过百余年科学至上的教育，早就无怨无悔地把自己的宇宙交给了科学家们。科学家们说什么，他们就信什么。从这点来说，当代宇宙学家辜负了民众的信任。

故事到这里还没有完结。

让我们来看下面这幅从维基百科全书网上截下来的内容（2015-07-13 下载），请注意用红色椭圆圈出来的左右两个部位的数据，翻译过来大致就是：左边红色椭圆内文字：碰撞在大约 3 亿年前开始；右边红色椭圆内文字：距离 7 亿 6 千万光年。

可怕吧？关于 3 亿年前这个碰撞的任何信息还正走在向地球传输的路上，需要再走 4 亿 6 千万年后才能到达地球被人们观测到。

图 9.2 维基百科全书对 Abell754 的报道

维基百科是全世界人都会使用的网站，而且，像这篇介绍 Abell754 的网页,至少得是有一定天文知识的天文爱好者或者学者才会去查看的网页。也就是说,十多年的时间,全世界没有一位天文爱好者或者学者,对此错误的东西提出批评。即使我 2005 年已经在《谁有权谈论宇宙》中举过此例了。

再来看看天文学术界。

今天(2004 年 12 月 1 日)用"abell 754"这个关键词,在百度搜索,得到的结果是与 Abell754 相关的文章报道等有 144000 篇!

图 9.3 百度搜索结果:144,000 条相关结果

这里面有些是真正的科学论文,要花多少时间多少人力物力来写就啊。

我不知道在这种脚本完全错误的情况下,这十几万篇报道、文章或者相关论文能制作出什么花样的喜剧片来。

全世界的宇宙学术界,也跟随美国宇航局一起高潮迭起地 high!

我的宇宙观我做主 - 对大爆炸说"不"

我不想和美国宇航局作对,也谈不上有什么资格可以和它作对。

可是,只要有人考虑宇宙问题,就会碰到美国宇航局这个庞然大物。没有办法绕过去。

我有时候庆幸:幸亏自己没有专业搞天文,靠它吃饭。否则的话,真是没有办法作为一个独立的思想体自由地在天文理论界活下去。

要写论文吧,得随着美国宇航局的步调,用着美国宇航局的数据。否则的话,写出来的论文就没有办法发表,发的声音就被挤扼在自己的喉咙中。

美国宇航局半世纪来一直大力推广宇宙大爆炸理论,动用了越来越多的资金(据说 五十多年用了一万多亿),因此牵涉进去的科学家越来越多,到现在应该囊括了全世界所有的知名天文学家。如果能参与美国宇航局的项目，那么就有名有利，科研经费大大的，诺贝尔奖有希望的。要是反对他们的理论，论文就无处发表，因为大部分著名科学家都拿着美国宇航局的项目经费，论文可是要经过他们审批后才能发表的。没有科研经费，也没有望远镜去观测。而美国的学术杂志，就是全世界最重要的杂志。当写好的论文不能在这些杂志上面发表时，就丧失了学术前途，在学界永无出头之日。所以美国宇航局一旦发布什么数据，全世界的天文学家就趋之若鹜，不加思索地用这些数据（即使明显是垃圾数据）大做文章。

如果有人搞出一个新的不同他们声音的理论，并且在理论上不容易驳倒的时候，就绕着弯把他打倒。最常见的就是发表新的观测数据，用这些新观测的数据，把他的理论从根上否定。那个在"光明与黑暗之争"一章中介绍的"疲倦之光"理论就是这方面的一个例子。

总之，他就出局了。

现在的天文理论界，倒是一片祥和，没有不同的声音，只有一片大爆炸的响声。从观测仪器，到观测数据，到学术界的学者们，到期刊杂志，科研文章，都是在大爆炸中诞生的，又怎么可能出现不同的声音？

所以，美国宇航局已经用大爆炸一统了宇宙理论的天下。

换句话说，不管美国宇航局的宇宙大爆炸理论有多么荒谬，都有其大行其道的市场。全人类的关于自然界的宇宙观世界观、全部在美国宇航局的统一之下，也就是在大爆炸理论的统一之下。他们把讨论宇宙观世界观的权利，用数学、数据及太空望远镜变相地从哲学家和其他一切人手中剥夺。

最典型的例子是霍金，他在《时间简史》一书中得意忘形刻薄地挖苦说："迄今，大部分科学家太忙于发展描述宇宙为何物的理论，以至于没有工夫去过问为什么的问题。另一方面，以寻根究底为己任的哲学家不能跟得上科学理论的进步。在 18 世纪，哲学家将包括科学在内的整个人类知识当作他们的领域，并讨论诸如宇宙有无开初的问题。然而，在 19 世纪和 20 世纪，科学变得对哲学家，或除了少数专家以外的任何人而言，过于技术性和数学化了。哲学家如此地缩小他们的质疑范围，以至于连维特根斯坦这位本世纪最著名的哲学家都说道：'哲学仅余下的任务是语言分析。'这是从亚里斯多德以来哲学的伟大传统的何等堕落！"

霍金把问题上升到了哲学高度，成为基本世界观的争论，难道还不要认真对待吗？

正是霍金这段肆无忌惮的话激发了我，下决心要写点什么来和这些宇宙学家们对着干，这才有了《谁有权谈论宇宙》一书。

其实，不是宇宙专家的人们也可以对宇宙问题有发言权。在互联网高度发达的今天，各种历史的及最新的天文观测结果，研究结果，相关资讯，都能轻易得到，这就使得非专业人士也能够和天文专家们一样，掌握同样的信息，站在同样的研究前线，对同样的研究数据，按照自己的不同理解，构造不同的模型，描绘出不同的世界！

而由于看问题的角度不同，也许会出现更令人信服的解释。

天文学界有一种唯望远镜论的味道，谁的望远镜好，就谁说了算。NASA 不断地推出太空望远镜等新观察仪器，就抢夺了所有其他人的发言权。这其实是一种很不正常的、不科学的做法。按照这样的逻辑，在没有造出比哈勃太空望远镜更好的观测仪器之前，所有被哈勃太空望远镜提供过数据的领域都没有必要再继续观测了，该歇歇了。

在现在这个金钱统治的科学领域，这里的科学价值观早已拜伏在科研经费的脚下。

因此，我们必须要尽力保有自己的宇宙观，世界观。我们用不着在大爆炸的硝烟里迷失自己。尽管这很不容易，是的，这很不容易，而混在学术界的人就更难了。

我衷心希望中国的宇宙学家们，走自己的宇宙科研道路，不盲目地跟着美国宇航局走。中国有自己的天文台，自己的科学家，自己的天文学术刊物，最重要的是有自己的科研经费，完全有独立自主开辟一片新天地的能力！

我的世界观自己把握，我的宇宙我做主——我能这样说，是因为我不需要端美国宇航局的饭碗。

如果我替美国宇航局打工，那我还能写这本书来拆台吗？

下面我们来逐个归纳对大爆炸的几个主要支撑点的不同看法：红移，奥伯斯佯谬，暗物质理论，宇宙微波背景全天图.。这些在前面几章中已经逐章充分讨论过了，这里只是汇总归纳一下。

宇宙红移现象

声色的频率变换，将运动的声波效果不假思索地推广到光波，造成了宇宙的虚假膨胀。

从观察结果得到的红移现象，多普勒将其解释总结出天体远离的运动规律，即宇宙膨胀规律。因此红移成了大爆炸理论的直接奠基石。

虽然多普勒成功解释了日常生活中经常可见的运动改变波频率的现象，但用同样的原理解释观测天体时对观测仪出现的红移现象，却出现了许多并不符合的异常。但人们并没有去仔细探讨这些异常，或是视而不见，把它引向不正确的方向；或是努力用各种理论去勉强地解释。前者如各种不同时期不同观测仪器得到的相差巨大的哈勃常数，后者如太阳也能测出红移。

我们应该相信宇宙科学家的科学素养，当他们长期对哈勃常数的观测结果相互间的差别以倍数计算的时候，当他们为了捍卫自己的科学观测成果而展开辩论的年月里，他们必定进行了无比认真的观测工作，取得了自己条件允许下最正确的数值。他们都应该是正确的！哪谁错了呢？只能是解释他们不同观测结果的理论错了！是把多普勒声效直接应用到天文观测中的哈勃定律对数据的解释错了。

哈勃定律是从观测中得到的，其结果应该没有错。其数学形式也没有错，但用它的物理意义解释结果时错了。不是宇宙膨胀天体视向离去的运动造成的观测数值，而是某台望远镜因为天体图像传播的滞后所产生的数值。哈勃定律得到了结果的表现形式，却错误解释了为什么会有这些数值的原因。这些结果都是会随不同望远镜的精密度的变化而变化的，这些数据都是不同望远镜的函数值。

不同时期不同观测仪器得到的相差巨大的哈勃常数，其实是一种不正常的现象，是对用宇宙膨胀理论来解释红移现象的一种否认。

最简单的测试方法是捂起两只耳朵、捂起一只耳朵或不捂耳朵来听飞驰而过的火车的汽笛声。我们听到的声音大小不同，但这些不同的声音却有相同的频率。

另外一种测试方法是部分地遮挡住望远镜，当进入望远镜的光强度发生变化时，望远镜产生的红移量也会发生变化。这个事实其实在望远镜使用滤色镜时就会发生。可惜人们对此现象视而不见，把它当做一种误差来处理，并对此发展出一整套调节理论。

还有，按照理论和公式，多普勒现象只应该在被观测天体很远时才会出现，较近的天体按照多普勒公式红移是不应该被观测到的。但是，实际上即使是近在咫尺的太阳，也能测出微小的红移值。于是又有各种各样的解释相继出现，包括一些复杂的方程组之类的东西。但是都不能圆满解释。

而我们在前面讨论过的天体图像观测速度理论，则圆满地解释了迄今为止所有与红移有关的现象，且不需要以宇宙膨胀的大爆炸理论做背景。

奥伯斯佯谬

奥伯斯佯谬，这个看似伴随人的好奇心而来的趣味性的问题，在今天却成为宇宙大爆炸理论的最重要的证据之一。

为什么呢？

因为奥伯斯证明如果宇宙是无限的并且不膨胀的，则天空应该永远是处处光明，暗夜将不复存在。黑暗的夜晚印证了宇宙是非稳恒态的。

在历史长河中出现过的直接或间接解释奥伯斯佯谬的各种理论，都被以不同的理由给否定了，最后只剩下的两种理论：由于宇宙膨胀即与大爆炸相符合的理论，以及天体光传播的有限时间理论，前者就是大爆炸理论，后者是强烈支持大爆炸理论的。

于是奥伯斯佯谬本身也就成了大爆炸理论的主要支柱之一。

Wessen 对奥伯斯佯谬研究了多年，他的理论和数据也不断进化和修改，现在已经使得有限时间论完全与大爆炸理论相吻合。例如 1991 年他给出的河外星系之间的背景亮度是 0.7 ergs s^{-1} cm^{-2}，而为了与大爆炸理论相一致，2009 年给出的是 $1.4 * 10^{-4}$ ergs s^{-1} cm^{-2}。但是，很容易证明这个数据是错误的：NASA 估计在**可观测**宇宙中大约有 1700 亿星系。即使以 1000 亿来计算，因为可观测，每个星系每秒至少得送出一个光子给我们吧？一光子的平均能量为 $3.31 * 10^{-12}$ ergs 来计算，河外星系之间的背景亮度也有 33.1 ergs s^{-1} cm^{-2}，大大超过 2009 年 Wessen 等给出的数据，反而接近他在 1991 年使用的数值。

当然，他使用的数据也不是自己单打独斗得来的，而是整个宇宙学界观测研究的结果，实际主要就是 NASA 高级望远镜的产物。可是这种经过近 20 年努力的结果，却明显在错误的道路上越走越远，不得不说是对 NASA 使用海量经费后的巨大讽刺，也是对我们前面提到的不能唯望远镜论的一个佐证！

奥伯斯提出佯谬的层壳模型本身就不正确。发光天体的分布在局部空间是不均匀的。尽管从大结构的宇宙理论来看是不是那样姑且不论，在涉及到几光年、几十光年相对大结构是非常小的空间内发光天体的分布时，常常是非常不均匀的分布，否则我们怎么给星星、星系、星团等等天体组合命名？因为命名的根据就是天体之间的距离。而小空间发光天体的分布却在这片空间是否黑暗的问题上起着举足轻重的作用。

奥伯斯佯谬以及众多的天文模型，像微波背景强度、河外星系背景光强度等，都不曾考虑宇宙间发光天体的分布，它们的光怎样影响其附近或遥远的空间光波强度，都不曾见到有充分的讨论。

像"两个太阳"这样的局部天体分布对结论的致命影响，也不在奥伯斯佯谬的历史解决方案的考虑之列。

我们在光暗之争一章中已经做出具体的数学模型，从理论上证明了奥伯斯佯谬的不成立。这样，大爆炸理论又失去了一根支柱。

宇宙微波背景全天图

全天图从逻辑上来说就是不成立的，我们已经列表说明了其逻辑上的错误。用海量的金钱去做逻辑错误的长期、大量观测，得到的结果并不可能正确。

很多宇宙学家总是不自觉地就用望远镜直接去看天体了。但是，首先看到的是过时的老片，然后看到的是迅速随距离衰减的光波，再看到由不同年代的时间点阵组成的虚幻图像。从不同距离到达观测点的光源，强度完全不一样。如果在地球周边测得了均匀分布的微波，那么根据光的传播公式或热的传播定律，离开地球的各种不同距离上的微波分布就会完全不一样。地球周边测得的均匀值正好证明了不同距离空间的巨大不同值。

应用"找不到( )，所以是( )"这样的公式，写出"找不到(来源)，所以是(背景)"，逻辑上并不健全。我们已经证明有三类众多的、看不到却存在着的隐藏天体，尽管存在于我们视觉之外，却完全有可能扮演测得的微波背景的光源。我们不要因为看不见它们，就弃之于被遗忘的角落。它们都有可能是微波背景的来源。

大结构宇宙定律的概念并未经过严格的证明。那是一种逻辑上的思维产物。所以虽然消费了哥白尼的大名，却不是以理服人。大结构理论的应用，还是有具体条件的。特别是将像宇宙这样的超级大结构和地球这样相对小到不如芝麻的实体来结合使用，令人有啼笑皆非的感觉。用被名人曾经在其他的场合背书过的、实际并没有也基本没可能严格证明的理论为基础，来进行大规模的持续几十年的卫星观测，不是一件很聪明的事情。

当测试模型本身没有什么科学性的时候，再精确的数据与玄妙的模型的计算，联合产生的也只是一种垃圾进垃圾出的悲催效果。

眼见也可能并不为实，戳破了 NASA 用最先进的望远镜发出的迷幻宇宙图片。请不要再那么自信十足地拿这些虚幻的图片大声说天上的事了。

宇宙间主要物质是隐藏天体而非暗物质暗能量

暗物质据说是根据宇宙大爆炸后冷却过程中的产物。

宇宙间的物质有96%是暗物质。如果数量太少，就不能成为大爆炸的理论支柱了。

而这种神奇的不发光、不反光也不吸收光的物质，尽管号称数量很多，以前却从未真正被人发现过。所有号称发现了的暗物质，都被 证实是隐藏天体。

最近刚发现的地球附近的"毛发"状的暗物质，即使最后证明它 真的是暗物质，按照它的数量，也不能够构成大爆炸后的充满宇宙空间的物质。

我也认为宇宙间的物质有超过96%的看不见的物质，但把它们说成是神奇的暗物质却并无科学根据。

从物质组成来说，由已知的原子、分子怎么能够组成既不发光也不吸收光也不反射光却又有引力场的暗物质，至今还无头绪。而这么大规模巨大数量的暗物质人类长期以来竟然完全不了解，也太贬低人类的智慧。

按照宇宙专家们用神奇的宇宙大结构定律证明宇宙微波背景的实例，人类有史以来的所有包括飞机、火星探索器、微波背景探测卫星等等航天器，从来没有碰撞过暗物质，那么，我们比证明微波背景更加有力地证明了，类似实体形状的暗物质并不存在！那么类似"毛发"状的暗物质，是否能遍布宇宙空间呢？这需要时间来证明。

用正常的思维来考虑暗物质与隐藏天体的问题：

1. 在望远镜所能看到的最远处，望远镜至今只能看到很少量的超星等亮度特别大的天体。但在那个地方，根据宇宙大结构定律，那里的天体分布应该大体和我们这星系的周边空间的分布差不多。就是说那里的空间也分布着许许多多星团、星系、星星及行星，这些都只是正常的天体，只是我们看不到而已。这些看不见的天体就是隐藏天体，它们的数量，要占据所谓的96%看不见物质里面的百分之多少？

2. 历史上通过引力场的影响而发现暗物质的案例，无一例外后来都被证实是普通的天体，只是发现时望远镜不够先进，因此对那时的望远镜来说，都是隐藏天体。直到望远镜更先进了才能将隐藏天体变成了可观测天体。

3. 要想感受隐藏天体的数量之多，我们对比一下举起望远镜和放下望远镜所观察到的天体的结果就知道了。那些放下望远镜看不见举起望远镜才能看见的天体，对眼睛来说都是隐藏天体。也就是说，除了2个星系，其余所有星系对眼睛都是隐藏天体！

4. 同样的道理，当望远镜越来越高级，就发现越来越多的对旧望远镜来说是隐藏天体的可见天体。因此，人类制造更高级的望远镜的行为，就是承认还有很多隐藏天体没有被发现而下意识地要去继续寻找的过程。制造新望远镜可不是光为了发现暗物质啊。

当然还能想出一些理由，但不必再列举下去了。

这些现象，都是显而易见的。这些现象里合计起来已经占有了不可见物质的百分多少？96%的暗物质除去这些显而易见的隐藏天体还剩下多少百分比?可为什么宇宙专家们却熟视无睹，不愿意去想、也不愿意对暗物质理论提出质疑呢？

即使"毛发"状的暗物质在地球附近存在，还需要证明它是否在太阳附近存在，然后可以估计它的数量。而它的数量，是不可能比隐藏天体更多的。

根本的问题，是因为暗物质是从宇宙的基本物质组成形成的结构方面，来证明大爆炸理论的合理性。一旦暗物质不存在或很少量，那么宇宙大爆炸理论的基本结构和形成过程都要玩完。这是几十年来经过成千上万科研人员、资金等等的努力，已经形成了压倒优势、宇宙大爆炸理论已经完胜所有其他理论、几代宇宙科研人员都是在宇宙大爆炸的硝烟中长大的历史时期，怎么能承认暗物质仅仅是子虚乌有的东西？

但是真理能这样无视掉吗？

回顾一下图 6.10 宇宙间隐藏天体的分布示意图，就知道隐藏天体的数量，即使按 IC1101 的绝对可观测半径来假设宇宙的尺寸，我们眼见到的宇宙，也只能占隐藏天体世界的非常微小的一部分。人类模糊地已知宇宙（以 137 亿光年计算），还不到 IC1101 划定的宇宙规模的 0.003%。

宇宙，用距离把我们局限在一个多么微小的樊笼里。

也来学着消费哥白尼一把

这里，我也想学宇宙专家们消费一把哥白尼的宇宙定律，把它用在证明暗物质基本不存在、或者即使存在也数量稀少、因此宇宙间百分之九十五以上的看不见物质其实都是我们定义的隐藏天体。

证明如下：宇宙定律从哥白尼的非地球中心学说而来，重复一下该定律：站在地球上的观测者从大结构、大尺度的观点来看，宇宙接近于各向同性、均匀分布。所以宇宙微波背景应该是看起来大致各向同性的。这样根据微波背景太空探测器在地球附近上空的十多年接收数据的结果，可以画出全宇宙的微波分布图来！

现在我们根据同样的逻辑，断定宇宙间基本没有暗物质存在！

因为百分之九十六的天体都是暗物质。因此无论它们是什么，都是在宇宙中均匀分布的，由此推断在地球附近的空间也同样应该有均匀分布的暗物质。而由于暗物质占宇宙物质的 96%，它就不可能是比空气还稀薄的物质。当飞行器遇上它时就可能有可能被感知。

但全人类发射过的无数卫星、火箭、太空飞船、火星等太空探测器…等空间飞行器（COBE、WMPI 等微波背景探测器也仅仅只是包含在其中的有限的几个）在地球的上空不同高度飞行了多年，没有报道说这些飞行器中有任何一个碰上了或发现了暗物质。所以，我们在地球附近对暗物质的探测比 COBE 或 WMPI 对微波背景的探测更全面、更彻底、覆盖的搜索空间更大得多，观测的时间更长得多，而且 COBE、WMPI 等的探测也全部包含在内。

那么，是否根据美国宇航局用于推断全天图的"局部到整体"、即"从地球这个局部收集到的数据推测出宇宙全天"的同样的神奇逻辑，我们可以推断出宇宙间基本没有暗物质。因为在地球附近地区大量的探测都没有发现任何暗物质，而且这个没有暗物质的探测空间比全天图探测的空间更大得多、更加各向同性、均匀分布，从而是否我们就可以根据 NASA 专家们应用宇宙定律的逻辑断定宇宙间没有暗物质的存在？

暗物质不存在，那就只有隐藏天体存在着了。

我用的推理法得出的这个断言有点搞笑是吧？

它当然不是暗物质不存在的正式证明，而是我们对美国宇航局用同样的推理方式得出宇航全天图的小小调侃。

与美国宇航局的百年之世纪赌约

美国宇航局的宇宙专家们正在努力寻找暗物质。他们把发现暗物质当做下一阶段最重要的任务。

但根据上面已经叙述过的种种理由，我却不相信他们能够成功！

我在这里和美国宇航局的宇宙专家们打一个百年世纪之赌：

给您们一百年时间，也找不出比隐藏天体更多的暗物质来！更不可能找到宇宙物质 96％的暗物质 暗能量！

我本来想说，给您们一百年时间，也找不出几块（我不敢完全确定暗物质完全不存在、或人造不出几块）暗物质来，更不可能找出真正的像星球那么巨大的暗物质！但是为保险起见，从科学的角度出发，还是和隐藏天体作比较吧。因为，我们前面计算过，太阳只能在一百万光年左右的距离内看到。那么，那些存在于一百万光年到 137 亿光年内的太阳以及比太阳更弱的恒星，我们就全看不到！基于宇宙大结构理论（这里是一个适当的可以使用该理论的地方），在我们只能看到少量巨星的宇宙边缘处，实际上是像我们看见的银河系附近的空间一样，分布着无数大大小小的星团、星系、恒星等各种天体。这些天体就是我们定义的隐藏天体。既然隐藏天体的数量有如此之多，那么减去这些隐藏天体，还能剩下多少百分比的暗物质呢？如果暗物质存在的话。

如果宇宙间没有足够数量的暗物质，那么大爆炸理论的物质基础又失去了根本的支撑。

确切地说，我这本书已经写了十年多，这个赌十年前就开始了。但我多给点时间给您们，这个赌延迟到从本书正式出版之年开始计算，应该是2016年吧。

让我们在2116年见分晓！一百年后见分晓！

虽然百年后我不能亲眼看到结果，但在我有生之年，我将一直享受我的胜利！

一百年后您们输了的时候，别忘了把那年的诺贝尔奖送过来啊。

朴素的基本科学道理是不应该被眼花缭乱没有根基的科幻似的东西否定的！

用隐藏天体的概念来检验宇宙膨胀理论

我们可以用隐藏天体的概念来检验宇宙膨胀理论的正确与否。

按照对隐藏天体的讨论中第6类的暂隐藏天体（距离，增加）的定义，如果宇宙膨胀理论是正确的，那么在距离持续增加的情况下，许多处于隐藏非隐藏之间的天体，在宇宙膨胀后与地球的距离增大，于是就从可观测天体变成了隐藏天体。

在《谁有权谈论宇宙》中已经比较过人类肉眼观测宇宙和用望远镜观测宇宙的差别，指出人类的眼睛并非一无是处。在本章中，我们将体会到人的肉眼看宇宙优势的具体实例。

我们可以用肉眼观察对比各种古老的天文图上的天体，看有没有星体在古代的天文图上出现却在今天的肉眼观测中消失，如果没有批量消失的天体，那说明宇宙膨胀理论值得怀疑。

还有可以使用相同的古董观测仪器，几百年前使用的望远镜，在同样的条件下用这些古老的望远镜来观测今天的同样的星空，对比所得结果，看有没有成批天体在现在观测所得的结果中消失。因为宇宙膨胀，现在观测到的图形，没有消失的话，也一定要比以前观测到的模糊，亮度减小。在尽量相同的条件下比较不同时期的结果，就可以看出是否有宇宙膨胀的影响。

如果能看到有些在古代勉强能观测到的天体在今天已经消失，就说明宇宙膨胀是真实的。如果只有极少数甚至连一颗天体都没有消失，那说明宇宙膨胀理论还有商榷的必要。

还有些人类观测历史悠久、描述详细同时距离也比较远的天体，可以使用相同类型的观测仪器来比较以前和现在同等条件下观测得到的图象，因为宇宙膨胀，现在观测到的图形，没有消失的话，也一定要比以前观测到的模糊，亮度减小。比较不同时期的结果，就可以看出是否有宇宙膨胀的影响。

举一个具体的例子。

最早的仙女座星系观测纪录可能出自波斯的天文学家阿尔苏飞,他在《恒星》一书中描述仙女座星系是"小云",星图上的标记在那个时代也是"小云。"1612年德国天文学家西门·马里乌斯第一个用望远镜对仙女座星系进行观测和记录,说它状如牛角管中所见的烛光。

那么,现在我们可以用前人同样的方式、同等水平的观测仪器,对仙女座星系进行观测。对比两个时期的观测图像的结果。如果宇宙在膨胀,距离地球250光年左右的仙女座的观测结果也会受到一定的影响。

在可见将来,人类不可能认识宇宙真面目

宇宙大爆炸模型,从故事上来说,没有开始,也没有结尾:
大爆炸从何而起?
大爆炸以前宇宙是什么模样?
什么东西爆炸了?
爆炸以后爆炸空间的外面又是什么东西?
……
全部都不讨论不涉及。那就是默认了人类对所有这些都不知道。

既然如此,那专家们何不稍微退一小步,对大爆炸本身也不要那么斩钉截铁地推行好不好?反正您们也没全部撩开宇宙的神秘面纱,那么撩开多一点和少一点,又有什么关系?

50步笑一百步并不那么好笑。

宇宙的绝对可观测半径,限定了人类不管利用怎样先进的望远镜而得到的视野,都不可能穿越这个被宇宙噪波限定的宇宙绝对可观测半径。而人类掌握的缓慢的空间旅行速度,也注定了人类的足迹只能到达宇宙间极小的范围,在一个相当长的历史时期飞不出太阳系的大约1光年的范围。

宇宙用神秘的距离面纱,把它的真面目遮蔽起来。而没有掌握可以遨游宇宙的速度的人类,没有能力撩开宇宙的面纱。

人类的首要任务,不是以为自己接近了认识宇宙真理,而是认识到自己的巨大局限性,努力提高自己能够掌握的速度,尽量认清自己周围的可认识空间,做一些像找到人类真正可移民星球之类的有益于人类的事情。

穷吾辈百年短暂之生命兮,探宇宙八方无穷尽之奥秘;
耗人类千年积累之资源兮,索天涯上下多迷障之真谛。
以短暂寻求永恒兮,持龟速强攀天梯。

醒兮，醒兮，

星路漫漫兮，吾辈将谨慎地索昝；
心路迢迢兮，吾辈须理智地寻迹。
驭人类之智慧思想，驱方舟取可达之真理！

第三篇
呼唤创造

- 呼唤创造
  创造的培育
  扼杀创造的现代教育
  创造的成本
  呼唤创造，
- 数学老了
  数学为什么老了？-- 爬树与栽树
  森林监护人
  "科学终结"与科技崛起的契机
  怎样让科学焕发青春？

当成长呼唤自由与突破的时候，
我们却在用透明的或五彩的丝带为他编制规划的架框；
当野性的风就要吹裂创造的豆荚的时候，
却看到有透明的美丽暖棚将收获的金风遮挡；
冲动的思想像风筝一样在蓝天里追寻白云的怀抱，
却总被世俗的纽带牵扯得跌跌撞撞迷失方向。
专家们抗着创造的旗帜寻求可容纳于他们意识世界里面的美学，
教授们在优美的旅游胜地踌躇满志地挥斥离经叛道的奇思异想。
我们呼唤创造，
创造，却不知在何处徜徉。

常常思考类似这样的一些问题：人类科技发展到极致，对人类掌握知识的过程，会产生怎样的影响？

首先，在人类解析了大脑的各种功能后，有可能把人的记忆有选择地完整复制下来，就像复制计算机硬盘中的数据那样；

然后，有可能把各种复制下来的知识分门别类，归纳整理储存在大脑中的知识库中；

最后，有可能把知识库中的数据，有选择地复制到人类的大脑中。

如果上述情景出现，人类的最终学习过程将是一个没有痛苦的简单过程。当人到了一定的年纪时，就去选择某些知识用几分钟复制到头脑中。

但是，这些可以存储复制的知识只是一些静态的数据，不是有创造力的知识。

知识可能在将来能复制，创造不能。

创造，对人类进步来说，是比知识更重要的动力。

本章的内容，是一些颇有争议的甚至是惊世骇俗的论点论题。其实本书的内容，全是此类。

我们把问题提出来讨论，希望能起到抛砖引玉的作用，引起大家对科学进步问题的关注和讨论。

如果能把握时机，解放思想，理清思路，找到前进的正确方向，也许能促使我国的科学，跳跃式地进入下一个发展空间。所以，我们想尽量地追根寻底，分析发掘一切可能阻碍创造的因素。

这里说的创造，是比如发明一门"复杂系统的分析代数"之类的行为。

第十章
创造的培育

智者千虑,必有一失;愚者千虑,必有一得。
　　　　　　　　———《史记·淮阴侯列传》

现代社会教育的目的

在监护人出现之后,也就是在工业革命成功之后,人类教育的目的,就是为社会培养合格的劳动力,为工业生产线培养合格的工程师和技工。

直到今天,这个目的不但没有丝毫改变,反而变本加厉。

我们随手从网上查到一些对"教育的目的"的定义,简单摘要几段如下:

- 教育的目的就是让他们成为社会上有用的人才。
- 学习的途径很多,集中教育(特别是学校教育)已经被历史证明是一种较好的方式。
- 是把受教育者培养成为一定社会需要的人的总要求。
- 通常,教育目的往往勾画出某种哲学观指导下的理想社会中的理想公民形象,以指明教育努力的方向。
- 教育目的具有一定理想色彩。来源不在于教育本身,而在于社会、时代及由二者决定的哲学观点。
- 是一种经过抽象与概括的"理念"的东西,
- 特别的教育目标:我国现阶段的教育目标是"为经济建设服务"
- 教育目标比教育目的明确具体。

- 教育的最终目的，就是将学生培养成为适合一定社会需要的人的总要求，就是让他们成为社会上有用的人才。

现代社会中，学校教育是唯一的途径。虽然小学中学有可能自教自学，但没有哪个个人能够拥有像一所优秀大学那样的教育资源。要想在前沿的科研领域有所作为，进入大学接受教育是唯一的途径。

从教育目的到教育实施，我们可以明了几件事情：

现代教育培养的是对社会有用的人，就是可以对社会做出一定贡献的人。由于现代社会提倡的是平等，因此基本上是"教育面前人人平等"，虽然各国各校在教育的质量上会有较大的差异，但总的教育目标和教学内容，却没有本质的区别。于是，制定的教育政策只能是符合社会的主要需求；而社会要求的主要人才就是合格的劳动力，因此，教育的主要目标就是为社会培养合格的劳动力。

也就是说，工业革命以后的教育，从小学到大学，都是在追求基本同样的目标，以满足社会主要需求为目的，为社会提供各种各样的人才。在这种全球一致的目标下，地球上所有的学校基本都打上了机械化生产的烙印，产出的是可以应用在社会这台大机器上的标准部件。

直到研究生学习阶段，学生都没有摆脱读书、考试的模式。

在一代代这种机械化标准生产的模式下，虽然每个学者教授研究者都在尽自己最大努力标新立异，可是当不同个体的思想已经不自觉地被多年的学校统一教育塑造成了标准形式的时候，又哪里有灵感和勇气做一番革命性的爆发呢？当所有的树种都已经被钢化，谁又有可能在钢铁的环境中栽活一棵新树呢？

工业革命后的时代，是一个追求高效率的时代，大量生产的技术发展是工业革命的第二阶段的特点之一。

大量生产的两种主要方法是在美国发展起来的：

一种方法是制造标准的、可互换的零件，然后以最少量的手工劳动把这些零件装配成完整的单位；

第二种方法是设计出装配线。

学校生产出大量毕业生的方法，和这两种大量工业生产的方法何其相似！在全球化的今天，不论来自世界的那个角落，是浪漫充斥的巴黎，还是肯尼亚尘土飞扬的小城，学校都会迅速抹除个人的特征，用同样的思想方法武装每个学生的头脑，真正的实现人的思维方式的标准化。

当所有的人都使用森林监护人的思想方法——可以称之为科学的方法或者某种名词的方法——的时候，人类全体就毫无例外地深陷于缺乏创造力的怪圈。

光暗之争　　　　　　　　　　　　　　第十章 创造的培育

图 10.1 知识啊，只有您，引领我们走过黑夜

在工业革命以前的人类教育，也就是数千年来一直有各种各样的树栽种下去的那段时期，人类的教育并不是如此机械化似的标准的。教育没有明确地为牟利服务的目的，因此对各种看似毫无前途的奇谈怪论也就比较宽容。千奇百怪的思想，自由自在的讨论研究，使各种可能的萌芽能够破土而出。那时的地面并没有被那么多坚硬的水泥遮盖，所以比较容易突破吧？

扼杀创造的现代教育

我在中国矿大上硕士研究生时有过一次匪夷所思的遭遇。

80 年代初的研究生政治课是《自然辩证法》，书中介绍了一些关于宇宙模型的最新理论。我觉得很有意思，但思考以后又有一些不同的想法，于是就讲出来和任课老师讨论。由于谈论比较热烈，与课本的内容大唱反调，使这个治学严谨的老师觉得很不满意，对我质疑爱因斯坦的态度更不满意，因此对我说如果不按照正确的思想交一份深刻检讨就不能及格！我还真不得不违心地写了一份检讨性质的报告，换了个 75 分，是我有史以来得到的最低分。

这种做法导致的直接结果就是，个人不能有标新立异的思想，得固守成规。还自然辩证法呢！

我们的一个朋友也给我们讲过他自己在香港上高中的遭遇。

他那时认为：既然有测不准理论，仪器的干扰导致了无法准确测量粒子的情况。那么，比原子更细微的光，就更是测不准了。这样的结果之一，就是光的所谓波粒二相性质，可能只不过是测不准的后果，光的本质并非如此。

老师一听之后，严禁他继续思考下去，因为如果那样的话，可能大学都考不上！

他也就再也不去想这类天马行空的问题了。

直到看了我的《谁有权谈论宇宙》，才又勾起他久远的记忆。

我说，真可惜，不过如果我是你老师，也得让你改邪归正，不然别说上清华了，好的大学都麻烦。可能你有拿诺贝尔奖的希望，不过那太遥远了，还是先混进革命队伍更重要，否则怎么去革命？

不论是为了维护自己的权威，或者是为学生的前途着想，工业化的教育，以考试为目标的教育，都容纳不下异想天开、离经叛道的创新创造。

设立为创造而学习的基地

因为一个国家教育目的之设立是为全社会的主要需求服务的，因此并不是、也不可能满足每一个人的需求。虽然大多数人的学习目的是和国家教育目的相吻合，但也有一部分人，需要为自己设立特别的学习目的。

实际上，体育艺术院校学生的特招，就是设立特别的学习目的、特别的学习环境和教学手段的例子。

那么，为了达到培养创造性人才、培养有可能改变人类科学理论现状的人才的目的，我国是不是也可以设立特别的创造性人才特招，并且为这些招来的学生提供一个理想的、有别于现代标准教育的成长和学习的环境呢？

我们的想法是从挑选审核批准学生着手，设立一些突破传统的标准，并为他们创造一个自由宽松并且充满激烈自由的学术辩论的环境。他们的学习目的就是理论创新，为新理论而催生，期望他们在其中能够为人类做出突破性的贡献来。

这可能要一代或几代人成长起来的时间。但是投入是不会浪费的。他们即使没有栽下新树，但在科技理论的领域内自由纵横却是一定的。

这里面牵涉到的方方面面的因素很多，需要有突破传统不拘一格的思想做引导。听起来就像又一乌托邦，就不在此继续 YY 了。（YY 是网络名词"意淫"的缩写，意指类似我们在这里的幻想。）

但是，这样做的前景是非常诱人的。我们有希望在不花费巨大成本的前提下，培养出非常优秀的科技理论创新人才来。

创造的成本

创造的成本是巨大的。

这也是背离讲究高效率和经济效益的现代社会的原则的。特别是那些看不见实用价值的研究，几乎没有谁愿意对其投资。

比如布尔代数，在被发明了差不多一个世纪以后，才在自动化和计算机领域得到应用。如果当初布尔申请研究经费来搞他的布尔代数，可能没有哪个机构会为他掏腰包，即使搞出来了，也没有权威的杂志会发表。

在现代社会中，创造的成本太高。而由于信息的共享和流通，创造的财富很容易被他人窃取，甚至比创造者本人更快地使创造成果商业化。

创造的风险也很高。有可能一个人一辈子也研究不出什么东西来。

搞应用研究的教授可以将搞纯理论研究的同事的研究工作称之为"玩"，他们玩钱玩时间，搞的东西可能永远不能变成市场需要的产品。这不符合现代社会对科学投资的基本原则和社会价值的主流取向，因此很难得到足够的经费支持。

因此，一个现代人如果能坚持在纯理论领域搞研究，已经属于极其不容易了，或者是出于无奈，或者是出于坚持。

而坚持信念的人，得甘于清贫，得耐得住寂寞。得熬得住没有结果的困惑、以及看不到明显希望的痛苦。他可能是，不，他就会是，俗人眼中的怪人、穷困潦倒之人。

所以，现在的教授，大都变成了基金募集者，到处弄钱，然后用这些钱来带助手带研究生，让这些助手、研究生去干具体的活，自己到处忽悠点经费。

现在的教授资格的评比，就是看谁的论文多质量高；一个人自己累死一年能够出几篇论文？所以比论文的多寡实际上比的是科研经费的多少：有更多的科研经费，就可以招收更多的研究生，每年就可以发表更多的论文，从而有更大的名气，再从各个领域忽悠到更多的钱。所以一个成名的教授，他可以一边在这里担任高级咨询、一边在那儿主持国际会议、同时还发表比别人更多的学术论文，当然一般他是第一作者、学生名随其后的了。

上个周末刚应邀到加州大学旧金山分校作庆祝中国新年的演出，闲聊起来才知道：在这所全球最顶尖的医学院，有 800 多来自中国的顶尖学者。教授给他们低于市场价格的报酬（叫做博士后）在这里给教授干活写文章。

所以那些搞纯学术研究的人，也都向应用领域靠拢，不愿意呆在经费不足的领域里耕耘。

在这样的经济驱动的潮流中，科学理论创新的动力是何等微弱啊。

可是没有理论的创新，Horgan 的科学终结了就是一句大实话！

创造要摆脱机械化的统一思想模式

鉴于教育的机械化流水线在培养创造者方面彻底失败这一事实，培养创造者首先需要在组织上和思想方法的培育上，抛弃统一的机械化大规模生产铸造的模具。

创造首先要摆脱统一的学校结构和教育模式，从钢铁的传送带上站到泥土的地面上来。

有位老师曾以"知识树"的形式对初中阶段的语文知识作了归类：

六本教材共 180 课，二百多篇文章（包括诗词）。编者的主要意图，不仅仅是让学生读懂一篇篇文章，更重要的是通过对教材的学习，使学生掌握系统的语文知识，提高听说读写能力。

六本书中第一层次的语文知识大致有四部分：基础知识、文言文、文学常识、阅读和写作。

第二层次的知识将第一层次又划分为以下 23 个方面：

基础知识包括语音、文字、词汇、句子、语法、修辞、逻辑、标点这样八个方面。

文言文包括字、实词、虚词、句式四个方面。

文字常识包括外国、古代、现代、当代四个方面。

阅读和写作包括中心、选材、结构、表达、语言、体裁六个方面。

第三层次的知识将第二层次的 23 个方面归纳为大约 130 多个知识点。如语法，就包括词类、词组（现在叫短语）、单句、复句四个知识点。

打个比方说，这张语文知识结构图，就像中国交通图一样：第一层次的知识像省，第二个层次的知识像市，第三层次的知识像县，第三层次以下还有更细密的知识细胞，好比村镇一样。

……

这是初中语文的知识树，是精确地按照科学的方法分门别类得来的。

我们看到这颗知识树，不禁有一种毛骨悚然的感觉，好像看到有血有肉的躯体，被一具具地解剖，刮骨剔肉，分门别类。

我们敢下断语：把这种方法学好了并应用得很好的学生，一个能够应用这样的方法分解一篇文章的人，能够成为好的评论家，但基本上写不出什么好的文章或文学作品来。因为，一篇文章的好坏，并不单纯在字面上，而主要是在字里行间。文章的格调、品味；甚至流派、语言特色是无法解剖出来。文字后面的意思如讽刺、赞扬、等等，也不是轻易可以用解剖刀分割出来的。如果一个学生，熟练地应用这种标准的分类的科学手段于他所读的每一篇文章、每一文学作品，那么，对他来说，文学就是风干了的一串串按门类挂起来的腊肉腊肠，散发的全是干尸的气味。

在现实生活中，那些个作家，有多少是从中文系训练出来的呢？科学的方法可以训练出来评论家，但很难训练出需要持久创造力的作家。

也就是说，科学分析的方法，对文学作品的欣赏和创作都是极端不利的！

用这种科学分析方法教育出来的学生，适合当评论家、文史家、秘书、文案…就是不能当以创造为主要工作的作家。

文学家从来都不是教出来的，更不是用科学解剖的知识养成的。

民国时期的文学家：沈从文和张恨水中学没毕业；胡适学的是哲学，鲁迅、郭沫若学医学，徐志摩和郁达夫学经济，周作人先学海军，后学希腊外语；徐志摩和郁达夫拿的是经济学位。

他们没有学过文学，没有人教他们写作，天赋和自学让他们成为了文学大家。

科学分析的方法，不是可以随意引入任何领域的！

但科学分析的方法，是主宰当今世界的思想方法！

科学分析的方法，把细节放大后分门别类，有条不紊的同时忽略了整体，注意了枝节而忽略了躯干，很难激动创新的欲望，很难在这种思维方式下想到去栽种新树！

也许，这就是为什么在科学分析的方法占主导思想之后的漫长岁月里，看不到种下来的新树苗！

是不是我们应该反省一下我们的思维方式了呢？

从布尔代数的发明得到的启发

1835年，20岁的乔治·布尔开办了一所私塾。为了给学生们开设必要的数学课程，他饶有兴趣地读了一些介绍数学知识的书籍。很快他就感到惊讶：这些东西就是数学吗？真令人难以置信。

于是，这位只受过初等数学教育的青年自学了艰深的《天体力学》和抽象的《分析力学》。由于他对代数关系的对称和美有很强的感觉，在孤独的研究中，他首先发现了不变量，并把这一成果写成论文发表。

这篇高质量的论文发表后，布尔仍然留在小学教书，并开始和许多第一流的英国数学家交往、通信。这其中有数学家、逻辑学家德·摩根。摩根在19世纪前半叶卷入了一场著名的争论。布尔认为摩根是正确的，并在1848年出版了一本薄薄的小册子来支持摩根的论点。这本书是他6年后更伟大的成果的预告。它一问世，立即得到摩根的赞扬，称赞他开辟了新的、棘手的研究方向。

布尔此时已经在研究逻辑代数，即布尔代数。他把逻辑简化成极为容易和简单的一种代数。在这种代数中，适当的材料上的"推理"，成了公式的初等运算的事情，而且这些公式比过去在中学代数第二年级课程中所运用的大多数公式要简单得多。这样，就使逻辑本身接受了数学的支配。

为了使自己的研究工作趋于完善，布尔在此后6年的漫长时间里，又付出了不同寻常的努力。1854年，他发表了《思维规律》这这部杰作，当时他已39岁，布尔代数问世了，数学史上树起了一座新的里程碑，数学的森林里长出了一棵最年轻的树！

几乎像所有的新生学问一样，布尔代数发明后没有受到人们的重视。欧洲大陆著名的数学家们蔑视地称它为数学上毫无意义、哲学上稀奇古怪的东西。他们甚至据此怀疑英伦岛国的数学家能否在数学上做出独特贡献。

布尔在他的杰作出版后不久就去世了。

20世纪初，罗素在《数学原理》中认为：纯数学是布尔在《思维规律》的著作中发现的。此说一出，立刻引起世人对布尔代数的注意。

今天，布尔发明的逻辑代数已经发展成为纯数学的一个主要分支。

近几十年来，布尔代数在自动化技术、电子计算机的逻辑设计等当前最重要的工程技术领域中有举足轻重的重要应用。

从这棵基本上算得上是数学森林里人类栽下的最后几棵树之一的布尔代数的发明经历可以看到：

布尔并没有在现代化形式的学府里接受统一的学习训练，因此他的思想并没有被塑造成标准的工业化模式；

布尔与摩根的友谊及参与他的学术辩论触发了他的灵感；

布尔的工作并不被他那个时代的权威们所承认，甚至遭到他们的耻笑。换句话说，布尔的论文，不可能在当时的著名学术刊物上发表。

布尔的研究成果在过了大约一个世纪的漫长的岁月后，才被计算机科学作为奠基理论在应用科学的领域里受到重用。

理想的教育目的

其实我们谈论这个题目是有点奢谈。

要谈理想的教育目的，先得谈理想的社会。前面已经涉及到一点点，教育需要使学生的思想形态与其所在的社会形态相一致，否则教育过程就是在制造社会矛盾，"理想"二字更无从谈起了。

而且，也正如前面提到过的，如果科技发展到能够通过计算机管理人的头脑中的知识，那么现在的教育形态全部失去了意义。

当知识可以有选择地复制给人的大脑时，人对学问的唯一要求就是创新了。

我们想在这里稍微讨论一下的，就是在当前我国的社会形态下，理想的教育的目的可能会设立成一个什么样子？

学生能够受到平等的免费教育；

学生能够按照自己的学习能力和努力公平地进入不同的高等院校学习；

大学生毕业能够公平就业；

企业能够招收到自己需要的合格人才；

研究院能够招收到足够的天才；

政府能够得到合格的管理者；

…..

人是比较现实的，关于创新创造能力的培养和人才的取得这样一些课题，一定会把它排在满足了基本的生存条件等等之后。衣食足而知礼仪，自古以来就是如此，谈理想的教育自然也是这样。

我们在这里开个小头，深入的讨论要靠读者诸君了。

削足适履与改履适足

如果一个人只有一双不合脚的小鞋可穿，那么，到底是用刀把脚削小到可以装进这双鞋呢，还是把这鞋改造得可以装进原来的脚呢？

答案是明显的。

但有些人知识偏窄想不到原来鞋子也是可以改造的，就干些削足适履的事。

比如说我国的中医吧，就有那么一些国人，定义中医"不是科学"。这里只是想以此为例子说明一个问题：任何问题，包括科学的定义本身、科学方法本身，都应该是在不断地进化（也就是改进、改造）的，是应该改履适足而决非削足适履。

对中医的某些理论（假设为经络吧），假如通过现有的一切科学方法都无法证实其存在、都不能解释与其相关的现象（比如针刺经络的穴道而麻醉），那么此时就有两种态度：一种是认为既然现有的科学理论解释不了它，那么就需要发现新的科学理论来丰富科学理论的宝库，使科学理论本身也随之前进；如果现有的科学方法不能导致有效的认识它的手段和方法，那么就应该改进科学方法的定义，使科学方法最终也能够产生认识它的手段。这种态度就是改履适足的态度。我们相信全世界绝大多数医学科学工作者，都会采取这种态度。即使是一千年研究不出来，那就更得继续研究哪怕是一万年，永不停止，这是一种推动科学前进的态度。

另一种就是定义中医"不是科学"的专家了，他们认为既然现有科学理论和方法解释不了中医，那中医就不是科学的了。他们的这种态度，就是一种削足适履的做法，是阻止科学发展和前进的做法，因为他们的态度绝对不会让研究中医的医学科学家停止他们的对中医的科学研究工作！

更进一步来说，既然中医科学理论如此难以研究，正说明一旦对它的科学研究有所突破的话，可能就不仅仅是中医科学理论的突破，而会是整个人类健康层次的突破，更可能是科学理论、科学技术及科学方法本身的某种突破。

比如我们在这本书中讨论的人类对宇宙的认识问题。人的足迹在千万年内出不了边缘一光年多点的太阳系，却偏要自以为"我们可能已经接近于探索自然的终极定律的终点"。其实大爆炸宇宙模型，还不如中国古代几千年前的盘古开天地的故事那么有道理。

盘古从混沌中开辟出现在的宇宙。这个故事里，宇宙存在前是什么、宇宙开辟后其外面是什么都有答案。

反观大爆炸故事，大爆炸以前是怎样的？什么东西爆炸了？大爆炸产生的宇宙外面是什么？全然没有回答没有讨论，典型的管杀不管埋！

在科学研究的道路上，我们永远需要的是改履适足的科学态度。只有这样的态度，才有可能带来我们期盼的科学创新。

从"八股文"得到的启示

对中国历史科考的八股文，很少有人对之有正面的评价。八股文作为封建旧文化象征之一，受到猛烈打击，可以说是"臭名远扬"。

百度百科<八股文简介>中介绍：

八股文在历史上罪孽深重

  首先是它败坏了读书种子。

  其次是它缺乏实用的价值。

  三是它形式主义严重。

  四是它命题了无新意。

从对"八股文"的英文翻译也可以看出来：Stereotyped，即千篇一律。可是实际上应该翻译成 Stereotyped framed papers。文章架构、形式千篇一律，但内容则完全不是。

八股文在历史上并非一无是处

  首先，士人从研习八股文中受到了儒家伦理道德的熏陶。

  其次，八股文的写作理论和技巧可为后人借鉴。

  再次，八股文为后世提供了文精意赅的典范。

  复次，八股文对后世某些文学体式，比如楹联的成熟和发展，起了推波助澜的作用。

图10.2　我也想占一回鳌头——算做一回美梦吧

看到诸如此类的评论，不禁有点哑然失笑。这些评论的立场，基本上可以说是站在文化人的立场上从文化的角度和道德的角度来评价八股文的。

可是，我们千万不要忘记：中国传统文人的基本思想就是"文章卖与帝王家"，而八股文更是帝王用来为自己挑选管理人才而用的标准化工具，本来就不是为了促进文化发展而产生的，奈何以文化论之？

这正像今日之教育和考试，本来是为争取占有教育资源挑选合格劳动力而设置的，其余什么创新等教育，都得靠边。

作为统治阶层挑选人才来说，八股文的好处简直太多了，诸君自己随便想想就可以列出好几条，我们就用不着在此浪费笔墨了。

我们想说的是，中国孔孟以来的文化教育，主要就是为统治阶级培养人才，所以中国文化有浓厚的官本位气息。而八股文只是将这种目的更加明显地用一种看得见的格式宣示出来了而已。

当然，实际上是否书读得好就能成为一个好的管理人才，是个大大的问号。

至少我们都不会认为一个浪漫派的、时刻可能有冲动的感情爆发的诗人，能够胜任哪怕是一个小公司的管理职务。譬如李白就很难做一个好的管理者，尽管他是最伟大的诗人，否则他也不至于让皇帝身边的人替他磨墨脱靴搞得关系那么紧张了。这些我们就不在此讨论了。

柏拉图写过一个《理想国》，讨论理想的政治和教育。

柏拉图深信：一个国家的政治要合于理想，先要使教育合于理想。所以他花了大半篇幅讨论理想国的统治阶级应该受到什么样的教育。

他设定的课程非常简单：一个人在二十岁前只学习体操、音乐，其余有必要的话就放到二十岁以后去学。体操学好了，身体会健美；音乐学好了，心灵会和谐。有健美的身体和和谐的心灵，其余还有什么不能搞好呢。

可是面对工业革命带来的高效率教育及科技进步，全世界各个民族的传统文化不论目的如何，柏拉图也好，孔孟之道也好，都受到了致命的冲击，在民族存亡的危机压迫下，各国都毫无例外地转向了西方的教育方法，师夷以制夷。

因此，全球化了的工业化模式下的主要教育目标就是大规模高效率地培养技术工人，就是为大工业生产提供充足的、合格的劳动力，使社会能够高速发展，从而在竞争中赢得民族的和国家的生存空间。

这个目标至今未变，只是培养人才的技术目标，从原来的传统工业扩充到了信息产业而已。美国前总统布什卸任时，对发起伊拉克战争的原因或者说借口只是一句"搞错了"的轻描淡写的解释，就是对这个目标的背景的最好注释。

在这种全球化了的机械模式下统一培养出来的研究人员，其思想很难有跳出机械化流水线模式的希望。

在八股文的格式禁锢下很难出产真正的文学艺术，在钢铁的传送带上基本不可能栽下全新的科技理论的新树苗。

人类如果不直面这种严酷的现实，科学就将最终成为 John Horgan 指出的那样，科学终结了！

小议天才 -- 现代化教育的悲哀

如果在家里看到妈妈插下的一瓶怒放的鲜花，会有席慕容那样的感觉，"很不安，很着急，在花旁边一直走来走去，一直嚷着：'怎么办？怎么办？'"；"面对着一小把紫蓝与金黄的鸢尾花，我们心里也会乱起来，不知道怎么样对待它才好。"；或者像余光中那样，看花"看到绝望才离开"。如果孩子有类似的那种感觉，绝对不可以用"发什么神经"之类的胡言乱语把他的细微的天才扼杀在萌芽；得小心翼翼地呵护，假装不经意其实很精心地鼓励、培养，让他在这方面自然地不间歇地成长。漫不经心的忽视，嘲笑幼稚的尖刻，都是致命的；而过分的赞扬也会像过浓的氨肥，伤害天才的幼苗。

如果孩子有类似诗人的敏锐情感，却要他学好数理化当一个科学家，那么他也许可以胜任做一个平庸的科研人员，也许令人完全失望。数学没有感觉，文学的天才却被埋没扼杀了。

千里马常有，伯乐不常有。发现天才往往是一件很不容易的事情。

我们通常鉴别天才的通用方法就是看一个儿童吸纳知识的多少。一个小孩用一、二年时间就念完了小学的全部课程，用不到别人一半的时间念完了中学课程，我们就基本断定他是一个天才。例如中科大少年班改革后的录取方法是：统一笔试，试上大学课，智商测定，综合考察。还是以已经学到的知识量及吸收知识的能力为基本标准的选择方法。而且在对挑选出来的天才们的培养上，基本也没有什么新意。

实际上，这并不见得是完全正确的鉴定天才的方法。更是需要商榷的培养天才的方法。这样培养出来的天才，一般来说只是使天才少年们可以提前成为可以为社会服务的人才而已。即使是年纪轻轻就成为某知名公司总裁，即使成为比较年轻的著名教授，那也不过是泯然众人中的一个而已。

我们保留了一份 2005 年贵州都市报 12 月 6 日的报纸，在 A2 版报道的

"家有女神童 引发教育战"是一则令人感兴趣的新闻,该报第二天在A3版中对该新闻作了追踪报道"快乐成长比'神童'更重要"。从整个报道可以找出一些值得讨论的东西来。一个9岁的女孩,已经在读初二了。父亲坚持要继续在家教育,母亲及爷爷奶奶则要她回到学堂。父亲说:"我们的女儿不是神童,是我们的教育方法不简单。"班主任老师介绍说,她并不是特别聪明的天才儿童,读初一时成绩还勉强跟得上,可初二就几乎跟不上了。

吸收知识的速度超越常人,当然可以算是智力超群,这样的人可以比平常的人更早完成学业,更早参加工作或研究,但是不见得最终能做得比平常的人更出色。这样的天才,只是缩短了学校生活,提早了为社会做贡献,能够提早成为对社会有用的卓越人才,但并不见得能为人类做出开创性的贡献。像上面说到的女神童,其实很多孩子都能够达到那种吸纳知识的速度和水平,主要是要创造适合孩子学习的条件。另外,有些人智力成熟早,有的人较晚,成熟早的人,早期可能接受知识比别人要快一些,但并不见得长大后就能够比别人有更大的优势。从中科大少年班的总结来看,刻意培养出来的少年天才,也就是进入社会作贡献更早点,与普通大学生没有本质的区别。

还有一种是有创造能力的天才。这种人比较难以发现,几乎没有机会进入中科大少年班这样的特殊培养基地。这种人,往往只对某一项事物或领域有兴趣并在其中表现出特别的超常智力。他们往往可以在该领域中带来革命性的突破。但他们更容易的是遭到人们的忽视,或被社会的激流磨蚀成同样的没有棱角的卵石。

而我们亟需要的,就是这样的锋棱毕露的有创造能力的天才。

例如5岁开始发表作品的窦蔻,应该算是不同凡响的天才人物。2009年初的网上是这样介绍他的:

窦蔻,4岁半开始写日记,至今已经写了24本大约3000篇。由普通日记到灵感日记再到童话、科幻作品和长篇文学专著。5岁开始发表童话诗歌绘画作品,至今已经发表童话30多篇。6岁写作并出版自传体长篇《窦蔻流浪记》,8岁出版《窦蔻的年华》,10岁出版长篇小说《童年的眼睛》。如今12岁的窦蔻已经创作完成了又一部长篇文学作品《鸣呼少年时》(待出版)。

窦蔻6岁半上学直接读小学五年级,断断续在学校三年。由于窦蔻语文功底深厚,对其它各科理解力强,触类旁通,2006年6月,不到12岁就完成了全部中小学学业,在上海某高中毕业。在学校期间,小小年龄的他对现行教育体制深有感悟,积极思考,写出了研究探索性著作《教育大改命宣言》(待出版)。

据说因为学费问题，他要到印尼去学习了。我们既为他高兴也为公家惋惜。难道他不是一个难得的创造性天才吗？

（几个多么陈旧的例子，可见这本书我写了多少年。）

星期天我去伯克利昆曲社，大家忆起刚去世的张充和。张先生在 17 岁考北大时，语文满分，数学零分，被爱才的北大中文系打破校规、破格录取。而她后来也在书法、诗词、昆曲等领域取得辉煌成就，在耶鲁大学教授书法、昆曲多年，为传播中国文化做出了卓越贡献。

在吴小快到五岁的时候，我教他算术。记得很清楚那是我们新搬到学校附近的一所公寓后的一个晚上。

"5 － 3 = 2"，我说。

"3 － 5 等于多少？"吴小未加思索地立即反问。

我一听就愣了，看着他好久说不出话来。哈哈，可捡到宝了，我们的儿子是天才呀。

吴小很快就学完了小学的算术。于是我们就用中文的初中代数课本教他。有时候给他讲点无穷大无穷小之类的概念和证明方法，他也能立即领悟。

可是，麻烦来了。学了这么多数学，在学校上数学课时，吴小当然毫无趣味了。于是不听课、不守纪律等问题都出来了。那时候我们工作学习都很忙，也没有时间很好地关心孩子，也不知道到底怎么能够处理这样的情况。孩子的数学远远超前，而其他学科、特别是英文，却又很难达到相同的水平。

后来大约在四年级时我们决定：吴小业余时间不再学数学了（那时候他已经学完了中文的初中代数课本），让他学音乐、体育等等与学校学习完全无关的东西。幸好的事情是在过去几年的家庭教学过程中，吴小基本掌握了自学的方法，有了自学任何学科的能力。到了中学，他自己把数学的学习搞上去了。到了高中，他就到大学听数学课了。因为我们没有用强制培养的手段，扼杀他学习的兴趣！

我常常设想如果自己有条件的话，会怎样来教导吴小，为他创造一个怎样的学习环境。虽然吴小在现实生活中发展得非常好，30 岁已经是美国名校博导，但是我确信：某种意义上来说，自己已经亲手浪费了一个天才，虽然是由于生活和环境所迫。如果能够按照我现在的设想来进行对吴小的教育，他很有可能成为一名栽树的人，而非仅仅是在前人栽下的树上纵跳如飞的爬树专家。

凭着个人或家庭的努力，是不可能脱离现代化教育生产线的。而一个人一旦被纳入现代化教育生产线，就失去了跳下教育自动生产线的勇气甚至欲望，不会也不能做任何努力来寻找一块绿地栽一棵新树。

这是人类现代化教育的一大悲哀！

关于中国高考的一个建议——从考卷改革做起

今年又看到多起代考、作弊等等的有关高考负面新闻的报道，感到很不是滋味。一个用简单的技术手段就能基本杜绝的现象，却放任其成为社会年年发生的弊病。

为此我诚恳地向主管教育的首长们提出关于改变高考试卷设计的建议。新的试卷设计，可以在一定程度上改变以考试为唯一目标的教育；可以极大地达到挑选不同人才的目的；更可以基本杜绝考试作弊的现象。

这叫做以毒攻毒，用考试至上来打倒僵化考试，达到考试导向的目的！

首先，考题的数量要突破常规。如果考试时间是两小时，那么考题的量至少得三小时甚至四小时考生才能完成。这是因为，这样的考试，可以首先考出思维的敏捷程度来。当然海量出题，目的不仅于此。

一张考卷上的考题可以根据人才的需要分各种题目组，每组考试的侧重点不一样，有考基本功的，也有考技巧的；有考思维方式的，也有考智商的，等等。这些分类方式对考生是透明的。这种结果就是知识面被广泛覆盖，考生可以根据自己的爱好来学习和选择考题的类型。而当考生学习自己喜欢的东西的时候，他的学习就是主动而非被动的应试的了。

这样，就可以根据考生的选题和答题的结果，来选出最合适的人才。

比如计算机系的，可以选那些逻辑思维题做得好的。管理系的，选那些知识全面但都不够深入的。需要研究型人才的，选那些解答难题的，等等。

有些题，可以考知识掌握的灵活性；有些题，可以考察考生的创造性，等等。

这中间虽然有一段出题、解题的磨合时间过程，但比之现在的办法选出来的人才的特长与其将来专业的发展的吻合度要好很多。考生能够在自己喜爱的专业领域内工作，也会更有利于社会对优秀劳动力的需求。

这么大量的、知识覆盖面广泛的考卷，也使得学校的教育需要随之改变。教师不是死抱着几本教材几套试题来回磨练，学生也可以按自己的兴趣在知识的海洋里畅游。学习的风气随之必然会起到巨大改变。

这就是利用考试导向，改正原来的教育弊病，变成促进考生积极主动灵活学习的动力。

为了减少作弊，用计算机出题的软件可以做到把考卷任意分组，每组的题目都有微小变化，答案的顺序都不相同。每张卷子编上号码，分组是随机抽取的号码。这样，同样难度的考卷，基本不同的答案，除了假冒顶替考生之外的其他作弊方式，其他基本可以避免。而要求考生在考卷角上按下指印，可以用计算机直接检查考生人身的真伪。

进一步，如果还要杜绝运输过程的问题，可以在装考卷的箱子里安装GPS，从装箱到开箱，全程监督。

用这些简单的考题变动和小小的技术手段，就能达到多方面的目的，何乐而不为呢？

刚从婺源旅游回来。婺源景区的门票都有指纹识别。这样看来，考卷上加上指纹识别应该是极其容易的事情。甚至在考试的过程中，可以多次不定时地让考生按指纹。

中国独一无二的机遇

尽管有些不愉快的阴暗面，中国的教育，现在仍然可以说是碰到了独一无二的历史机遇。

在现在的社会条件下创造一个独特的适宜栽树和幼树成长的环境，中国有其得天独厚的优越条件。

由于是社会主义的民主集中制，国家有较大的自由度支配相关资源，人民也乐意自己的孩子进入一个较先进的试验项目。因此，我们可以设计一种相对自由的环境，寻求到一些有天分的儿童，从小用有别于机械化的统一培养模式的新型教育方法，来教育这些儿童。希望这些在相对自然环境中成长的儿童，能够最终为人类创造新的奇迹。考虑方方面面的影响，这在别的国家恐怕是难以做到的事情。

当然，这只是我们的一点幼稚的想象。现实生活中的实验，恐怕是一件非常不容易的事情。不但需要国家的强力支持，而且还需要很长的实验周期。

但是，即使是这样的虚无的想象，如果考虑具体实施的种种条件的话，我国能够做成功的概率要远远大于其它国家。

这是中国独特的社会主义的优越性之表现。

也许，我们能抓住这个机遇？

未尽之言

一口气写到这里，不是意犹未尽，简直是刚开了个头。没有办法，书太厚了的话连我们自己都不想看。

还有滔滔之言要对学生说、要对家长说、要对老师说。我们想给您们各写一本书。可惜，掐指一算，工程实在是太浩大了。

我国的社会正进入一个令人兴奋的大转折时期。制定与这个时期相吻合的、使学生思想与社会发展能和谐一致的教育体系，是时代赋予的神圣使命，是历史赋予的崛起契机，是中华民族百年来的最好机遇。我们每个人身在其中，都扮演着一个不可或缺的角色。

为了中华民族的未来，请尽到自己那一份职责！

第十一章
数学老了

数学老了

我在 2005 年出版的《谁有权谈论宇宙》的第一章,就是用的"数学老了吗?"这个标题。在那时,我直观地觉得,数学老了。数学的创造活力正在逐渐衰退。

数学已经老了。

这是我现在的认识,十年思索之后!

到今天,当我们和更多的朋友交换意见后,当我和一些数学家交换意见后,我认为数学老了揭示的是一件基本事实。

是一件事关重大的事实。

数学,是自然科学的基础,自然科学的象征。

说数学老了,是不是说自然科学也老了?是不是人类再不能有突破性的革命性的发现发明和创造了?是不是像霍根在《科学的终结》一书中所说,"今天科学已经揭示了人和宇宙的基本事实,科学的工作从本质上来讲已经结束。在几乎所有的'纯科学'中,重大的发现都已经被发现了,再也没有惊人的重大事件了。"

这是一系列值得探讨的问题。

首先,数学真的老了吗?

如果数学真的老了,它为什么会老呢?

如果数学真的老了,科学会老吗?

我们有办法让数学焕发青春吗?

爬树与栽树 -- 数学为什么老了?

我们常常并不知道老的真正原因是什么。

一个人的衰老,是从他生机逐渐减少的心态、他日益蹒跚的脚步、他越来越呆滞的行动等等外在的表现而推断出来。

实际上人为什么衰老，是一个很难说得清楚的问题。

同样的分子组成细胞，为什么这些分子组成的就"老"了，那些分子组成的就年青呢？从分子水平上来说，是一种什么样的机制呢？

说数学老了，也是从它外在的表现来推断的。

数学衰老的表现有这么几点：

在简单的问题被数学逐渐解决后，面对复杂的世界数学无能为力。数学的精巧优美在粗糙多变的真实世界前面无能为力。勉强用精巧的数学工具去描绘狂野多变的系统，只会是对实际系统的一种精致的玩弄！只有可以随意揣测的宇宙留下了玩弄精致数学公式的空间，其余大都都被生硬的计算机数值分析取代了。

我们来看一个小故事。

故事的主角是教练，学生。

故事的发生地点是在一片森林里。

树是前人栽下的，有的长了数千年，有的长了数百年，最年轻的也上百岁了。有老年人栽下的，也有很久以前不到二十岁的年轻人栽下的。

教练从学生很小就开始对他们进行教导。

这是现代化的、极其正规的教育。

当他们幼小的时候，教练就告诉他们这片森林是如何地宏大，当年栽种某棵树的人是多么地优秀，多么地天才横溢。让他们慢慢认识这些树，敬畏这些树。

当他们长大了一些以后，教练就开始训练他们爬树的技巧。

这些树上有丰盛的取之不尽的智慧之果。

有的孩子聪明不在爬树上，有的孩子没有爬树的素质，他们在多方鼓励和尝试后仍然失败了。他们就被送去作别的训练。而他们自己受了这种打击，终生只对这片森林远远眺望，怀着崇敬或者厌恶的心情。

有的孩子非常聪明，或者非常有爬树的才能，他们就被留下来，慢慢地爬上这棵或那棵树去。

树上有奇花异果，有长长的分枝，藤蔓纠缠与他树相连。孩子们在这树的世界中渐渐长大，他们爬得更高，在枝桠中走得更远。他们在树上做房子、搭棚子，用藤条与他树相连，孜孜不倦，辛勤劳作，不知不觉已垂垂老矣！

一年又一年，森林还是原来的那一片，近百年来，没有多出一棵树来。

一代又一代，没有人再想到要从树上下到地上去种一棵新树。

把这片森林，比作数学；把这森林中的一棵棵树，比作前人创立的一门门数学分支；这一棵是有数千年历史的几何，那一棵是有悠久历史的代数。这边有看起来更年轻一点的群论，那边有简洁明快的年轻的布尔代数。

每一棵树，差不多都是在至少一个世纪以前的久远岁月里大师们种下的。

人类近百年来只在忙于爬树！

人类近百年来没有种下一棵新树！

人类近百年来没有创下一门新的数学学科！（我们就这个问题请教过一些数学家。）

图 10.3 是《数学历史》一书的封面。

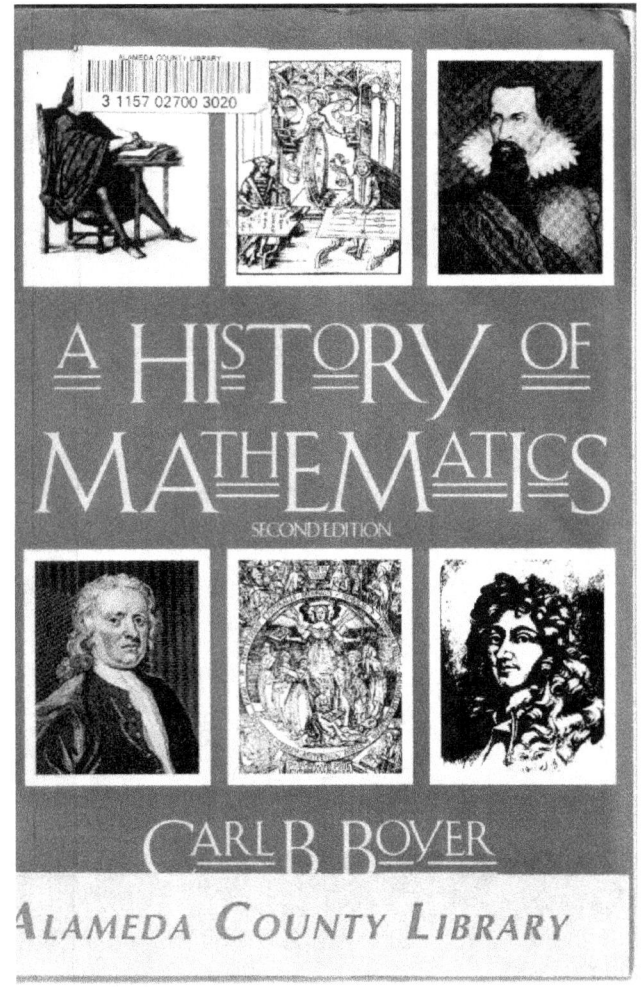

图 10.3 《数学历史》封面。在这本 700 多页厚，1968 年出版、1989 和 1991 再版的《数学历史》书中，1900 年以后值得记载进数学历史的数学成果一片空白。

在这本 700 多页厚，1968 年出版、1989 和 1991 再版的《数学历史》一书中，1900 年以后值得记载进数学历史的开创性的重大数学成果是一片空白。

难道是人类越来越笨了吗？

难道百年以来人类没有产生过一个超越前人的天才吗？

当然不是！

数学为什么会老呢？是人的因素还是自然的因素？

如果数学老了，科学会老吗？

我们有办法让数学焕发青春吗？

我们能让科学永不衰老吗？

我们可以从教育、经济、道德、文化、甚至科学本身，从现状，从历史，从发展等等多个角度、多个领域去研究去寻求答案。

数学的衰老，是因为人类创造力的衰老所致；而人类创造力的衰老，和人类的教育方法、教育目的有着不可分割的联系。

文革中我在农村公社宣传队写过一个小品"第三枪"，因为其中的笑点而大获成功。但后来我无论怎么去寻找，也找不出新的笑点来写出新的小品。现在回想起来才认识到：人在那个思想上没有笑容的年月里，真的很难突破思想写出笑容满面的有趣的作品来。

那么，在统一思想环境中长大的人，当自己都没有意识到无形的思想禁锢，思想又怎么能不自觉地被束缚呢？当自己的思想被绑在工业传动带上不能突破时，就只好哀叹"数学学科都被发明完了。""科学终结了。"

森林监护人

数学的森林里，这棵"代数"已经是千年高龄了，那棵年轻的"布尔代数"却刚刚问世不久，这一片自由生长的林子里，不知不觉间就有了监护人。他们熟悉每一棵树，他们小心翼翼地爱护每一棵树，他们兴致勃勃地向人们介绍每一棵树，他们更热衷地训练孩子们攀登这些树。

那些监护人究竟是从什么时候出现的呢？

具体时间已不可考，但大致的时间是工业革命基本完成的时候。他们把工业革命的机械化带到了这片森林里，用机械化的高效率管理这片森林，充分利用这片森林为人类增添财富。于是，无数的应用从森林里产生，令人眼花缭乱的技术成果从这里发出。

但是，监护人只专心爱护每一棵树，只顾着引导每一个孩子攀登大树了。他们只允许有爬树才能的孩子靠近这片森林，他们只鼓励孩子们爬上树去采摘鲜果。他们有意无意地用类似工业化的统一标准教育孩子、培养孩子们的近乎统一的思想方法。于是没有一个孩子有自己栽一棵树的想法，即使有人偶尔泛起类似的念头，也会被监护人定下的种种规矩、标准给过滤掉。

森林里从此再没有新树出现。

人类该怎样面对这么一种困境？
人类能够怎样才能种下棵棵新树？
我在这里只是提出了在我的学识能力下，能够看到的、能够想到的问题和现象，和有限的答案，抛出来的只是一片瓦砾。我只希望这片瓦砾能够激起几道冲击的波纹，在思想上和有兴趣的人产生一些共鸣，让他们能聚合在一起，寻求可能的答案和解决之道。

这是令人烦恼的现状，也是令人兴奋的挑战，更是我国科技崛起的契机；也许，数学的新树苗、科学理论的新生命，那一片明日的数学、科学理论之森林，就会在中国年轻一代的栽培下出现！

只要我们的教育能够把握机遇，大胆革新。

"科学终结"与中国科技崛起的契机

1997年《科学美国人》的资深撰稿人 John Horgan 在造访了10多个领域的科学带头人以后出版《科学的终结》一书，书中提出：今天科学已经揭示了人和宇宙的基本事实，科学的工作从本质上来讲已经结束。在几乎所有的"纯科学"中，重大的发现都已经被发现了，再也没有惊人的重大事件了。

2006年中秋节那天我在伯克利菜碗子店里排队付款时，顺手拿了一本《发现DISCOVER》杂志阅读，不意竟看到了十年前写《科学的终结》一书的作者 John Horgan 十年后旧话重提撰写的"科学的最终疆界（The Final Frontier）"一文。他说："过去十年中，科学家发布了数不清的新发现，它们看起来推翻了我的科学终结了的论断：脯乳动物的复制（从绵羊 Dolly 开始），人类基因详图，可以打败世界冠军的计算机，可以让瘫痪的人仅凭思想就控制计算机的插入晶片，看到行星围绕其它恒星旋转，详尽测绘的大爆炸后的宇宙成长。但是蕴涵在这些成功的后面的恼人不断的暗示是：大多数摆在我们面前的成功实际上只是填补了今天我们已有科学大概念里的空白，而不是新发现。"

我感到惊诧的是十年过去了，竟然没有一个科学家可以令 Horgan 心服口服地相信自己的科学终止的论断是错误的，反而是 Horgan 在经过十年的思索后仍然坚信自己的观点，从多个方面多个领域洋洋洒洒地论证了自己的科学终结的观点。

研究他的论点，他的论辩，可以看出：他的主要论据，就是在所有纯科学理论的领域里，包括数学、物理、化学等，没有任何理论上的、属于根本性质的创新。也即是说，在所有这些科学学科的树林里，他没有看到今人栽下的任何一棵树！

和 Horgan 一样，我们也认为科学理论的进步实际上是处于停滞状态，尽管有令人眩目的各种各样的科学技术的新应用和发现，但实际上它们只是在填补和完成已有的科学理论的空白，而没有根本性的从科学基本理论方面做出的突破。

数学没有产生任何新的数学分支，尽管今天数学的研究人员成百千万倍地增加；没有新的革命性的科学理论，尽管科学研究人员成百千万倍地增加。

图 10.4　Horgan 发表在《科学探索》杂志上"科学的最终疆界"

人类近年来的科学成就，就是在前人栽下的树上下功夫，并没有去开垦新的树林、栽下新的树木。

但是，我们不认为因为人类自身的种种原因所造成的理论创造的停顿，就断定科学终结了。只要我们敢于直面事实，寻找到人类失去栽树能力的原因，我们就有可能在新时空新天地里，栽培出新的森林！

经典科学的厚重与现代科学的轻浮

不知从什么时候开始，科学变得越来越轻薄、浮噪。

这里面有许多人为的因素，例如不是以真理而是以学派来谈论对错。而这种丑陋的现象，又源自于现代科学本身的复杂性、和难以用黑与白对与否来断定是非的模糊性，更有人类自以为洞察了一切的狂妄参杂其中，不承认人力确有其穷尽之时。

首先是对待光速的态度。

爱因斯坦断言光速不变，迈克尔-莫雷的实验及许多类似的实验"证明"了这一论断。但是，如果光是那么地细微，其质量只有一个基本粒子的百万分之一或千万分之一，请问人类有什么手段可以分辨光的细节？如果光在传输了以万光年为单位的距离后才会开始"疲倦"，人类能有什么手段模拟以万光年为单位的光的旅行呢？像迈克尔-莫雷及其他类似的实验中，实验持续的时间和光走过的路程，可能连一年或一光年都不到吧？

按照我们在前面的详细讨论，人类观察的星光是多个光子的统计结果，在相对可观测半径附近一定会"疲倦"并可以观测到。

又比如"暗物质"这个理论和东西本身，不是一件非常奇特的事物、非常不自然的理论吗？我敢与 NASA 打赌，是因为我基本上不认为暗物质这东西是存在的。我们拭目以待宇宙学家们用什么样的神奇手段，来发现或制造一点暗物质。至于占宇宙物质 96%的，那决不可能是暗物质。道理我在书中已经充分讨论过了。

现代技术应用的进步掩盖了理论创新的贫乏，而资本的力量驱使优秀的人才都趋向钱堆积的地方。于是愿意搞一些与资金关系不大的研究的人基本上是凤毛麟角。在这种情况下，业余研究虚无缥缈的宇宙理论简直是令人奇怪！

本书的初稿曾经朋友转给一个编辑看过，他的评论是：这个人能用十年写这么个枯燥的东西，肯定是个个性古怪的人。

我听了朋友的转告只能苦笑：我自己也觉得很古怪啊！花了十年业余时间，做一些分文不挣的事情，有病啊？什么世界观，宇宙观，能实在点好不好？

我这光辉形象，被这本书全毁了啊！

HORGAN 的"科学的终结"中，第一个科学终结了的学科举例，就是宇宙科学！为什么宇宙科学成了他论证科学终结了的首要依据呢？难道不应该深思吗？是谁在阻碍宇宙科学的进步和发展呢？

爱因斯坦的回到出生以前去杀死父亲的故事更把科学推向了玄幻小说，所以我在《谁有权谈论宇宙》中把相对论命名为"文学"。

以小学算术为理论基础建立起来的相对性概念，难道不是当时几个著名科学家说什么"世界上只有几个人能懂"、裁剪出来的皇帝的新衣吗？看不懂皇帝的新衣，就等于眼睛有了毛病。赶快去治眼睛。

我觉得在人文领域里明辨宇宙是非，对人类进步更有意义。如果能对不可触动的僵化领域产生一点冲击，让人们意识到百年以来人类没有新树可栽培的困境；让我们可以通过冲击权威的讨论，意识到科学走向终结的困境，激励出想要从树上跳下来栽培新树新森林的欲望，那是一件多么美妙的事情！

我们再三强调：希望寄托在年轻的一代，希望寄托在下一代。我们不要让他们从小就成为只会亦步亦趋追随权威和大师的循规蹈矩的学生。我们要引导他们成为创造新理论新宇宙观的伟大旗手。

我们不需要禁锢进步的科技之神！

我们呼唤推动科学进步的创造之神！

本章结束语

衰老是一个缓慢的、潜移默化的过程，在青少年期格外轻盈。只有岁月能在不知不觉之中，衰败机体的细胞，侵蚀人身之生机。待得惊觉光阴已将霜华涂满两鬓，才醒悟人生是如此之短暂。

宇宙的任何一颗微粒，相比人类都属永恒！

现代化社会的机制，把可供下地种树的地块都全开垦并铺上了水泥。

幸亏网络的兴起，使人类的知识共享可以超越时空。于是在这种时代，天才有可能成长为大师，百年的数学衰败也许可以就此而止。

可惜的是网络却主要成了社交工具，只有极少数意志坚定不被社交网络俘虏也不被网络游戏网罗的年轻人，但这些人又不见得真是天才。

于是平庸成为社会的主流，社交成了全民寻欢作乐的时尚。人类就在这种无聊的平庸中走向更平庸。

唉！

数学老了！

2016-11-25 于旧金山湾区第 90 稿终

附录：爱因斯坦狭义相对论原论文-论动体的电动力学

从百度文库免费下载：

http://wenku.baidu.com/view/555908a1b0717fd5360cdca2.html?re=view

  此处只附有与本书内容相关的前三节。其余章节读者可以自行到百度文库下载。

  其中下划线勾画出的是我们在文章中引用的进行批评的部分。请检查是否改变爱因斯坦的本义。

论动体的电动力学①

大家知道，麦克斯韦电动力学——象现在通常为人们所理解的那样——应用到运动的物体上时，就要引起一些不对称，而这种不对称似乎不是现象所固有的。比如设想一个磁体同一个导体之间的电动力的相互作用。在这里，可观察到的现象只同导体和磁体的相对运动有关，可是按照通常的看法，这两个物体之中，究竟是这个在运动，还是那个在运动，却是截然不同的两回事。如果是磁体在运动，导体静止着，那末在磁体附近就会出现一个具有一定能量的电场，它在导体各部分所在的地方产生一股电流。但是如果磁体是静止的，而导体在运动，那末磁体附近就没有电场，可是在导体中却有一电动势，这种电动势本身虽然并不相当于能量，但是它——假定这里所考虑的两种情况中的相对运动是相等的——却会引起电流，这种电流的大小和路线都同前一情况中由电力所产生的一样。

诸如此类的例子，以及企图证实地球相对于"光媒质"运动的实验的失败，引起了这样一种猜想：绝对静止这概念，不仅在力学中，而且在电动力学中也不符合现象的特性，倒是应当认为，凡是

---

① 这是相对论的第一篇论文，是物理科学中有划时代意义的历史文献，写于1905年6月，发表在1905年9月的德国《物理学杂志》(*Annalen der Physik*)，第4编，17卷，891—921页。这里译自洛伦兹、爱因斯坦、明可夫斯基关于相对论的原始论文集：《相对性原理》(H. A. Lorentz, A. Einstein, H. Minkowski: *Das Relativiätsprinzip, Eine Sammlung von Abhandlungen*)，来比锡 Teubner, 1922年第4版，26—50页。译时参考了 W. 帕勒特 (Perrett) 和 G. B. 杰费利 (Jeffery) 的英译本 *«The Principle of Relativity»*，伦敦 Methuer, 1923年版，35—65页。——编译者

对力学方程适用的一切坐标系,对于上述电动力学和光学的定律也一样适用,对于第一级微量来说,这是已经证明了的。我们要把这个猜想(它的内容以后就称之为"相对性原理"[①])提升为公设,并且还要引进另一条在表面上看来同它不相容的公设:光在空虚空间里总是以一确定的速度V传播着,这速度同发射体的运动状态无关。由这两条公设,根据静体的麦克斯韦理论,就足以得到一个简单而又不自相矛盾的动体电动力学。"光以太"的引用将被证明是多余的,因为按照这里所要阐明的见解,既不需要引进一个具有特殊性质的"绝对静止的空间",也不需要给发生电磁过程的空虚空间中的每个点规定一个速度矢量。

这里所要阐明的理论——象其他各种电动力学一样——是以刚体的运动学为根据的,因为任何这种理论所讲的,都是关于刚体(坐标系)、时钟和电磁过程之间的关系。对这种情况考虑不足,就是动体电动力学目前所必须克服的那些困难的根源。

一 运动学部分

§1. 同时性的定义

设有一个牛顿力学方程在其中有效的坐标系。为了使我们的陈述比较严谨,并且便于将这坐标系同以后要引进来的别的坐标系在字面上加以区别,我们叫它"静系"。

如果一个质点相对于这个坐标系是静止的,那末它相对于后者的位置就能够用刚性的量杆按照欧几里得几何的方法来定出,

[①] 当时作者并不知道洛伦兹和彭加勒在1904—1905年间发表的有关论文,而只读到过洛伦兹1895年的涉及迈克耳孙实验的论文(那里提出了洛伦兹—斐兹杰惹收缩)。——编译者

并且能用笛卡儿坐标来表示。

如果我们要描述一个质点的**运动**，我们就以时间的函数来给出它的坐标值。现在我们必须记住，这样的数学描述，只有在我们十分清楚地懂得"时间"在这里指的是什么之后才有物理意义。我们应当考虑到：凡是时间在里面起作用的我们的一切判断，总是关于**同时的事件**的判断。比如我说，"那列火车7点钟到达这里"，这大概是说："我的表的短针指到7同火车的到达是同时的事件。"①

可能有人认为，用"我的表的短针的位置"来代替"时间"，也许就有可能克服由于定义"时间"而带来的一切困难。事实上，如果问题只是在于为这只表所在的地点来定义一种时间，那末这样一种定义就已经足够了；但是，如果问题是要把发生在不同地点的一系列事件在时间上联系起来，或者说——其结果依然一样——要定出那些在远离这只表的地点所发生的事件的时间，那末这样的定义就不够了。

当然，我们对于用如下的办法来测定事件的时间也许会感到满意，那就是让观察者同表一起处于坐标的原点上，而当每一个表明事件发生的光信号通过空虚空间到达观察者时，他就把当时的时针位置同光到达的时间对应起来。但是这种对应关系有一个缺点，正如我们从经验中所已知道的那样，它同这个带有表的观察者所在的位置有关。通过下面的考虑，我们得到一种比较切合实际得多的测定法。

如果在空间的 A 点放一只钟，那末对于贴近 A 处的事件的时间，A 处的一个观察者能够由找出同这些事件同时出现的时针位置来加以测定。如果又在空间的 B 点放一只钟——我们还要加一

---

① 这里，我们不去讨论那种隐伏在(近乎)同一地点发生的两个事件的同时性这一概念里的不精确性，这种不精确性同样必须用一种抽象法把它消除。——原注

句,"这是一只同放在 A 处的那只完全一样的钟。"——那末,通过在 B 处的观察者,也能够求出贴近 B 处的事件的时间。但要是没有进一步的规定,就不可能把 A 处的事件同 B 处的事件在时间上进行比较;到此为止,我们只定义了"A 时间"和"B 时间",但是并没有定义对于 A 和 B 是公共的"时间"。只有当我们通过定义,把光从 A 到 B 所需要的"时间"规定为等于它从 B 到 A 所需要的"时间",我们才能够定义 A 和 B 的公共"时间"。设在"A 时间" t_A 从 A 发出一道光线射向 B,它在"B 时间" t_B 又从 B 被反射向 A,而在"A 时间" t'_A 回到 A 处。如果

$$t_B - t_A = t'_A - t_B,$$

那末这两只钟按照定义是同步的。

我们假定,这个同步性的定义是可以没有矛盾的,并且对于无论多少个点也都适用,于是下面两个关系是普遍有效的:

1. 如果在 B 处的钟同在 A 处的钟同步,那末在 A 处的钟也就同 B 处的钟同步。

2. 如果在 A 处的钟既同 B 处的钟,又同 C 处的钟同步的,那末,B 处同 C 处的两只钟也是相互同步的。

这样,我们借助于某些(假想的)物理经验,对于静止在不同地方的各只钟,规定了什么叫做它们是同步的,从而显然也就获得了"同时"和"时间"的定义。一个事件的"时间",就是在这事件发生地点静止的一只钟同该事件同时的一种指示,而这只钟是同某一只特定的静止的钟同步的,而且对于一切的时间测定,也都是同这只特定的钟同步的。

根据经验,我们还把下列量值

$$\frac{2AB}{t'_A - t_A} = V$$

当作一个普适常数（光在空虚空间中的速度）。

要点是，我们用静止在静止坐标系中的钟来定义时间；由于它从属于静止的坐标系，我们把这样定义的时间叫做"静系时间"。

§2. 关于长度和时间的相对性

下面的考虑是以相对性原理和光速不变原理为依据的，这两条原理我们定义如下。

1. 物理体系的状态据以变化的定律，同描述这些状态变化时所参照的坐标系究竟是用两个在互相匀速移动着的坐标系中的哪一个并无关系。

2. 任何光线在"静止的"坐标系中都是以确定的速度 V 运动着，不管这道光线是由静止的还是运动的物体发射出来的。由此，得

$$速度 = \frac{光的路程}{时间间隔}$$

这里的"时间间隔"是依照§1中所定义的意义来理解的。

设有一静止的刚性杆；用一根也是静止的量杆量得它的长度是 l。我们现在设想这杆的轴是放在静止坐标系的 X 轴上，然后使这根杆沿着 X 轴向 x 增加的方向作匀速的平行移动（速度是 v）。我们现在来考查这根运动着的杆的长度，并且设想它的长度是由下面两种操作来确定的：

a) 观察者同前面所给的量杆以及那根要量度的杆一道运动，并且直接用量杆同杆相叠合来量出杆的长度，正象要量的杆、观察者和量杆都处于静止时一样。

b) 观察者借助于一些安置在静系中的，并且根据§1作同步运行的静止的钟，在某一特定时刻 t，求出那根要量的杆的始末两

端处于静系中的哪两个点上。用那根已经使用过的在这情况下是静止的量杆所量得的这两点之间的距离，也是一种长度，我们可以称它为"杆的长度"。

由操作a)求得的长度，我们可称之为"动系中杆的长度"。根据相对性原理，它必定等于静止杆的长度 l。

由操作b)求得的长度，我们可称之为"静系中（运动着的）杆的长度"。这种长度我们要根据我们的两条原理来加以确定，并且将会发现，它是不同于 l 的。

通常所用的运动学心照不宣地假定了：用上述这两种操作所测得的长度彼此是完全相等的，或者换句话说，一个运动着的刚体，于时期 t，在几何学关系上完全可以用静止在一定位置上的同一物体来代替。

此外，我们设想，在杆的两端（A 和 B），都放着一只同静系的钟同步了的钟，也就是说，这些钟在任何瞬间所报的时刻，都同它们所在地方的"静系时间"相一致；因此，这些钟也是"在静系中同步的"。

我们进一步设想，在每一只钟那里都有一位运动着的观察者同它在一起，而且他们把§1中确立起来的关于两只钟同步运行的判据应用到这两只钟上。设有一道光线在时间① t_A 从 A 处发出，在时间 t_B 于 B 处被反射回，并在时间 t'_A 返回到 A 处。考虑到光速不变原理，我们得到：

$$t_B - t_A = \frac{r_{AB}}{V-v} \text{ 和 } t'_A - t_B = \frac{r_{AB}}{V+v},$$

此处 r_{AB} 表示运动着的杆的长度——在静系中量得的。因此，同

① 这里的"时间"表示"静系的时间"，同时也表示"运动着的钟经过所讨论的地点时的指针位置"。——原注

> 动杆一起运动着的观察者会发现这两只钟不是同步运行的,可是处在静系中的观察者却会宣称这两只钟是同步的。
>
> 由此可见,我们不能给予同时性这概念以任何绝对的意义;两个事件,从一个坐标系看来是同时的,而从另一个相对于这个坐标系运动着的坐标系看来,它们就不能再被认为是同时的事件了。

§3. 从静系到另一个相对于它作匀速移动的坐标系的坐标和时间的变换理论

设在"静止的"空间中有两个坐标系,每一个都是由三条从一点发出并且互相垂直的刚性物质直线所组成。设想这两个坐标系的 X 轴是叠合在一起的,而它们的 Y 轴和 Z 轴则各自互相平行着①。设每一系都备有一根刚性量杆和若干只钟,而且这两根量杆和两坐标系的所有的钟彼此都是完全相同的。

现在对其中一个坐标系(k)的原点,在朝着另一个静止的坐标系(K)的 x 增加方向上给以一个(恒定)速度 v,设想这个速度也传给了坐标轴、有关的量杆,以及那些钟。因此,对于静系 K 的每一时间 t,都有动系轴的一定位置同它相对应,由于对称的缘故,我们有权假定 k 的运动可以是这样的:在时间 t(这个"t"始终是表示静系的时间),动系的轴是同静系的轴相平行的。

我们现在设想空间不仅是从静系 K 用静止的量杆来量度,而且也可从动系 k 用一根同它一道运动的量杆来量,由此分别得到坐标 x, y, z 和 ξ, η, ζ。再借助于放在静系中的静止的钟,用§1中所讲的光信号方法,来测定一切安置有钟的各个点的静系时间 t;

---

① 本文中用大写的拉丁字母 XYZ 和希腊字母 $\Xi H Z$ 分别表示这两个坐标系(K系和k系)的轴,而且相应的小写拉丁字母 x, y, z 和小写的希腊字母 ξ, η, ζ 分别表示它们的坐标值。——编译者

同样，对于一切安置有同动系相对静止的钟的点，它们的动系时间 τ 也是用§1中所讲的两点间的光信号方法来测定，而在这些点上都放着后一种（对动系静止）的钟。

对于完全地确定静系中一个事件的位置和时间的每一组值 x, y, z, t，对应有一组值 ξ, η, ζ, τ，它们确定了那一事件对于坐标系 k 的关系，现在要解决的问题是求出联系这些量的方程组。

首先，这些方程显然应当都是**线性**的，因为我们认为空间和时间是具有均匀性的。

如果我们置 $x' = x - vt$，那末显然，对于一个在 k 系中静止的点，就必定有一组同时间无关的值 x', y, z。我们先把 τ 定义为 x', y, z 和 t 的函数。为此目的，我们必须用方程来表明 τ 不是别的，而只不过是 k 系中已经依照§1中所规定的规则同步化了的静止钟的全部数据。

从 k 系的原点在时间 τ_0 发射一道光线，沿着 X 轴射向 x'，在 τ_1 时从那里反射回坐标系的原点，而在 τ_2 时到达；由此必定有下列关系：

$$\frac{1}{2}(\tau_0 + \tau_2) = \tau_1,$$

或者，当我们引进函数 τ 的自变数，并且应用在静系中的光速不变的原理：

$$\frac{1}{2}\left[\tau(0,0,0,t) + \tau\left(0,0,0,t + \frac{x'}{V-v} + \frac{x'}{V+v}\right)\right] = \tau\left(x', 0, 0, t + \frac{x'}{V-v}\right).$$

如果我们选取 x' 为无限小，那末，

$$\frac{1}{2}\left(\frac{1}{V-v} + \frac{1}{V+v}\right)\frac{\partial \tau}{\partial t} = \frac{\partial \tau}{\partial x'} + \frac{1}{V-v}\frac{\partial \tau}{\partial t},$$

或者
$$\frac{\partial \tau}{\partial x'} + \frac{v}{V^2-v^2}\frac{\partial \tau}{\partial t}=0.$$

应当指出，我们可以不选坐标原点，而选任何别的点作为光线的出发点，因此刚才所得到的方程对于 x', y, z 的一切数值都该是有效的。

作类似的考查——用在 H 轴和 Z 轴上——并且注意到，从静系看来，光沿着这些轴传播的速度始终是 $\sqrt{V^2-v^2}$，这就得到：

$$\frac{\partial \tau}{\partial y}=0,$$
$$\frac{\partial \tau}{\partial z}=0.$$

由于 τ 是线性函数，从这些方程得到：

$$\tau = a\left(t - \frac{v}{V^2-v^2}x'\right),$$

此处 a 暂时还是一个未知函数 $\varphi(v)$，并且为了简便起见，假定在 k 的原点，当 $\tau=0$ 时，$t=0$。

借助于这一结果，就不难确定 ξ, η, ζ 这些量，这只要用方程来表明，光（象光速不变原理和相对性原理所共同要求的）在动系中量度起来也是以速度 V 在传播的。对于在时间 $\tau=0$ 向 ξ 增加的方向发射出去的一道光线，其方程是：

$$\xi = V\tau, \quad 或者 \quad \xi = aV\left(t - \frac{v}{V^2-v^2}x'\right).$$

但在静系中量度，这道光线以速度 $V-v$ 相对于 k 的原点运动着，因此得到：

$$\frac{x'}{V-v}=t.$$

如果我们以 t 的这个值代入关于 ξ 的方程中，我们就得到：

$$\xi = a\frac{V^2}{V^2-v^2}x'.$$

用类似的办法，考查沿着另外两根轴走的光线，我们就求得：

$$\eta = V\tau = aV\left(t - \frac{v}{V^2-v^2}x'\right),$$

此处
$$\frac{y}{\sqrt{V^2-v^2}} = t; \quad x' = 0;$$

因此
$$\eta = a\frac{V}{\sqrt{V^2-v^2}}y \quad 和 \quad \zeta = a\frac{V}{\sqrt{V^2-v^2}}z.$$

代入 x' 的值，我们就得到：

$$\tau = \varphi(v)\beta\left(t - \frac{v}{V^2}x\right),$$
$$\xi = \varphi(v)\beta(x - vt),$$
$$\eta = \varphi(v)y,$$
$$\zeta = \varphi(v)z,$$

此处
$$\beta = \frac{1}{\sqrt{1-\left(\frac{v}{V}\right)^2}},$$

而 φ 暂时仍是 v 的一个未知函数。如果对于动系的初始位置和 τ 的零点不作任何假定，那末这些方程的右边都有一个附加常数。

我们现在应当证明，任何光线在动系量度起来都是以速度 V 传播的，如果象我们所假定的那样，在静系中的情况就是这样的；因为我们还未曾证明光速不变原理同相对性原理是相容的。

在 $t = \tau = 0$ 时，这两坐标系共有一个原点，设从这原点发射出一个球面波，在 K 系里以速度 V 传播着。如果 (x, y, z) 是这个波刚到达的一点，那末

$$x^2+y^2+z^2=V^2t^2.$$

借助我们的变换方程来变换这个方程，经过简单的演算后，我们得到：

$$\xi^2+\eta^2+\zeta^2=V^2\tau^2.$$

由此，在动系中看来，所考查的这个波仍然是一个具有传播速度 V 的球面波。这表明我们的两条基本原理是彼此相容的。①

在已推演得的变换方程中，还留下一个 v 的未知函数 φ，这是我们现在所要确定的。

为此目的，我们引进第三个坐标系 K'，它相对于 k 系作这样一种平行于 Ξ 轴的移动，使它的坐标原点在 Ξ 轴上以速度 $-v$ 运动着。设在 $t=0$ 时，所有这三个坐标原点都重合在一起，而当 $t=x=y=z=0$ 时，设 K' 系的时间 t' 为零。我们把在 K' 系量得的坐标叫做 x', y', z'，通过两次运用我们的变换方程，我们就得到：

$$t'=\varphi(-v)\beta(-v)\left\{\tau+\frac{v}{V^2}\xi\right\}=\varphi(v)\varphi(-v)t,$$
$$x'=\varphi(-v)\beta(-v)\{\xi+v\tau\}\quad=\varphi(v)\varphi(-v)x,$$
$$y'=\varphi(-v)\eta\quad\quad\quad\quad\quad\quad=\varphi(v)\varphi(-v)y,$$
$$z'=\varphi(-v)\zeta\quad\quad\quad\quad\quad\quad=\varphi(v)\varphi(-v)z.$$

由于 x', y', z' 同 x, y, z 之间的关系中不含有时间 t，所以 K 同 K' 这两个坐标系是相对静止的，而且，从 K 到 K' 的变换显然也必定是恒等变换。因此：

$$\varphi(v)\varphi(-v)=1.$$

---

① 洛伦兹变换方程可以直接从下面的条件更加简单地导出来：由于那些方程，从

$$x^2+y^2+z^2-V^2t^2=0$$

这一关系，应该推导出第二个关系

$$\xi^2+\eta^2+\zeta^2-V^2\tau^2=0.\quad\text{——《相对性原理》编者注}$$

我们现在来探究 $\varphi(v)$ 的意义。我们注意 k 系中 H 轴上在 $\xi=0$,$\eta=0,\zeta=0$ 和 $\xi=0,\eta=l,\zeta=0$ 之间的这一段。这一段的 H 轴,是一根对于 K 系以速度 v 作垂直于它自己的轴运动着的杆。它的两端在 K 中的坐标是:

$$x_1=vt,\quad y_1=\frac{l}{\varphi(v)},\quad z_1=0;$$

和
$$x_2=vt,\quad y_2=0,\quad z_2=0.$$

在 K 中所量得的这杆的长度也是 $l/\varphi(v)$;这就给出了函数 φ 的意义。由于对称的缘故,一根相对于自己的轴作垂直运动的杆,在静系中量得的它的长度,显然必定只同运动的速度有关,而同运动的方向和指向无关。因此,如果 v 同 $-v$ 对调,在静系中量得的动杆的长度应当不变。由此推得:

$$\frac{l}{\varphi(v)}=\frac{l}{\varphi(-v)},\quad 或者\quad \varphi(v)=\varphi(-v).$$

从这个关系和前面得出的另一关系,就必然得到 $\varphi(v)=1$,因此,已经得到的变换方程就变为:①

$$\tau=\beta\left(t-\frac{v}{V^2}x\right),$$
$$\xi=\beta(x-vt),$$
$$\eta=y,$$
$$\zeta=z,$$

---

① 这一组变换方程以后通称为洛伦兹变换方程,事实上它是同洛伦兹 1904 年提出的变换方程不同的。洛伦兹原来的形式相当于:

$$\tau=\frac{t}{\beta}-\frac{\beta v}{V^2}x,\quad \xi=\beta x,\quad \eta=y,\quad \zeta=z.$$

两者只对于 β 的一次幂才是一致的。值得注意的是,对于爱因斯坦的形式,$x^2+y^2+z^2-V^2t^2$ 是一个不变量;而对于洛伦兹的形式则不是。所以以后大家都采用爱因斯坦的形式。这个变换方程,伏格特(W. Voigt)于 1887 年,拉摩(J. Larmor)于 1900 年已分别发现,但当时并未认识其重要意义,因此也未引起人们的注意。——编译者

此处 $$\beta = \frac{1}{\sqrt{1-\left(\frac{v}{V}\right)^2}}.$$

§4. 关于运动刚体和运动时钟所得方程的物理意义

以下省略。
有兴趣继续阅读的读者，其余章节读者可以自行到百度文库下载：
http://wenku.baidu.com/view/555908a1b0717fd5360cdca2.html?re=view

一点简单的预备知识

下一章开始前,我们要在这里添一段介绍表达自然界规律有关的物理定律的蛇足。你可以直接跳过这几页不看,或以后想弄得更明白时再回头。

数学好的朋友,或者对数学表达不感兴趣的朋友,那么只需要看图0.2,因为后面经常要用到其中的初级水平的代数式(2)。其余都可以跳过去不读。

您还可以只读其中的一些文字,不理会其中的几个公式,这不影响您阅读本书。我强烈建议一般抱着休闲心情的读者都用这种读书方法:知道了概念就可以了,具体的数学不用理会这样比较轻松,也不影响理解。当然作者不能用这种方法写这本书,因为还有喜欢把每个数学公式都要搞得清清楚楚的读者。而我要把事情说得清清楚楚,也得用数学。

如果您是一位学生,那么也许稍微花多点时间,把什么都搞得清清楚楚不但容易,还会学到一些数学的思考和应用的活知识。把除了一个极限公式外全部都是初中代数的、本书中的数学从概念到应用到怎么和实际结合都搞明白,你的数学概念和应用的水平会大大提高,也会欣赏到包含在其中的文字以外的另类之美。

后面经常要用到的两个简单的基本公式

第一个数学公式:
  观测器得到的结果 = 作用(物体的光,距离) (1)

我们用(1)来标识公式。提到(1)就表示是整个公式。这样描述起来特简单。

(1)是一个带普遍性的描述性质的公式,非常抽象,(1)中的"作用"只告诉我们"观测器得到的结果",和"物体的光"作用在"不同距离"有关系。随着"物体的光"照射的强弱变化,以及"在不同距离"的距离变化,观测器得到的结果就会变化。至于怎样的具体的相互关联的变化,就是我们要通过试验、理论总结、验证等手段来得到的规律。

(1)如果用常见的数学符号来表达,例如用 Y 表示"观测器得到的结果",用 f 表示"作用",用 L 表示物体的光",用 R 表示"距离"就可以写成：

$$\underset{Y}{\underbrace{观测器得到的结果}} = \underset{f}{\underbrace{作用}}(\underset{L}{\underbrace{物体的光}}, \underset{R}{\underbrace{距离}})$$

$$Y = f(L, R) \qquad\qquad (1.1)$$

（1.1）和（1）这两个公式是完全一样的。用语言来说就是：**观测器得到的光 Y，是光源发出的光 L 和观测器离光源的距离 R 经过 f 作用的结果**。

下一步就要把这个作用 f 的具体公式找出来，这就涉及到很多的实验，计算等等工作。不过在这个例子里，我们的前贤科学家们已经完美地发现了这个规律，那就是：

$$观测器得到的光 = \frac{物体发出的光}{4\pi\ 距离^2} \qquad\qquad (2)$$

（2）式用常用的数学符号来表示就是：

$$Y = \frac{L}{4\pi R^2} \qquad\qquad (2.1)$$

（2）式还可以这样来写：

$$Y = f(L, R) = \frac{L}{4\pi R^2} \qquad\qquad (2.2)$$

我们来体会一下（1）和（2）的区别。

（1）是定性地描述观测结果会随光强度的变化和距离的变化而变化，但怎样变化还不知道。所以在括号里将这两个因素列出来，而把没有找到的规律用"作用"抽象地表示，意思是在括号里的所有因素的变化作用下，得到的结果会随着发生变化。

而（2）式就更进了一步，已经把"作用"具体地用数学运算符和相关参数全部连接起来，具体地告诉我们，如果知道观测目标发出的光的数据，知道观测器与目标之间的距离，那么就能通过计算确定观测器得到的光强度。

第二个要用到的极限理论公式可以从一个有趣的龟兔赛跑例子得来。这个模式在后面讨论爱因斯坦论文时要用到。

故事是这样的：乌龟在兔子前面 16 米的地方，以每秒 1 米的速度爬行。兔子以每秒 2 米的速度在后面追赶。8 秒钟后，兔子到达乌龟起点的地方，但乌龟已经又爬了 8 米，所以在兔子前面 8 米的地方；兔子又用了 4 秒钟跑完 8 米，但乌龟已经在兔子前面 4 米的地方⋯如此跑下去，乌龟永远在兔子前面。兔子虽然跑得比乌龟快一倍，却永远也追不上乌龟。

中国古代对相似的问题有更简洁的描述。

《庄子》内篇中的《天下篇》说道："一尺之棰，日取其半，万世不竭。"

拿一尺长的棒捶，今天分成两半，取其中的一半；明天从这取出的一半中，再取其中的一半；后天再取一半的一半的一半⋯每天总有一半留下，过一万辈子也仍然可取一半，永远也取不尽。

古希腊的龟兔赛跑和中国古代的一尺之棰的故事，道理都是一样的，可见大道是有相通之处的。

可是现实生活中，兔子只需要 16 秒就会追上乌龟，而一尺之棰要不了多少天就会没有一半可取。

永远追求完美的数学怎么给出如此荒诞的结果？

这是对人类智慧的巨大挑战。

众多数学家们经过一百多年的艰苦探索，才在前人所积累的大量成功与失败的基础上，建立起微积分的理论基础，而极限理论就是其中的核心理论基础。这些就不多说了。

从不停地分割一尺之棰领悟到的 — 光传播的极限

和一尺之棰被不断地两分最后分无可分彻底消失一样，光从发射源经过不断增加的距离传播到接收器的过程中，随着距离的不断增大，接收器上接收到的光不断减少，最后彻底消失。这个过程可以用图 0.1 来表示。

光暗之争　　　　　　　　　　　　　　　　　　　　　一点简单的预备知识

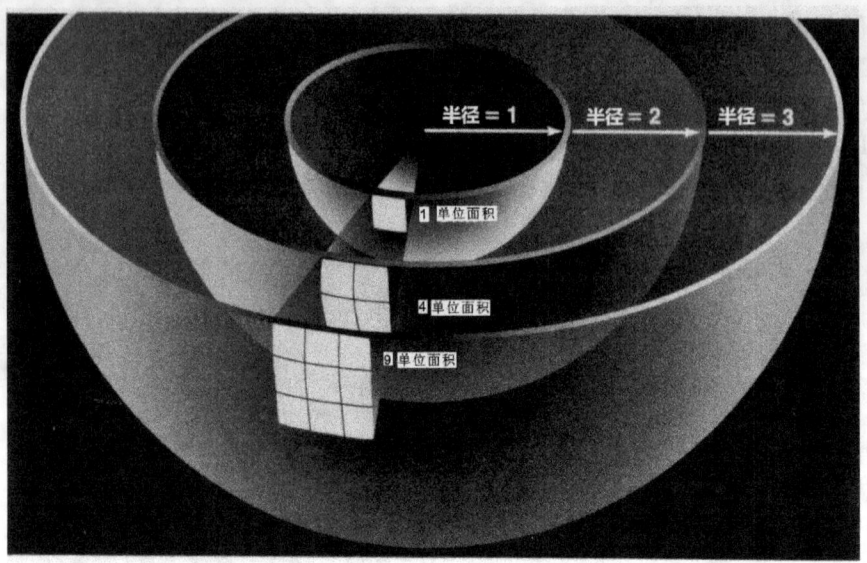

图 0.1 假设在某个时刻，光源 C 向外发射一定的光 L，随着距离 R 的增加，L 所要覆盖的球面上每单位面积数就成平方地增加，因而照射在距离为 R 之处的球面上的每单位面积上从 L 分得的光就以平方比例的速度减少

用数学表示就是：

$$\text{观测器得到的光} = \frac{\text{天体发出的光}}{4\pi \cdot R^2} \quad (2)$$

我们要问，如果距离 R 无止境地增大，最终结果会是什么呢？

答案是：当 R 趋于无穷大时，光源 C 照射在距离为 R 之处的球面上每单位面积上的光强度的极限为零。写成数学公式就是：

$$\text{天体 C 照射在距离为 R 处的单位面积上的光强度} = \lim_{R \to \infty} \left(\frac{\text{天体 C 发射的光强度}}{4\pi R^2} \right) \quad (3)$$

这是一个普遍性的定理，可以应用到各种光源。

给没有接触过极限理论的读者解释一下。很容易理解的。

我的大儿子 8 岁时，在我送他上学的路上，我问他一个问题：怎么表示无穷大？他问我无穷大是什么意思。我说就是一个数字大得没法更大。那怎么用数学表示呢？我一讲他就懂了，那就是随便说一个什么数字，我就在那个数字上加 1，就是无穷大了。当然你要用数学符号来表示，那就是'∞'。上面的公式里用'lim'表示'极限'，lim 下方告诉你距离 R

是无穷大'∞'。从上面的证明里可以看到，无穷大不是一个确定的数字，而是一个你可以随便想象'要多大有多大'的数字，所以在严谨的数学语言里，用'R趋于无穷大'来描述。那么，作为分母的R可以随便多大，而分子是一个确定的数字时，最终全式的结果就'趋于'零了。

这里最重要的就是动态的、会向某个方向或数字变化的思想，这是高等数学和初等数学根本的区别之处。

如果光源是星球，那么上述极限告诉我们：不管这个星球发出的光有多亮，经过一定距离的传播后，传播到该距离处的光将会彻底消失。

太阳不是可以照耀无限远的。经过一定距离后，太阳光就将消失不见。

本书中将会反复应用到这个光的传播的极限定理的思想。

后面我们将据此证明：人类的望远镜制造到一定的水平后，制作再好、再先进的望远镜都没有用了，不会让人看得更远。人类可以看见的极限距离，并不是受望远镜好坏的制约的！

以上就是我们在书中经常用到的简单光传播公式

人，总是在成长，在前行的。

宇宙科学，也必然随着自然的更替，而升华自己的思想。

作者简介

据 1990 年加大伯克利分校校报的统计，工学院平均 5.9 年取得博士学位，我 1987 年 9 月入校到 1990 年 10 月开始工作，3 年就拿到了。

而《光暗之争》本书从 2006 年开篇到 2017 年完成，用了十年多。

我初中毕业插队，十年后进山东矿院，4 年后到中国矿院读硕士，再拿到 Regents Fellowship 奖学金到伯克利读博士。

插队的十年尝尽了艰辛养成了自学的习惯，求学的十年积累了知识得到了严格的科学训练，撰写《光暗之争》的十年呕心沥血忘记了辛劳、享受着寂寞和孤独思考的乐趣。

其实，我很喜欢和有共同兴趣的朋友一起，快意山水，畅怀大笑，读书写作侃大山，游泳打球下围棋，笛箫木叶，让谁和充满乐趣。

可惜人生苦短，总想在无垠的星路上留几行浅浅的脚印，以致于抛弃了许多的机会。

我曾执笔《管理运筹学计算机模拟分册》，1989 年执笔和老师合作出版《模拟技术》，托起美国梦"及"难解之题"两获《世界日报周刊》文学征文奖，分别收入《寻梦北美》及《留学美国 我们的故事》文集；2005 年发表《谁有权谈论宇宙》一书，其中"距离的奥秘"一节编入十一五国家级规划大学语文精品教材。

这本书的中文版，几经波折，于 2016 年在国内出版。

而修改后的英文版和中文版，与 2017 年在美国出版。

出版过程中，发生了许多故事，将来有机会再一一写出。

结语

我在宇宙中寻寻觅觅追逐梦想，
时而快乐，时而彷徨。
感谢这方无重力的宇宙空间，
所以我只是翻滚困惑迷茫，
而不是头破血流遍体瘀伤。

我想清除那一片遮盖眼耳的迷雾，
抓住那一束金色的穿透黑暗的光芒；
却惊讶地发现自己在挑战整个世界，
把过去现在的宇宙科学之神冒犯个精光。

生活在这样一个繁华和活泼的信息时代，
竟发现我的声音唤不起几丝回响。

但那又怎样？

我坚信岁月会洗去一切虚伪，
真理百年后仍然在闪耀光芒。

特别的惊喜，
你能坚持读到这最后一行。
谢谢。

www.ingramcontent.com/pod-product-compliance
Lightning Source LLC
Chambersburg PA
CBHW060522210526
45169CB00028B/2062